創発と物理

ミクロとマクロをつなぐ哲学

森田紘平 著
Kohei Morita

名古屋大学出版会

はじめに

　本書を手に取ったあなたは少なくとも「創発」という概念に関心があるはずだ（ハズれていたらごめんなさい）．どうも創発という言葉は人を惹きつけるようである．そもそも，創発という言葉自体が，何か新しい魅力的なものを指す概念として用いられているようにも思える．哲学者であれば，意識や心がその実例として思い浮かぶかもしれない．確かに，意識や心は我々人間を物理的に構成する物質とは何らかの意味で違うものであるように思える上に，心となると他の生物にはない（と直観的には信じてしまいそうな）特別なものである．あるいは科学者であれば，生命や複雑系といった現象が思い浮かぶのではないだろうか．また，特に物理学者であれば時空や相転移などを想起するかもしれない．これらの現象は構成要素の振る舞いだけでは理解するのが難しいというだけでなく，その上で多くの人を惹きつける，あるいは惹きつけた研究テーマだといえそうである．さらに，創発という言葉自体の使用は，このような研究対象だけに限られているわけではない．実際，2010 年代後半から，創発という言葉を冠した研究（費）や人材が「創発」している（このような用例については残念ながら本書でこれ以上考えることはないが，創発概念が一般的な言葉になっているということなのだろう）．だが，「創発ってどういう意味?」と尋ねられたら，「創発」人材の人であっても答えられる人ばかりではないだろう．本書の最初の目標は，この創発という言葉の意味を明らかにしていくことである．

　創発というのはそもそも生命と密接に関連した概念である（この点は第 1 章で触れる）．我々生命を構成するのは非生命である素粒子である．その意味で，構成物（生命）と構成要素（原子のような非生命）の間には一種のギャップがあるように見えることから，このことを説明するために創発という概念を 19 世紀末ごろから哲学者たちが用いるようになった．現在では，生物学だけでなく，

物理学にも創発現象と呼ばれる現象が知られているように，創発概念は多岐にわたる使用例がある．このような事例を全てカバーするような創発概念の定義を与えることを一人で行うのは事実上，不可能であるようにも思える．しかし，哲学の中でも科学を事例とするような科学哲学という分野では，創発と，創発と対をなす概念である還元を定義するという試みが知られている．特に，物理学を主題とする物理学の哲学において創発は重要なテーマである．本書は，具体的な事例をもとに創発について検討するが，その背景にはこれまでの科学哲学での議論がある．その定義を更新し，妥当な定義を与えるというのが上で述べた目標を換言したものである．

　哲学の知識がある人であれば必要のない注釈かもしれないが，「妥当な」定義であって，「究極的な」定義ではない．定義とはいえ，自然科学という変化し続けている事例をもとにしている以上，更新の可能性は当然，残されている．上で，「最初の目標」と述べたのは，定義することだけが本書の目的ではないということである．いいかえると，本書は定義を与えるという営みを通じて，達成したい目標があるということだ．その意味で，本書で長々と述べる創発に関する探究は目標達成のための道具を作るプロセスになっている．このように暫定的であっても哲学的に整合的な定義を与えるということは哲学においてはさほど特殊な営みではないが，哲学という分野に親しみがなく，他の専門を有する読者は注意してほしい．

　では，本書の目標は何か？　それは科学哲学という専門的な領域への貢献と，より一般的な貢献に分類できる．科学哲学的な目標を達成することで，より一般的な目標が達成できるのだが，とりあえずは一般的な方から述べる．

　本書の目標は，物理学が提示する世界像・存在論を明らかにすることにある．このことは奇異に映るかもしれない．この世界の基礎的な構成要素が素粒子であることを物理学は示している．つまり，素朴にはこの世界には素粒子しか存在せず，それによって全てが構成されているという還元主義的な立場が説得的である．しかし，創発という概念は，構成要素と構成物の間に一種の不連続性が存在することを表現するための概念であり，物理学においてもやはり，そのような不連続性が存在することが示唆されている．このことを踏まえて，単なる

還元主義に陥らないような世界像・存在論を提示することが本書の目標である.

この目標のためには，創発という概念に実質を与え，さらに，物理学における事例を検討する必要がある．ただ，繰り返して恐縮だが，創発という概念が多様な事例に用いられる概念である以上，その全てをカバーすることは現実的ではない．そこで，科学哲学，特に物理学の哲学の議論・伝統に基づいて（少なくとも哲学的には）整合的な定義を与える．科学哲学においては，創発（と還元）は主に理論間の関係を検討する際に用いられてきた．代表的なものが，量子力学と古典力学の関係と，統計力学と熱力学の関係である．これらの事例を分析することで，定義の妥当性を確認するとともに，創発概念の理解を深める．さらに，創発概念を通じた分析によって，この二つの理論間関係について理解するといった課題に対し，科学哲学として取り組むことも目標の一つである．この二つの目標を通じて，最初の目標が達成されるだろう．

創発に関する探究を通じて物理学が提示する世界像を与えるとき，ミクロな構成要素とマクロな構成物の関係を考えることになる．ミクロな構成要素とマクロな構成物の記述それ自体はもちろん個々の科学が与えるものであろうし，また，そのつなげ方もそれぞれの分野で与えることになるだろう．本書が与えるのはそのつなげ方の処方箋ではない．そうではなく，様々な科学が与えるミクロとマクロの結びつけ方を整合的に理解し，それぞれが提示する世界像をつなげるところに，哲学が現れるのである.

目　次

はじめに   i

第1章　創発はどのように問題になってきたか   1

1-1　物理学における創発：More is Different ‥‥‥‥‥‥‥‥‥‥‥‥   4

1-2　哲学における創発：イギリス創発主義者 ‥‥‥‥‥‥‥‥‥‥‥‥   11

1-3　本書の問題設定と構成 ‥‥‥‥‥‥‥‥‥‥‥‥‥‥‥‥‥‥‥‥   18

第2章　創発の定義の歴史と探究   21

2-1　科学哲学における創発と還元 ‥‥‥‥‥‥‥‥‥‥‥‥‥‥‥‥‥   22

2-2　物理学の哲学における創発と還元 ‥‥‥‥‥‥‥‥‥‥‥‥‥‥‥   51

2-3　モデル間関係としての還元 ‥‥‥‥‥‥‥‥‥‥‥‥‥‥‥‥‥‥   61

2-4　モデル間関係としての創発 ‥‥‥‥‥‥‥‥‥‥‥‥‥‥‥‥‥‥   65

2-5　まとめ ‥‥‥‥‥‥‥‥‥‥‥‥‥‥‥‥‥‥‥‥‥‥‥‥‥‥‥   80

第3章　量子力学と古典力学の創発   83

3-1　モデル間還元 ‥‥‥‥‥‥‥‥‥‥‥‥‥‥‥‥‥‥‥‥‥‥‥‥   85

3-2　解釈に依存しない創発 ‥‥‥‥‥‥‥‥‥‥‥‥‥‥‥‥‥‥‥‥   87

3-3　量子力学の解釈と創発 ‥‥‥‥‥‥‥‥‥‥‥‥‥‥‥‥‥‥‥‥   105

3-4　崩壊解釈と隠れた変数解釈 ‥‥‥‥‥‥‥‥‥‥‥‥‥‥‥‥‥‥   112

3-5　多世界解釈 ‥‥‥‥‥‥‥‥‥‥‥‥‥‥‥‥‥‥‥‥‥‥‥‥‥   131

3-6　まとめ ‥‥‥‥‥‥‥‥‥‥‥‥‥‥‥‥‥‥‥‥‥‥‥‥‥‥‥   151

目　次　v

第 4 章　統計力学と熱力学の創発 　　155

4-1　相転移と創発 ·· 157

4-2　普遍性とスケーリング則 ·· 166

4-3　普遍性と創発 ·· 175

4-4　不可逆性と粗視化 ··· 181

4-5　まとめ ·· 200

第 5 章　創発が存在するこの世界について 　　203

5-1　三つのモデルと理論間関係 ····································· 203

5-2　創発概念と伝統的な概念 ·· 207

5-3　この世界はどういう世界か ····································· 223

付録 1　スケーリング則の導入 　　233

付録 2　還元と創発の分類 　　239

参考文献 　　249

あとがき 　　263

索　引 　　268

第1章

創発はどのように問題になってきたか

　本書の主題である創発（emergence）とは，部分の総和よりも大きい全体を指す概念である．「総和」や「大きい」という言葉の概念の意味を明確にする必要があるが，この世界にはその構成要素（部分）に着目するだけでは捉えられないような構成物（全体）が存在することは，広く認められている．その代表的な例は生命である．21世紀に生きる我々は，生命が非生命である原子から構成されていることを知っている．しかし，21世紀も四半世紀を過ぎそうな現代でも，原子にだけ着目して生命の全てを説明できるわけではない．非生命である原子を集めると生命になるというような事象の特殊さを示すために用いられる概念が創発である．

　そもそもこの世界の最も基礎的な構成要素は何かという問いには，古代ギリシアから多くの自然学者たちが取り組んできた．自然学者たちは，例えば水に根源（アルケー）を求めるもの，火に求めるもの，あるいは，それ以上分割できないアトムに根源を求めるものなど様々な探究を行い，世界の本質に迫ろうとしていた．古代ギリシアから2000年以上が経った現代で，この問いに取り組んでいるのは主に物理学者たちであり，素粒子こそが世界の最も基礎的な要素であると彼・彼女らは指摘している．実際，この世界の事象が素粒子から構成されていることを否定する人はいないだろう．百家争鳴的な2000年前に比べれば，この世界の根源についての理解は深まっている．

　では，素粒子についての理解を深めれば，この世界のあらゆることを素粒子物理学によって説明することができるのだろうか．この問いに「できる」と答える人であっても，それは「将来的には」という条件付きになるだろう．実際，素粒子物理学を通じて，日本の経済の過去10年の挙動の原因を説明し，今後

10 年間の予測を行うことも，明日の天気を予測することも，なぜ 2022 年の男子サッカーワールドカップで日本代表が前評判に反してグループステージを突破できたのかを説明することもできない．経済活動を担う人間や，媒介物である貨幣，あるいは電子情報をやり取りするためのコンピューターをはじめとする端末も，サッカーボールも，選手もスタジアムも，素粒子から構成されているはずである．しかし，素粒子物理学によって人間の行動を説明することは現時点ではできない．いいかえると，経済活動という全体は素粒子という部分によっては十分に説明できていない．これらの事例には，構成要素の振る舞いと構成物の振る舞いとの間に何らかの不連続性があるということになる．このことを簡潔に表現すると，経済活動は素粒子の挙動に還元できていないといえるだろう．構成要素だけでは理解できないような性質を示す構成物が存在することを捉えるために用いられる概念が創発であり，その代表的な事例として考えられてきたのが前述の生命である．

　ただ，現時点では生命は主に生物学によって検討されるテーマであり，経済は経済学の領分だろう[1]．生物学や経済学が物理学の単なる一分野ではない以上，物理学という一領域によって説明することは困難であることが予想できる．では，物理学の範囲内であれば，その全てが基礎的な構成要素の振る舞いだけで説明することができるのだろうか？　例えば，物質のマクロな性質を説明する物性物理学は，その構成要素である原子，さらに，その構成要素である素粒子によって説明し尽くすことができるだろうか？　もしできないのだとすれば，物理学の内部にさえ創発と呼べるものが存在すると考えられる．そして，実際，物理学においても創発的な事象が存在することと，その重要性を指摘したのが，1977 年にノーベル物理学賞を受賞することになる物性物理学の大家であるフィリップ・アンダーソン（Philip Anderson）が 1972 年に出版した "More is Different" という記念碑的論文である[2]．この論文の中で，アンダーソンは物理学にも創

---

[1] もちろん，例外はあり量子生命や経済物理学のような分野も存在する．ただ，現時点で生命や経済のあらゆる側面についての理解を全て物理学によって行うというのは現実的ではない．

[2] アンダーソン自身が 2001 年の論文（Anderson 2001）で説明しているように，この "More is Different" というタイトルは，1960 年代後半の環境活動家たちによる "More is worse" やそれに対抗する立場の人々による "More is better" というスローガンに触発されている．「多は異なり」と訳されることもあるが，本書では原題のまま用いることとする．

発と考えられるケースが存在することを指摘している．さらに，近年においても物理学者たちが，創発という概念を用いていることからも，創発が物理学において認められていることは疑いないだろう．

創発は我々の知識の不足に由来するのだろうか，それとも創発という現象が実際に存在するのだろうか？　このような問いを哲学では「存在論的創発は存在するのか」という形で検討してきた．つまり，我々人類の能力の問題とは（ある程度）独立に，この世界には構成要素と構成物の間にギャップが存在するのか否かという問いである．また，より洗練された理論や法則が完成することで，創発の存在は無くなるかもしれないが，現時点で我々が創発だと考えているものは全て，同じ意味で創発なのだろうか？　こういった問いに向き合うためには，そもそも創発という概念自体の洗練された理解が必要である．「はじめに」で述べた通り，本書の目的は，この創発という概念自体の定義を与え，その上で創発概念自体の本質を明らかにすることである．さらに，この試みを通じて，構成要素についてのミクロな理論と，構成物についてのマクロな理論の二つの理論の間の関係という哲学的なテーマに対する示唆を与えることもまた，目的の一つである．

創発という概念の特徴を明らかにし，これらの課題に取り組むために，物理学の事例を検討する．次章以降で詳しく紹介することになるが，「物理学における創発」は物理学の哲学の代表的なテーマの一つであり，これまでに多くの蓄積がある[3]．創発という複雑な概念を検討する上で，先行研究の存在は重要だろう．また，生物学と物理学を比較すること自体が，その方法論上の差異を踏まえると困難であることが考えられる．そこで，数学を用いて現象を記述するという方法論的な一致を見ている物理学を取り上げることは，事例の検討が比較的やりやすいというメリットがある．

以下ではまず，アンダーソンの議論をまとめることで，物理学における創発がどのようなものかということを説明し，続けて，哲学の歴史の中での創発概念について整理していくことで，物理学と哲学という二つの分野での創発概念の扱われ方をみていく．物理学を専門としていない人はアンダーソンについて

---

[3] とはいえ，一般的な哲学と比べれば微々たるものであるが．

4

の記述を通じて，哲学に明るくない人はイギリス創発主義を通じて，異なる創発概念についての理解が得られるだろう．

1-1　物理学における創発：More is Different

　物理学における創発に物理学者が注目するきっかけの一つと考えられるアンダーソンの論文（Anderson 1972）には，「創発」という用語自体は用いられていない．しかし，論考の中で，「全体が部分の総和とは本質的に異なる」ことがあると指摘されており，これは創発のことを指していると理解できる．さらに，2001 年に物性物理学誕生「50 年」を祝う書籍の中で，アンダーソンは "More is Different" を書いた自身のモチベーションを説明しており，その論文の中では明確に創発という言葉が用いられている（Anderson 2001）[4]．

　まずは，1972 年の論文の中身をまとめてみよう．アンダーソンは物理学者の間で支配的な立場としての還元主義を次のように説明している．この世界には収束的（intensive）な研究と，拡張的（extensive）な研究の二種類しかない[5]．収束的な研究は，この世界の基礎的な法則を探究するような研究を指し，素粒子物理学などごくわずかな分野がこれに該当する．一方で，拡張的な研究とは，収束的な研究によって与えられた基礎的な法則を応用する（だけの）分野のことを指す．つまり，生物学のみならず，素粒子物理学以外のあらゆる学問は単

---

[4] ちなみに，この「50 年」という数字はアンダーソンの博士論文から数えてということなので，疑問の余地が大いにある．というか，あまり妥当な見解ではないだろう．例えば，超伝導は物性物理学の代表的なテーマだが，この現象が報告されたのは 1911 年である．さらに，細かいことをいえば，ここで祝われているのは consensed matter physics なので凝縮系物理学であり，物性物理学ではないともいえる．この二つの区別は，科学史的には興味深い論点ではあるが，本書では両者を区別しないこととし，表現の上では「物性物理学」で統一する．

[5] 研究を「収束的」と「拡張的」に分類すること自体はアンダーソンのオリジナルではなく，当時欧州原子核研究機構（CERN）事務局長であったヴィクター・ワイスコフの 1965 年の論考（Weisskopf 1965）に見て取れる．アンダーソンの "More is Different" はワイスコフのこの論考への応答であると考えられている．ワイスコフはこの文章の中で，基礎的な法則を探究する収束的な研究と，既知の基礎的な法則から現象の説明を行う拡張的な研究というように研究活動を分類している．さらにこの分類に基づいて，収束的な研究によって基礎的な法則を探究することに，科学という営み全体が基づいていると論じている．一方で，拡張的な研究は，収束的な研究で明らかになった内容を応用しているにすぎない．20 世紀における収束的な研究として挙げられているのは，電磁気学と相対論，原子の量子論，原子核物理，最後が核内物理（subnuclear physics）の 4 つである．ワイスコフ自身がアンダーソンが専門とした物性物理学に対するリスペクトを欠いていたかは定かではないが，彼が属した高エネルギー物理学のコミュニティでは，素粒子物理学（核内物理学）が上位で，物性物理学が下位にあるという序列が与えられていたことも指摘されている（Zangwill 2021, p. 243）．

に基礎的な法則を応用するだけの分野にすぎない．このように学問を二分した上で，収束的な研究は素粒子物理学だけが担っているとするのがアンダーソンによるところの還元主義である[6]．これに対してアンダーソンは，あらゆるものが単一の基礎的な法則に還元されるとしても，その基礎的な法則からこの宇宙の現象を再構成することができるとは限らないと指摘する．特にスケールや複雑性が壁となり，基礎的な法則からこの世界の全てを説明することは到底できそうにないと述べて，還元主義を批判する．

　アンダーソンは自身が大学院生時代に取り組んだ事例である4つの原子からなるアンモニア分子や，この事例よりもずっと複雑な40の原子からなる砂糖を比較し，両者には大きな（具体的には対称性についての）差異があると指摘する．その上で彼は対称性の重要性を指摘することに加えて，構成要素が増えることを通じて表出する還元主義が抱える困難を指摘する．マクロな物体を理解しようとするために，我々は原子の数Nの極限をとるという操作（$N \to \infty$）をおこなう．もちろん，これは数学的によく理解されており，この極限によってマクロな物体の性質を明らかにすることができる．しかし，これは事実上不可能なタスクとなっていると指摘する．なぜなら，基礎的な法則とコンピューターを用いて無限系を計算した上で，その結果を有限な系に適用することは，不可能だと考えられるからであるという．不可能というアンダーソンの主張については議論の余地があるだろうが，次のような問題を抱えるという点では妥当な指摘だろう．$N \to \infty$のような無限の系で考えたことを，有限の系に適用していいのか，さらに，その適用はなぜ有限な系の知識を与えることになるのかという問題である．ここでの無限個の粒子という想定は計算を簡単にするための想定ではなく，その想定によって初めて説明できる事象が存在していることを示唆している．その意味で極限は単なる計算上の道具ではなく，ミクロで詳細な系とは異なるマクロな系の性質を実現するために，本質的な役割を果たしていると考えられる．この極限の操作によって現れる新しい性質の具体例として挙げられているのが相転移（特に，超伝導）である．超伝導を例にとり，基礎

---

[6] 過激な主張に思えるが，アンダーソン自身が振り返るところ（Anderson 2001）によると，1960年代はこの立場は特別過激なものではなく，当時の物理学という業界では支配的な風潮であったという．

となるミクロな法則にはない対称性が現れているとして，この世界にはある種の階層構造があると指摘する．これらのことを整理して，「全体が部分の総和であるだけでなく，全く異なるもの」（p. 395）であることが対称性についての探究を通じて明らかになってきたと，アンダーソンは述べている．

　創発という言葉こそ用いられてはいないが，彼が指摘する「部分の総和とは本質的に異なる全体」は現代から振り返ると創発を指しているといっていいだろう．ただし，アンダーソンも還元を全面的に否定しているわけではなく，方法論的還元は当然，否定していない[7]．ここでの方法論的還元を，関心のある事象をより本質的な構成要素や基礎的な法則を通じて理解しようとする方法論的な立場としよう．アンダーソンの主張のポイントは，方法論的還元の有用性と妥当性を認めつつも，これが唯一の方法論ではないということにある．物理学をはじめとする諸科学にとって，全てを素粒子物理学によって説明することだけが唯一の方法論ではない．それぞれのスケール・階層ごとに基礎となる法則が存在し，創発的な現象が存在する．そのため，最も基礎的な法則からあらゆる事象を説明しようという方法論を採用する必要はないというのが，アンダーソンの立場である．

　では，アンダーソンの立場を否定し，還元が唯一の方法論であると論じるためにはどのように考えればいいだろうか．その条件の一つとして，「この世界のあらゆる事象は，最も基礎的な対象から構成されている」という存在論的還元が成り立つ必要があるだろう．字義通りに受け取れば，「最も基礎的なもの」はこの世界の全てを構成しているはずであり，これは自明である．問題は，人類がこの「最も基礎的なもの」を明らかにしているのか否かという点にある．素粒子物理学は，他の諸科学と比較すれば，より基礎的な対象，法則，構造を明らかにしている．この世界のあらゆるものは，素粒子から構成されているようである．しかし，素粒子物理学を用いて，次のサッカーワールドカップの優勝国を予測することはできないし，上野動物園のパンダが今この瞬間にどのよう

[7) 方法論的還元は存在論的還元と対置されている．あくまで単なる手段として，より基礎的な構成要素を明らかにするというのが方法論的還元主義である．これに対して，存在論的還元主義は，まさしく，その基礎的な構成要素によって全てが構成されているというこの世界の有り様に関わる立場である．

な体勢をしているかを予測することは到底できそうにない．現状の素粒子物理学には予測不可能な事象が多くあり，この世界のうち説明することができるものはごく一部である．すると，現状の素粒子物理学では，素粒子がこの世界の全てを支配しているという意味での強い存在論的還元主義の根拠にはなりそうもない．

もちろん，物理学が今後も発展を遂げて，万物の予測が可能な物理理論が誕生することはありうるだろう．ただ，あらゆる事象を説明・予測できるような基礎的な法則の有り様を想像することは困難である．例えば，本書執筆時点からほんの100年ほど前に遡っても量子力学の誕生前後であり，2020年代の物理学とはさまざまな面で異なっていた．そもそも現代的な物理学はせいぜい400年程度の歴史しかない．これから先，100年，1000年の時間が経つ中で物理学が発展していったとして，現在の理論体系とはどれほど異なり，どの程度同一なのかを想像することで，有意義な議論をすることは難しい．つまり，存在論的還元の前提となるはずの完璧な物理理論の有り様が全くわからない中で，そのような架空の理論を想定した上で強い還元主義を展開することは説得力がないだろう．我々の手持ちの物理学では，方法論的還元が唯一の方法論であると考えるほどには，存在論的還元に成功してはいない．

ただし，このことは素粒子への存在論的還元が全くの誤りであることを意味しない．つまり，この世界のほとんどの事象が本質的には素粒子から構成されていることは認められるという意味で，存在論的還元は成り立つ[8]．また，アンダーソン自身も，存在論的還元は認めている．ただ，このことが素粒子物理学以外の分野の自律性を否定するものではないというのが重要な点である．アンモニアが素粒子から構成されているとしても，アンモニアの性質を理解するために素粒子は必要ないということ，また，素粒子には還元できないような法則が存在することがアンダーソンの指摘のポイントである．特に，弱い存在論的還元主義として，この世界のあらゆるものは素粒子から構成されているとい

---

[8]「ほとんどの」としているのは，たとえば数字のような数学的対象やペガサスのような架空の対象を素粒子に還元することができるかどうかは議論の余地があるためである．もちろん，これらの事象を「この世界」に存在するものではないと考えることができれば，「全ての事象が素粒子に還元できる」と主張してもいいかもしれない．

う程度の主張だと考えると，これを否定するのは困難である．このように考えれば，アンダーソンは存在論的創発を支持する立場を示しているといえるのである．

1972 年に "More is Different" が発表されてから，すぐに反応があったわけではない．アンダーソンの伝記を著しているザングウィル（Zangwill 2021）によると，"More is Different" が掲載された当時の Science 誌は科学者であれば誰もが常に読んでいるような雑誌ではなかったという．アンダーソンが批判している還元主義的な素粒子物理学からの応答と考えられているのは，ワインバーグが 1973 年に同じく雑誌 Science に寄稿した，"Where we are now" という文章（Weinberg 1973）である．アンダーソンの名前を出して反論しているわけではないが，その内容は "More is Different" に対する反論と読むことができる．この文章の中で，ワインバーグは基礎的な物理学（場の量子論）によって，「自然全体の在り方を決定しているごく少数の一般原理，つまり，究極の自然法則」（Weinberg 1973, p. 276）を見つけることができると主張する．さらに，創発的な階層構造ではなく，科学は樹形構造をなしていると指摘し，その基礎には素粒子物理学があるというアイディアが提示されている．

ワインバーグとアンダーソンの関係は，物理学の純粋な思想上の対立にとどまらない．スティーブンズ（Stevens 2003）は，1980 年代にアメリカで建設が検討されていた超伝導超大型加速器（Superconducting Super Collider, SSC）に関わる会議で二人が明確に対立したことを指摘している．SSC とは加速器の一種であり，原子核や素粒子の本性を明らかにするために用いられる予定だった巨大な実験施設（装置）である．CERN にある大型ハドロン衝突型加速器が世界最大で全周 26.7 km である．一方で，SSC は計画では全周が 86.8 km であった．SSC によって全ての根底にあり，普遍的で宇宙の全てを支配するような原理に到達できるとワインバーグが主張したのに対して，アンダーソンは，SSC は他の分野への応用可能性は少なく，SSC が探究する課題は深淵であるとしても核物理学にさえほとんど影響をもたらさないだろうと主張した．その上で，アンダーソンは，SSC のようなプロジェクトに大きな予算や人材を使う理由はないと反論した．結果としては，アンダーソンの議論だけではなく，他の様々な要

因によって 1993 年に計画は中止に追い込まれる．それぞれが議会に呼ばれて意見を述べる機会はあったようだが，特に中止に追い込まれる 2 ヶ月前には二人が同時に連邦議会で証言する機会もあった．計画に反対したことでアンダーソンはその後，素粒子物理学者たちからの批判にさらされたという．実際に，中止に追い込まれた要因としては，例えば予算の問題が挙げられ，その厳密な理由を探るというのは困難であろうし，少なくともアンダーソン一人にその責任を負わせるのは流石に無理があるだろう[9]．ただ，ワインバーグとアンダーソンという二人の偉大な物理学者の思想が，科学政策に影響を与えたかもしれないということは指摘するに足る興味深い点である．

　2001 年にアンダーソンは，"More is Different" を書いた当時の物理学の業界の状況を含めて，30 年たった自身の考えを整理している[10]．その記述によれば，1960 年代の物理学の支配的な潮流として，自由度が無限であるようなマクロな系を理解するための十分な道具立てが存在しないことから，素粒子物理学が究極の物理学であって，例えば物性物理学のような巨視的な現象を扱う領域に固有の価値があることが認められていなかったと指摘している[11]．アンダーソンはその潮流に反して，素粒子物理学以外の物理学の価値を示そうとしたのである．その後，スケールが異なれば，異なる法則が存在し，素粒子物理学と同程度に複雑なマクロな物理的現象に関する法則があることが明らかになっていった．これに伴い，物性物理学の役割や意義は素粒子レベルの法則に取って代わられることはないという認識が一般的になっていったと振り返っている．素粒子レベルについての法則であるいわゆる「万物の理論」が成立したとしても，それが説明できることはさほど多くはないということである．1972 年には創発

---

[9] スティーブンズ（Stevens 2003）が理由として挙げているのは，アメリカ政府の財政状況，SSC グループ自体の杜撰な財務管理に加えて，冷戦の終結である．特に，国家安全保障の観点から，物理学者たちは SSC の意義を論じていたのだが，冷戦の収束とともにその必要性が失われたのである．もし，東側に同規模の巨大な加速器が建設され，その結果として何らかの軍事技術などが発明された場合に，アメリカは大きな後れをとるということになる．そのため，冷戦の終結は巨大な加速器を作る理由を失わせる十分な理由の一つであったとスティーブンズは指摘する．ただ，ヒトゲノム計画には巨額の資金が投入されていることを見ると，有用性という点での説明に失敗したということが大きいことも推察されている．

[10] 2003 年にアンダーソンが訪日した際に東京大学で行った講演はこの論文がもとになっており，その翻訳は東京大学広報委員会の『学内広報』（No. 1254. pp.4–7. 2003 年 1 月）で読むことができる．ここでの整理については，基本的に 2001 年の元論文に基づくが，引用の翻訳にあたってこの訳文を参考にした．

[11] アンダーソンによれば "More is Different" が執筆されたのは 1967 年である．

という概念を用いていなかったが，2001 年の論考では創発という概念を用いながら次のように述べている．

> 「万物の理論（theory of everything）」は私からすれば，「ほとんど何の理論でもない（theory of almost nothing）」[12]．実際の宇宙は創発の層が幾重にも積み重なった結果であり，その層を理解するために必要な概念や法則は，素粒子物理学者たちが思いつくようなものと比べても，同じように複雑で，微妙であり，時には同じように普遍的でもある．このことは，科学の構造が還元主義者が目論むような単純な階層的な樹形構造ではなく，お互いを支持し合う糸からなる，多重に関連した網目のようなものであるという見方を可能にしている（Anderson 2001, p. 8）．

アンダーソンの専門領域である物性物理学の対象となるような事象を「万物の理論」が説明することはできないように，この世界のほとんどの事象が説明できないという意味で「万物の理論」を「ほとんど何の理論でもない」と呼んでいる．科学は「万物の理論」からマクロな現象についての法則や概念を演繹するようなものではなく，各階層に自律的な科学の分野があると指摘している．各階層の理論は，より低い階層から創発しており，その創発が幾重にも重なって階層をなしているのである．加えて，科学には単純な階層構造があるわけではないという指摘も重要である．「網目のよう」と述べていることからも，階段のように一段ずつ重なっているものではなく，もっと複雑になっている可能性が示唆されている[13]．

　このように，アンダーソンは素粒子物理学にはない価値や役割がマクロな現象についての物理学やそれ以外の諸科学でも認められるということを主張し，方法論的還元主義が物理学の全てではないと指摘したのであった．このアンダー

---

[12] 「ほとんど何の理論でもない」の原語は theory of almost nothing なので，万物の理論と対比するように「ほとんど無物の理論」と訳すのが適切かもしれないが，日本語として違和感があるので，「ほとんど何の理論でもない」と訳した．

[13] 物理学ではエネルギースケールが重要な階層性を示唆していることは認められる（Batterman 2013; 2015; 2018）．しかし，階層性はエネルギースケールによるものだけではないということが考えられる．例えば，生物学の哲学では階層性が議論されているが，必ずしもエネルギースケールとは結びつけられていない（Brigandt and Love 2023）．

ソンの指摘を完全に否定する人はほとんどいないのではないだろうか．構成要素に着目しているだけでは，説明することができないような現象の存在は広く認められており，それらは創発現象と呼ばれることがある[14]．

　アンダーソンの 1972 年の論文から 50 年を超えた現在，創発の具体例として広く認められているのは，自発的対称性の破れを伴う相転移が代表的だろう．この事例はアンダーソンの専門領域である物性物理学の対象である．実際，『日本物理学会誌』72 巻 9 号の付録「物理学 70 の不思議」の中の「64 還元と創発─物質世界のとらえ方─」という記事の中でも，アンダーソンの階層性の議論を踏まえ，創発と超伝導や対称性の破れとの関係が示唆されている．あるいは，より基礎的な領域に関心を持つ人であれば，量子重力理論に対する時空間を創発と捉えることもあるだろう．例えば，ウィッテン（Witten 2018）が自発的対称性の破れが物性物理学や量子重力理論における創発を包括的に捉える枠組みであると解説しているように，物理学における創発現象は対称性と密接な関係がある．

1-2　哲学における創発：イギリス創発主義者

　物理学において創発という概念が注目される背景としてアンダーソンの議論を見たが，「はじめに」で触れたようにそもそも創発という概念自体は哲学者たちによって検討されてきた．創発という概念の歴史を考える際に重要なのは，「創発」という概念自体を確立したイギリス創発主義（British Emergentism）と総称される 19 世紀終盤から 20 世紀初頭のイギリスの哲学者たちの存在である．彼らは単一の法則や理論に還元されないような事象の存在を指摘し，その哲学的な特徴を明らかにしてきた．彼らの問題意識を単純化していうと「なぜ，究極の一つの科学が存在するのではなく，複数の科学が存在するのか」というものである．この問題意識は，現代でも通用するものだろう．冒頭で述べた生命

---

[14] アンダーソンのアイディアと現代哲学における創発との関係を検討した研究としては例えばハンフリーズ（Humphreys 2015）を参照．

12

に代表されるように，この世界の様々な事象は一つの科学だけで説明すること
はできない．さらに，19世紀終盤から比べれば，21世紀現在の科学はより多様
であり，それぞれの分野が自律的な価値を有しているように見える．その意味
では彼らの問題意識は現代でこそ重要なのかもしれない[15]．

　では，イギリス創発主義の歴史を辿ることで創発概念の発展の過程を追って
いこう[16]．イギリス創発主義の中でも最も先駆的と考えられるのがジョン・ス
チュアート・ミル（John Stuart Mill）である．ミルは主著の一つである『論理
学体系』（Mill 1843）の中で，化学化合物や有機体の法則は構成要素の法則か
ら導くことができないことを指摘する．特に，力学的な性質と化学的な性質に
は本質的な違いがあると指摘して，究極的な科学が一つだけあるわけではなく，
複数の科学が存在することを主張した．科学は法則を探究する営みであるが，
自然世界は少数の基礎的な法則に従うわけではないというのがミルの立場であ
る．ミル自身は「創発」ないし「創発的」という言葉自体は用いなかったもの
の，彼のアイディアに触発されてイギリス創発主義の潮流は誕生したと考えら
れている．

　ミルは基礎的な法則からは導出できない法則が存在することを異質的（het-
erogenous）と呼んだが，ジョージ・ルイス（George Lewes）が著書『生命と心の
問題』の中で，この異質性を創発と呼んだ（Lewes 1875, pp. 368–373）．ルイス
は，ある原因から得られる結果の導出プロセスが追えるものを結果的（resultant）
と呼び，追うことができないものを創発的（emergent）と呼んだが，これが「創
発」という概念の初出であると考えられる．結果的なものはその構成要素を通
じて明らかにできるものであり，その意味で同質的（homogeneous）であり，通

---

[15] 哲学者たちが創発という概念を提案・発展させたのは19世紀以降だが，その考え方，つまり，「部分の総和が示さないような性質を全体が示す」という考え方自体は，アリストテレスの『形而上学』で言及されていることが知られている．「およそそれ自らのうちに幾つかの部分をもち，これらの諸部分は穀粒の集積のごときではなくて，その全体はこれら諸部分とはなんらかの別のなにものかであるようなものども」（アリストテレス1959, 1045a8–10）が，なぜ部分には見られない性質を示すのかということをアリストテレスは議論している．確かに，この箇所には創発的なものの見方を見出すことができる．ただ，アリストテレスの議論が，その後の創発の議論に影響を与えているわけではない．該当箇所で問題になっているのは，例えば，「人」は「動物」と「二本足」という二つによって定義されるが，「人」が全体として一つのものになっていることの説明に関するものである．つまり，概念の定義に関する議論の中で，上で引用したような全体論的な事象の扱いをどうするのかがここでの問題である．あくまで概念の定義に関する議論という文脈で出された話題であり，また，創発という単語を用いているわけではないため，現代的な創発の議論とは別の文脈で評価されるべきだろう．

[16] 以下，イギリス創発主義者たちの整理についてはマクローリン（McLaughlin 2019）に依拠している．

約可能（commensurable）であるとされている．「通約可能である」のは系の全ての部分を通じて全体が明らかになるときであるという．例えば惑星の運動は，惑星の接線方向の運動と太陽に向かう運動の結果であり，それぞれを理解していれば惑星の軌道を追跡できるために結果的である．これに対して，創発的なものは結果的ではないものとされている．ルイスは，創発的なもの（つまり，結果的ではないもの）とは「通約不可能で，その [部分の] 和や差には還元できないもの」（[ ] 内は引用者）と定義し，水を具体例としてあげている．水は酸素と水素から成るため，その意味では創発的ではないように思えるかもしれない．しかし，水が気体から液体へと変化するという過程を，水素や酸素の動きを考えることで追うことができないことから水は創発的であるとするのがルイスの考え方である．このことは，部分であるところの酸素や水素の挙動と全体である水の挙動の間に通約不可能性があるといいかえられる．

　ここで二つの点を注意しておこう．一つ目は，ルイスの結果的・創発的という区別は因果関係に基づくものであるということである．全体として現れる性質や特徴について，部分がその原因を言い尽くすことができていれば結果的であり，創発ではなくなる．逆に，部分が原因を明確に与えられない時には創発となるというのがルイスの創発の定義である．二つ目の点は，創発とされているものもいずれ，創発ではなくなるかもしれないとは認めているものの，ほとんどの事象が創発的であるということにある．ルイスは水を創発的なものの代表例として論じているが，水素や酸素を原因として，数学的な形式によって液体から気体になるようなプロセスを説明することができるようになる可能性があることを認め，水が創発的というのは暫定的なものにとどまる．ただ，実際に水を構成要素間の因果関係によって説明することが可能になるまでは，水を創発的と認めなければならない．そこからルイスはさらに議論を展開し，現実の結果は常に創発的であると指摘している．実際に，何かの現象を考えるときにはその構成要素の全てを検討するわけではなく，その一部は無視される．それは我々が「近似」を行う際にほとんど影響がないほど効果が小さいから無視されるということであって，その要素が存在しないわけではない．我々が近似という手法を用いる以上は，全ての事象は創発的と考えざるを得ないのである．

14

ルイス自身が用いている創発概念自体は，あくまでもミルの議論に依拠したもので，それ自体ではさほど目新しさはない．しかし，創発という概念の歴史の上では，現在のような意味で創発という言葉をルイスが最初に用いたということは指摘するに値するだろう[17]．

アンダーソンのようにこの世界には一種の階層構造があると論じ，創発という概念と絡めた最初の研究として知られるのはサミュエル・アレクサンダー（Samuel Alexander）による『空間，時間，そして神』（Alexander 1920）である．アレクサンダーは，高い階層の事象の性質は，低い階層にある構成要素が複雑な組織を持つことで，創発していると考えた．トーマス（Thomas 2022）によると，アレクサンダーのこの本では，この世界にはある種の階層が存在し，高い階層は低い階層から創発するものであるという彼の形而上学が展開されている．この世界の階層構造の最下層，つまり，最も基礎的な階層に時間と空間が位置し，心や神などはその下の構造から創発しているという描像である．アレクサンダーに特徴的なのは，階層間での創発関係を，「身体からの心の創発」との類推によって特徴づけようとしていることである．非物質的な心が物質的な身体から創発するように，神は時間・空間から創発する．心の創発を比較的単純なものとして捉え，心の創発に立脚してこの世界全体を捉える形而上学が提示されている．この意味で，心の創発は彼の図式全体の前提となっている．

ミルに始まり，ルイスやアレクサンダーらによって展開された創発の議論を踏まえて展開されたのが C. D. ブロード（C. D. Broad）による『自然における心とその地位』（Broad 1925）であり，ここでの議論がイギリス創発主義の立場を代表するものと考えられている．まず，ブロードは科学の捉え方として二つの立場を提示する．一つは「機械論」（Mechanism）と呼ぶもので，この世界は統一的であり，実際には唯一つだけの科学が存在し，他の個別科学はその唯一つの科学の個別事例にすぎないと考える立場である．本質的には科学は一つしか存在しないという機械論は，物理学者ラザフォードの有名なフレーズ（「全て

[17) また，この時点で「近似」という概念に着目しているのは興味深い点であろう．現代の物理学の哲学では標準的なテーマではあるが，20 世紀後半の科学哲学ではあまり注意を払われてこなかった．その意味で，ルイスの指摘は現代でも有効な指摘である．

の科学は物理学であるか，切手集めであるかのいずれかである」）が念頭に置かれていると考えられる．また，これはアンダーソンが批判したような還元主義とも似た立場だろう．この機械論に対抗するもう一つの立場が創発であり，機械論的な見方に反するものである．つまり，この世界は統一的ではなく，様々な科学が自律的に存在し，この世界には階層が存在する．また，その階層の間は還元関係があるとは限らない．

　ブロードはそれぞれの階層に属する性質を三つに分類する．一つ目が「通常は中立的な」ものであり，これはより低い階層の要素が集まることで得られる性質である．二つ目が「還元可能な」ものであり，その性質は同一階層か，より低い階層の要素に還元できるものである．三つ目が「究極的な」もので，これは他の階層の要素に還元できないだけでなく，その階層にとって特徴的な性質である．この三番目の究極的な要素が存在することで，創発的な法則が現れると指摘し，本質的な一つの科学だけが存在するわけではないと論じている．この創発的な法則はより低い階層には還元不可能なものである．ただし，ブロードにとっての還元とは，論理学的な演繹を意味し，低い階層の法則から論理学的に演繹できないものが創発的な法則である．さらに，この創発的な法則は命題，つまり，文の形で与えられる．文は当然，単語から構成されており，その単語には創発的な単語と呼べるものが存在し，その単語はより低い階層に対応物を持たない．逆に，還元が成り立つのであれば，ある法則で用いられている単語は低い階層の単語に対応するものがあるといえる[18]．整理すると，ブロードの創発主義とは，科学の間に階層を想定し，高い階層には創発的な法則が存在すると考える立場である．創発的法則とは，より低い階層の法則から論理学的に導出できず，低い階層で用いられる単語に対応物を持たないようなものである．その意味で，創発的な法則は他の何かによって説明されることのないような，この世界にとって究極的な法則の一つということになる．

　イギリス創発主義の議論は，ブロードの著作を最後にその後はあまり盛り上がらなかったとマクローリン（McLaughlin 2019）は指摘している．その説明として，自然科学の発展により，創発的な科学への態度よりも，還元的な科学への

[18) この考え方は後述するネーゲル的還元にも見られる理解である．

態度の方が説得力を増していったことが挙げられている．実際，ブロードの著作が出版された1925年には行列力学が，翌1926年には波動力学が成立し，遅く見積もっても量子力学が1930年ごろまでには完成した．量子力学が成立することで，物理学による化学結合の説明が成功し，還元的なものの見方が支配的になり，結果として創発は本質的な問題とはみなされなくなったというのが，マクローリンの見立てである．アンダーソンの回想を信じれば，その後40年ほどは還元主義が支配的であったということになる．

　ブロードやアレクサンダーはアンダーソンの議論と類似しているようにも思える．創発を認め，一種の階層構造がこの世界にあると考えているという意味では同様のアイディアであるともいえそうである．しかし，マクローリンはアンダーソンの議論はイギリス創発主義者たちの創発とは無関係であると指摘している．まず，アンダーソンは方法論的還元や存在論的還元は認めている．これは現代的な立場からすれば穏当な（妥当な）立場だろう．しかし，イギリス創発主義者たちは還元が一切認められないようなものとして創発という概念を捉えている．したがって，アンダーソンのように部分的にでも還元を認めることはしない．その意味で，そもそも創発という同じ単語を使っているにしても両者は全く異なる概念として創発を用いていると考えられる．このイギリス創発主義の，創発と還元が両立しないという捉え方は，現代でも哲学においては標準的な理解である．一方で，アンダーソンのように両者がある意味で両立していると捉える立場は，いくつかの物理学の哲学に反映されている．

　さて，このような歴史を踏まえて，本書のテーマである科学哲学，さらに，その一部である物理学の哲学の中での創発と還元についても簡単に触れておこう．物理学の持つ哲学的な含意を検討する分野である物理学の哲学では，創発概念が物理学において重要であることが指摘されてきたことに加え，そもそも物理学の理論間の関係を検討する中でイギリス創発主義を目端に捉えながら，創発という概念を用いるようになったと考えられる．例えば，量子力学と古典力学の関係を考えたり，あるいは存在論について考えるときに創発は有用な概念である．一方で，イギリス創発主義以来，創発は還元と対照される概念として一般的な哲学では扱われてきたため，「究極の一つの科学ではなく，なぜ複数の科学

が存在するのか」という理論間関係についての文脈で創発は検討される．現代でも重要なトピックになっているのは，熱力学と統計力学の関係である．マクロな現象の理論である熱力学に対して，そのような現象を構成要素から説明しようとする統計力学がある．基本的には両者の間には還元関係があるといえるだろうが，還元可能性に対する反論として相転移が挙げられ，これは創発であると指摘されることもある．この点は後述するが，物理学の哲学において創発は長く議論の対象となってきた．

　物理学に限らず，科学一般を分析の対象としてきた科学哲学や現代哲学で大きな比重を占める意識・心の哲学でも創発は重要なトピックであり，創発を定義する試みが行われてきた．ネーゲル（Nagel 1961）は創発や還元を科学哲学の文脈で定義した先駆的な人物であり，彼は創発を還元が成り立たない状況として定義している．意識・心の哲学ではキム（Kim 1999）が予測不可能性や因果性などに訴えて創発を定義した．彼らに共通するのは，創発主義者たちのように創発を還元とは両立しない概念として定義しているということにある．しかし，物理学の哲学においては，このような一般的な定義が，物理学の事例を理解する上ではうまくいかないことが指摘されている（Batterman 2002; Butterfield 2011a; 2011b）．それを踏まえて物理学の理論間の関係を検討することで，創発概念に新しい理解が提示されてきた．物理学の哲学の特徴の一つは，物理学という個別の分野の具体的な事例に着目するということにある．このような物理学の哲学の方針も問題がある．彼らの議論では，量子力学や古典力学の抽象的な構造に着目して理論間の関係を検討している．しかし，実際の科学の実践において中心的な役割を果たすのは，むしろモデルであるはずであり，実際，モデルは近年の科学哲学において重要な概念である（Weisberg 2013[2017]; Morrison 2015a など）．さらに，還元はモデル間の関係として定義されていることから（Rosaler 2015; 2016; 2019），モデル間の関係として創発も定義することが求められている．

1-3　本書の問題設定と構成

　以上のような創発概念にまつわる経緯を踏まえて，本書が取り組むリサーチ・クエスチョンは以下の三つである．科学的モデルの関係としてどのように創発を定義するのか？　その定義を通じて，物理学の事例についてどのような理解が提示できるか？　この定義と事例分析を通して，どのような哲学的な含意が引き出せるのか？

　まず，モデル間関係としての創発の妥当な定義を与えるために，物理学（の哲学）において創発の典型的事例であるくりこみ群の方法（renormalization group method，以下，くりこみ群と呼ぶ）のケースを検討する．くりこみ群はミクロな詳細を無視するような手法を含み，対象系を粗視化することで現象を説明するような方法論である．くりこみ群を通じて説明される現象は，その構成要素からは一定程度，独立していると考えることができるため創発の事例といえそうである．モデルの科学哲学の観点からは，この手法の結果として得られるモデルはミニマル・モデルと呼ばれている．このミニマル・モデルというアイディアをもとに，これまでの創発の定義の試みを踏まえてモデル間の関係として創発を定義する．創発はおおむね，新奇性と頑健性という概念を通じて定義されることから，これらの概念をもとに定義を与えることで，より説得的な創発の定義を与える．

　このようにして与えた定義を通じて，量子力学と古典力学，統計力学と熱力学という二つの理論間関係について検討する．それぞれのケースで，創発と呼べるのはどのような事例なのかを検討していく．これを通じて，この二つの事例の差異と類似点が明らかになる．さらに，事例分析を通じてモデル間の関係として創発を捉えることの哲学的な含意を検討する[19]．

---

[19] 物理学の哲学には，もう一つ時空間というトピックがあり，創発概念との関連では量子重力からの時空間の創発は代表的なトピックである（Huggett and Wüthrich 2013; Huggett, Matsubara, and Wüthrich 2020）．しかし，量子重力理論は未だ未完成の理論であり，そもそも創発概念自体の妥当性の検討も本書の目的であることから，より洗練された理論や議論が与えられている事例を中心に検討する．ただし，重力についてはニュートン力学と一般相対論に関してフレッチャー（Fletcher 2019）が検討している．

なお，本書では特に物理学における創発にとって重要な事例である一次・連続相転移については検討するが，超伝導や時空間については検討しない．また，対称性は議論の中心には据えない．本書の目的は単に物理学の創発の事例を検討することだけではない．確かに，超伝導は興味深い現象であり，その他多くの現象が創発の事例として検討に値する[20]．しかし，その分析が妥当な哲学的議論に基づくものでなければ，少なくとも科学哲学の研究としては不十分である．物理学の先端的な事例を，哲学っぽく分析してそれらしい哲学エッセイを書くことは本書の目的ではない[21]．あるいは，哲学者が生半可な物理学の知識で物理学の事例を検討することもあまり重要ではないだろう．創発について十分な検討が行われている事例を通じて，創発概念の理解を深め，その哲学的な意義を明らかにすることが本書の目的である．

さらに，本書は，物理学の特定の事例を捉えることだけを目的にするわけではなく，科学哲学の議論と物理学の事例（物理学の哲学の議論）を結びつけることで，物理学の事例をもとに創発という概念の理解を深めることを目的としている．このようにして得られた創発概念の理解は，物理学以外の分野での創発現象を理解するために用いることもできるだろう．

では，本書の構成を説明していこう．まず，第2章では「科学的モデルの関係としてどのように創発を定義するのか？」という課題に取り組む．イギリス創発主義者たちの議論自体は，その後の哲学の議論で中心的な役割を果たさなかったものの，「還元の失敗としての創発概念」という創発の捉え方は，およそ現代でも支配的である．しかし，この捉え方の上で発展してきた還元や創発という概念についての科学哲学的な定義は，物理学の事例を捉えるのには適していなかった．これまでの定義の歴史を振り返りつつ，その問題を明確にし，モデル間の関係として創発を定義するという方針自体の妥当性を確認する．その上で，実際にモデル間の関係として創発を定義するのが第2章の目標である．

---

[20] 例えば，複雑系科学はその代表的な事例である（Kauffman 1993; Jensen 2023）．複雑系と創発との哲学的な関係については，以下の文献を参照（Ladyman and Wiesner 2020）．

[21] これを例えばウィッテンやワインバーグのような一流の物理学者たちが行ったとしても，その主張自体に意義があるとは限らない．もちろん，彼ら自身の思想が関心であるとすれば，その内容は吟味に値するだろうが，だからといってその内実に哲学的な価値があるとは限らない．

第3章と第4章では,「この定義を通じて,物理学の事例についてどのような理解が提示できるか?」という課題に取り組む.第3章では,量子力学と古典力学の関係を検討する.一般に量子力学から古典力学的な性質を示すための手法としてエーレンフェストの定理やデコヒーレンスなどが知られており,これらの事例をモデル間関係としての創発という観点から評価する.また,量子力学の哲学の代表的な主題である解釈問題において,特に多世界解釈における古典力学の創発は重要なテーマである.そこで,代表的ないくつかの解釈に着目し,古典力学と量子力学の関係を検討する.第4章では,熱力学と統計力学の関係を検討する.統計力学は熱力学の対象となるような熱的現象を説明することを目的としているため,両者の理論間関係は還元的であるように思われる.しかし,相転移や臨界現象と呼ばれる事例は物理学における創発の代表的な事例でもある.この事実を整合的に説明するために,モデル間創発の定義を応用する.第5章では,これらの分析を踏まえて「どのような哲学的含意が引き出せるのか?」という課題に取り組む.二つの事例の共通点と相違点を明らかにすることで,理論間関係がどのようなモデル間関係に依拠しているのかを明らかにする.また,伝統的に創発と関連づけられていた概念と創発概念との関連を検討する.最後に,これらの分析を踏まえて,物理学が提示するこの世界の描像について論じる.

第2章

創発の定義の歴史と探究

　哲学，特に科学哲学では，イギリス創発主義の流れを汲み，創発と還元を両立しない概念として定義してきた．簡単にいえば，還元の失敗を創発と定義してきたのである．いうなれば，創発という概念は還元の副産物に過ぎなかった．これは創発概念自体が 20 世紀の中盤以降，あまり強い関心を引いてこなかった一方で，還元主義的な思想は大きな成功を収めてきたことに起因するのだろう．そのために，還元概念を特徴づける試みはなされてきた．この章の目的は，物理学における創発を捉えるような創発の定義を提示することにあるが，そのためにもまず，これまでの科学哲学や物理学の哲学においてどのように還元や創発が定義されてきたかを確認することは有用だろう．

　科学哲学の議論は，論理学を武器に行われてきた．これは科学哲学が論理実証主義という，論理学によって諸科学を基礎づけ統一しようという運動から派生してきたことからすれば自然な流れである[1]．一方で，このような方針で理論間の関係を捉えようとすると限界が生じるのは想像に難くない[2]．そのために，物理学の哲学ではこれまでの科学哲学とは異なる方針で還元，さらに創発についても検討している．もちろん，これらの試み自体も問題があるので，その問題点を明確にしつつ，どのような定義が求められているかも明らかにしていこう．

　本章の後半で，創発を定義していくが，その定義自体は事例に基づいて，いわばボトム＝アップの方針で行う．本書で着目するのは，くりこみ群の手法という伝統的に創発とみなされてきた事例である．この事例を通じて創発の定義を

---

[1] 論理実証主義については，伊勢田（2018）を参照．
[2] とはいえ，論理実証主義が完全に崩壊しているわけではないだろう．現代でも，論理実証主義の系譜を汲み，圏論などを用いることで科学哲学を再構成する試みとしてはハルボーソン（Halvorson 2019）によるものがある．

与えるが，ただ単に，事例を基に分析するのでは，そこでの分析や結果として得られる創発の定義に哲学的な妥当性はなく，あくまで個別の事例の抽象化に過ぎないだろう．そこで，本章ではくりこみ群の事例の特徴を明確にするために，科学全般を検討する一般科学哲学の分析に訴える．特に，モデルの科学哲学と呼ばれる，科学におけるモデルの役割や特徴を検討する文脈において，このくりこみ群の事例がいかに特徴的なのかを明確にすることで，創発の特徴を引き出す．さらに，その定義が実際にこれまでの物理学の哲学や，科学哲学で議論してきた創発の議論の問題点を解消ないし解決することを示すことで，その妥当性も与えられるだろう．

2-1　科学哲学における創発と還元

　まず，この節では物理だけではなく科学全般を対象とする科学哲学という研究分野において創発や還元がどのように検討されてきたのかを整理していく．特に，還元についてはネーゲル（Nagel 1961）による定義が科学哲学における代表的な定義として知られ，彼のアイディアはネーゲル的還元と呼ばれている．そのネーゲル的還元はシャフナー（Schaffner 1967）によってより細かい条件が与えられ，洗練されてきた．とはいえ，ネーゲルの定義は，命題間の論理学的な関係という，科学哲学の伝統的な（悪くいえば古風な，良くいえばオールドスクールな）方法で与えられている．結果として，ネーゲル的還元を物理学をはじめとする自然科学の具体的な事例に応用することは難しい．一方で，創発の代表的な定義はキム（Kim 1999）やハンフリーズ（Humphreys 1997）によって与えられている．キムは心と脳の関係という文脈で創発を検討しており，その意味で伝統的なイギリス創発主義の議論の潮流を汲むものである．キムと比較すると，ハンフリーズはより一般的な創発の定義を試みてはいるものの，その議論の枠組みはやはり伝統的なものと類似する点が多い．まずは，ネーゲル的還元について，続けて哲学において伝統的に展開されてきた創発について，その特徴を見ていくことにしよう．

2-1-1　ネーゲル的還元の現在

ネーゲル自身のアイディアや，その後の展開も含めてネーゲル的還元について説明していく．その前に，ネーゲル的還元（Dizadji-Bahmani, Frigg, and Hartmann 2010）が現在ではどのように特徴づけられているのかを先に述べておくことは，この後の整理を理解する助けになるだろう[3]．

ネーゲル的還元　二つの理論 T_l と T_h の間に還元関係があるためには，まず，ある初期条件のもとで T_l から導出される T_l^* が存在し，さらに，T_h と強いアナロジーが成立するような T_h^* が存在する．このときに，T_h^* と T_l^* の間に相互の概念に対応を与えるような法則（橋渡し法則）が存在するとき T_l と T_h は還元であるといえる．

この定義では，導出可能であるかどうか，また，理論間の対応関係を与える法則があるかどうかといったことが還元の成立の条件になっている（図 2.1 参照）．ここで比較されている「理論」とは，例えば量子力学，古典力学，熱力学のようなものを指す[4]．このような理論間の関係に伝統的な科学哲学は注目してきた．また，ここでの法則は後述するが**橋渡し法則**（**bridge law**）と呼ばれ，二つの理論で用いられる概念間の対応関係を与えるようなものである[5]．つまり，ニュートンの三法則のような法則ではなく，一種の翻訳ルールのようなものとして捉えれば十分である．

では，ネーゲルのオリジナルな還元の定義を整理しよう（Nagel 1961）．彼は還元の条件として，接続可能性条件と導出可能性条件という以下の二つの条件を挙げる．

---

[3] 以下，二つの理論やモデルを比較する際に，論者によって様々な記法が用いられている．例えば，現象論的な理論と基礎的な理論，粗い理論と洗練された理論，高い階層の理論と低い階層の理論といった具合である．ここでは，一貫性を保つために内容に問題が生じない範囲で表現を統一し，還元元（もと）の理論を「高い階層」を意味する h を用いて T_h，還元先の理論を「低い階層」を意味する l を用いて T_l とする．このような表現に馴染みのない人は，とりあえず，T_h は古典力学や熱力学，T_l は量子力学や統計力学を指すと考えればよい．

[4] ここでの「理論」では，例えば，物性物理学のバンド「理論」のようなものは想定されていない．科学哲学的な用法である．

[5] 例えば，ボルツマンの原理のように熱力学のエントロピーと統計力学の状態数を対応させるようなものを想定すればよい．ただし，ここでのネーゲル自身の枠組みでは，理論は命題の集合であり，橋渡し法則は，あくまで理論語間の対応関係である．ボルツマンの原理の式自体ではなく，それを自然言語で命題の形にパラフレーズしたものが橋渡し法則に相当するだろう．

図 2.1 より基礎的な理論を T_l, 現象論的な（派生的な）理論を T_h として, T_h が T_l に還元される条件を示している（Dizadji-Bahmani, Frigg, and Hartmann 2010, p. 36）.

接続可能性 　高い階層の理論における理論語 A で表される全てのものと, 低い階層の理論における理論語で示される性質の間に適切な関係を仮定するある種の規則が必要である.

導出可能性 　これらの付加的な想定によって, 理論語 A を含む高い階層の理論における全ての法則が, 低い階層の理論による仮定と関連する理論から, 論理学的に導出可能でなければならない.

まず, 接続可能性は二つの理論の理論語の間の対応関係を要請している[6]. 二つ目の導出可能性は論理学的な意味での導出可能性であり, 科学的な実践における導出ではない. つまり, 物理学における数学的操作のように科学の実践で用いられているような意味での「導出」ではない. ネーゲルが例として挙げているのは, 理想気体についてのボイル＝シャルルの法則である. ボイル＝シャルルの法則とは, 理想気体において圧力と体積の積が温度に比例していることを示す熱力学的な法則である. この熱力学的な法則が, 力学的な気体の理論によって導出可能であり, 第二の条件が満たされているという. また, 第一の条件を満たすように, 温度と気体分子の平均運動エネルギーという二つの理論語を対応づける規則が存在する. ただし, ネーゲル自身は具体的にどのように導出が行われているのかを検討しておらず, また, 接続可能性についても説明していない.

このネーゲルの定義は 1961 年当時から利用しにくいものであった. 実際に二つの理論を命題の集合として表現した上で, 両者を比較するということを実践

---

[6] 理論語（theoretical term）は観察語（observational term）と対になる概念で, 大雑把には科学における「直接観察可能ではないものを指す概念」のことである. ここでの観察可能とは哲学において用いられてきた非常に狭い意味で, さらにいえば肉眼での観察可能性を指す. 例えば, 「遺伝子」や「電子」といった概念は理論語にあたる.

することは難しいだろう．そこで，シャフナー（Schaffner 1967）はネーゲルの定義を洗練させる．シャフナーは自身のアイディアを 1967 年には一般還元パラダイム（general reduction paradigm，GRP）と呼び（Schaffner 1967），さらに議論を整理した 1993 年のアイディアを一般還元交換モデル（general reduction-replacement model, GRR モデル）と呼んだ（Schaffner 1993）．ここではより洗練されている GRR モデルを検討しよう．まず接続可能性を実質化するために，高い階層の理論と低い階層の理論の間の語を交換するための規則の必要性をシャフナーは指摘する．この交換の規則が前述の橋渡し法則であり，ネーゲルの条件では接続可能性と対応する．シャフナーの還元の事例では，「遺伝子」と「DNA 配列」を対応づけるような規則のことを指す（Schaffner 1967, p. 144）．加えて，語の交換を司る橋渡し法則は，還元される理論・還元する理論そのものの間ではなく，両方の理論を修正した理論間で用いられるという点がネーゲルと異なる．この修正された二つの理論の間に論理学的な導出関係があれば，そのときに還元が成立すると考える．二つの理論の理論間の関係を考えるために，それぞれの修正された理論という考え方を導入したのがシャフナーの特徴である．

　シャフナーの議論をもう少し整理しておこう．基礎的な（還元する）理論を T_l，副次的な（還元される）理論を T_h として，T_h から T_l への還元が生じる必要十分条件を以下のように与えている[7]．

1. 修正された T_h^* において現れるあらゆる基本的な単語が T_l の中に現れている．あるいは，T_l における一つ以上の単語と以下の a〜c のように関連づけられている．

   a. T_l と T_h^* における個物や個物のグループ間に一対一対応を与えるような還元関数が存在する．

   b. T_h^* の基礎的な述語は，還元関数によって T_l の述語との対応が与えられている．

   c. a と b を満たすような還元関数は，経験的な根拠がある．

---

[7] Schaffner（1993）自身の定義の詳細を検討することは本書の目的ではないので，以下は訳出ではなく，細かい点は省略している．

2. 還元関数が存在する時に, T_h^* が T_l から導出可能である.

3. T_h^* は, 以下のような意味で T_h を修正したものである. T_h よりも正確な予言を与え (結果として T_h が誤りであることを示し), T_h がなぜうまく機能していたのかを説明することができる.

4. T_h は T_l によって厳密ではないが説明可能である. つまり, T_l から演繹的な導出の結果として得られるのは T_h^* であり, これは T_h と極めて似た, T_h と似た数値予測を与えるものである.

5. T_h と T_h^* の関係は強いアナロジーの関係にある.

最初の条件1がネーゲル的還元における接続可能性に対応し, 還元関数という橋渡し法則が存在することを要請している. また, 条件2が導出可能性に対応する. ネーゲルとの違いは, 二つの理論が直接的に結び付けられている訳ではなく, 副次的な理論 T_h を修正した T_h^* と, 基礎的な理論 T_l の間の関係として還元を定義しているという点である. 条件3から条件5は, その理論の修正についての細かい条件である.

　シャフナーが例として挙げている遺伝子と DNA の関係, つまり遺伝学と生化学の関係について再構成してみよう. まず (1a) 遺伝学における遺伝子という概念と, 生化学における DNA 配列の間には一対一対応が与えられる. この対応関係を与えるものが還元関数である. (1b) さらに, この対応を与えるような還元関数によって, 次のように二つの文の間に対応関係が与えられる. 「遺伝子1が優性である」というのは, 「DNA 配列1が活性化酵素の合成を支持することが可能である」ときに限られる. このように還元関数は, 二つの理論の間の概念やその主張の間を結びつける. (1c) この還元関数には経験的な根拠がある. また, この事例での還元される側の理論は遺伝学であるが, 修正される前の理論 T_h は1950年代時点での遺伝学であり, 修正された理論 T_h^* が DNA 塩基についての理解が踏まえられた遺伝学である. 厳密にいえばこの二つの理論は異なるが概ね同一視してよいということが成り立つという意味で, 強いアナロジーという条件が要請されている. この条件の下で, T_h^* は T_l である生化学から導出可能になるといい, 還元が成り立つ.

また，後のシャフナー自身による説明（Schaffner 2012, p. 540）によると，GRR
モデルにおけるネーゲルによる接続可能性と導出可能性の条件は次のようにな
る[8]．ここで，T_l を還元する（より基礎的な）理論，T_h を還元される（より派
生的な）理論とする．

接続可能性 （1）修正された理論 T_l^* あるいは，そのままの理論 T_l が T_h を修
正した理論である T_h^* と関連づけられる．（2）修正された理論 T_l^* とい
うのは，T_h の還元が成立するようにするために修正された理論を指す．

導出可能性 （3）T_h が不十分あるいは誤りであると考えられているときに T_l
ないし T_l^* が T_h の適用範囲においてより正確な予測を与えることができ
る．（4）最後に，T_h は T_l によって説明される．これが成り立つのは，
T_h^* と T_h の間に強いアナロジーが成立し，T_l ないし T_l^* が T_h がなぜ歴史
的に機能してきたのかを説明するとき，または，T_l ないし T_l^* によって
T_h の適用範囲が説明されたときである．

接続可能性の条件（1）は T_l と T_h という二つの理論の間に対応関係を与える
ことを要請しており，橋渡し法則の存在を要請している．条件（2）は二つの
理論を比較するために，還元が成立するための語の対応関係を与えるように理
論が修正されることがあることを要請している．

　導出可能性についても以下のように二つの条件に分けて考える．条件（3）は
T_h の適用範囲においても，T_l ないし T_l^* の方が正確な説明をすることができる
という条件である．二つの理論間で単なる交換が成り立つだけでなく，T_l の方
が優れた説明をもたらすことが必要とされている．さもなければ，同値な理論
の間にも還元が成り立つことになる[9]．条件（4）は T_h が T_l によって説明さ
れるということの条件として，T_h が歴史的にうまくいっていた理由を説明する
か T_h の適用範囲内の現象を T_l ないし T_l^* で説明するかのいずれかのときであ

　8）ちなみに，シャフナーのこの論文（Schaffner 2012）は，当時までの科学哲学における還元の歴史を整理し
たものとして大変勉強になる．

　9）もし，この立場を否定するのであれば，同値な理論間の関係をも還元と呼ぶことになる．すると例えば，ハ
ミルトニアン形式で書かれた古典力学とラグランジアン形式で書かれた古典力学との関係を還元と呼ぶことにな
るだろう．そうなると古典力学の同値な理論間の関係と，ニュートン力学（の時空間に関する部分）と相対論の
関係を同じ意味で「還元」と呼ぶことになってしまう．もちろん，呼ぶのは自由なのかもしれないが，結局は両
者を区別するためにまた新たな概念を導入する羽目になるので，あまり説得力のある立場ではない．

ると考えていることが反映されている．このようにシャフナーの定義では二つの理論が直接比較されるわけではなく，適切な対応関係を得られるように適宜修正が加えられるということが特徴的である．基礎的な理論 T_l^* と対応関係があるような T_h^* は，還元される側の理論 T_h そのものではない．基礎的な理論との間の対応関係を与えることができるような T_h^* と T_h の間には強いアナロジーが成り立つと指摘される．ただ，やはりこの整理においても強いアナロジーの意味は明確ではない[10]．

　さて，シャフナーの定義は，理論間の還元が成立するために，理論に適宜修正が加えられること，さらに，導出可能性を説明という概念に帰着させていることがわかる．ここでの理論はネーゲルと同様に，命題の集合として捉えている点が特徴的である．シャフナーの図式においても，理論を命題の集合として捉えた上で，二つの理論の間の論理学的関係で還元を捉えるという方針は一貫している．ネーゲル的還元とは主にこのシャフナーが再構成したバージョンを指し，**ネーゲル・シャフナー還元**とも呼ばれる．

　命題間の関係として還元を捉えるという方針を物理学の事例に応用する際に生じる難点は，そもそも実際の物理学がそのような形で表現されていないということがある．その意味で，ネーゲル・シャフナー還元は使いづらいものに留まっている．そこで，本節冒頭で述べたように，さらに洗練された図式，「一般化されたネーゲル・シャフナー還元」（Generalized-Nagel-Schaffner reduction, 以下，GNS）が提示されている（Dizadji-Bahmani, Frigg, and Hartmann 2010）．

　これまでと同様に，現象論的な理論 T_h とより基礎的な理論 T_l があると仮定しよう．ネーゲルのオリジナルの定義では，この二つの理論は論理学的に導出可能な関係があるときに還元と呼ばれるが，GNS では次のように定義されている：

[10) 記述的には，つまり，個々の事例についてであれば，強いアナロジーが成立しているか否かということは決定することはできるかもしれない．先の例でいえば，DNA についての理解を踏まえていない遺伝学と，DNA についての理解を踏まえた遺伝学の間には強いアナロジーが存在するだろう．また，後述する理想気体の性質を導出する例では，見た目上は同じ二つの方程式であっても，束縛条件に縛られている理想気体の法則（ボイル＝シャルルの法則）と，縛られていない理想気体の法則の間に強いアナロジーが成立すると考えられている．両者の間に強いアナロジーが成立しているということは，二つの理論が全く無関係ではなく，単に似ているということ以上の類似性があることを意味している．しかし，この二つの事例は，それぞれ理論としての性質が異なる．数式をもとに記述できる理論と，自然言語による記述が示す比重が大きい理論では，それぞれの修正の仕方を含めて，強いアナロジーが成立するか否かということの性質が大きく異なるだろう．その意味で，強いアナロジーの一般的な特徴づけは困難である．

第 2 章 創発の定義の歴史と探究 29

T_h が T_l に還元されるのは，以下のとき，かつそのときに限る．T_h を修正した T_h^* が存在し，(a) T_h^* の語と T_l の語を結びつける橋渡し法則が与えられたときに T_h^* が T_l から導出可能であり (b) T_h^* と T_h の関係は少なくとも強いアナロジーの一つである（Dizadji-Bahmani, Frigg, and Hartmann 2010, p. 398）．

また，T_h^* と T_l が常に接続可能であるとは限らない．そこで接続不可能な場合には T_l と境界条件から導出される T_l^* が，T_h^* との間で接続可能性の条件を満たすときに，還元であると認める．これが図 2.1 で示したものである．

　では，具体的にこの GNS の図式に基づくと熱力学 T_h のボイル＝シャルルの法則がニュートン力学 T_l に還元されるという彼らによる議論の再構成をみよう．ある気体の状態の圧力 p，体積 V，温度 T が与えられているとする．このとき，ボイル＝シャルルの法則は

$$pV = kT \tag{2.1}$$

であり，ここで k は定数である．これが還元される理論 T_h に該当する．ではニュートン力学 T_l にこの理論を還元していこう[11]．力学的にいうと，ある体積 V の気体は質量 m の n 個の粒子によって構成されている．それぞれの粒子の位置 $\vec{x}$ に対して，速度 $\vec{v}$ を与え，この粒子の速度の分布を $f(\vec{v})$ と表現することにしよう．ニュートン力学において，圧力は面に作用する力だと見ることができる．粒子が飛び回らなければ粒子は壁に一度衝突して落ちるだけなので，壁に反射して飛び回るように粒子が弾性であると仮定しよう．すると，xy 平面に対する圧力 p_{xy} は，

$$p_{xy} = \frac{mn}{V} \int_{-\infty}^{\infty} f(\vec{v}) v_z{}^2 d^3v \equiv \frac{mn}{V} \langle v_z{}^2 \rangle \tag{2.2}$$

である．ここで，v_z は z 方向の速度であり，$\langle \cdot \rangle$ は平均を表す．空間が等方的であるとすると，yz 平面と zx 平面で同様の議論を繰り返せるので，

---

[11] 数学的な表現に抵抗がある人は，式 (2.7) 以降を読んでから，数学的な変形を見るとよい．GNS がどのような図式であるかということを例示しているだけではあるので，そもそも形式の変化が追える必要はない．

$$\langle v_x{}^2 \rangle = \langle v_y{}^2 \rangle = \langle v_z{}^2 \rangle \tag{2.3}$$

である．ここでベクトルの定義から $|\vec{v}|^2 = |v_x|^2 + |v_y|^2 + |v_z|^2$ である．よって，

$$3p = \frac{mn}{V} \langle \vec{v}^2 \rangle. \tag{2.4}$$

運動エネルギー E は $E \equiv (m/2)\vec{v}^2$ なので，

$$Vp = \frac{2n}{3} \langle E \rangle \tag{2.5}$$

となる．示したいのは理想気体の法則なので，熱力学的量である温度 T と，力学的な物理量である運動エネルギー E の関係として，次のように仮定しよう．

$$T = \frac{2n}{3k} \langle E \rangle. \tag{2.6}$$

これを式（2.5）に代入すると，

$$pV = kT \tag{2.7}$$

が得られた．ここでは T_l がニュートン力学であり，T_h が熱力学（のボイル＝シャルルの法則）である．境界条件は，ニュートン力学における気体についての物理量，空間の等方性，粒子が弾性であることである．ニュートン力学とこの境界条件から導出されたのが式（2.5）であり，これが T_l^* に対応する．式（2.6）は二つの理論を結びつける橋渡し法則である．最後の式（2.7）が T_h^* である．ここで，式（2.7）は T_h^* であり，T_h ではないことを注意しておく．T_h は式（2.1）であり，これは境界条件に束縛されていない．一方で，T_h^* である式（2.7）は境界条件によって束縛されている．見た目は同じだが，T_l から導出されているのは T_h^* であり，T_h それ自体ではない．このようにして熱力学（ボイル＝シャルルの法則）とニュートン力学の関係は GNS の還元の図式と合致している．

　鋭い人であれば，GNS というアイディアに対しては，いくつかの疑問が浮かぶだろう．第一に，ここでの導出が論理学的な意味ではないことから，ネーゲル的還元ではないのではないかという点である．実際に，ボイル＝シャルルの法則とニュートン力学の間の導出関係をみたが，これは物理学的な意味での導

出であって論理学的な導出ではない．また，それぞれの理論を命題によって表現しているわけではないために，ネーゲル的還元の一つに数えるのは無理があるかもしれない．第二に，二つの理論を結びつける過程であらわれている極限をどのように理解するべきかということである．物理学で代表的な例としては，熱力学と統計力学を結ぶ熱力学的極限や，古典力学と量子力学を結ぶ古典極限が挙げられ，物理学の理論間の関係は極限という概念と密接に関わっている．そもそも，極限を取るという操作自体について検討する必要がある．第三に，これが最も重要な点だろうが，力学的な基本的想定からボイル＝シャルルの法則を導くことができれば，なぜ熱力学がニュートン力学に還元できると主張できるのかという点も疑問が残る．つまり，ある特定の法則が導出可能であれば，理論間関係全体を捉えることができるということの妥当性は検討の必要がある．

　また，そもそも GNS に限らず，ネーゲル的還元，ひいては科学哲学の伝統的なアプローチの問題として，科学における「理論」に偏重しているということが挙げられる．そもそも，自然科学の実践において中心的な役割を果たしているのはモデルである．理論そのものを中心に議論を行う営為はごくごく限定的なものになる．物理学の哲学では，これらの課題に向き合い実践に即した還元と，これと対になるものとしての創発の定義が提案されている．物理学の哲学における還元と創発を検討する前に，次小節では，創発についてもこの小節と同じように，科学哲学における一般的な定義や関連する概念について紹介しておこう．

2-1-2　創発の哲学

　科学哲学における創発の議論は，イギリス創発主義の影響を受けている．そのことは，そもそも「創発」という概念を提示したのがイギリス創発主義者たちであり，その概念の洗練を最初に行ったのだから，当然といえば当然である．イギリス創発主義者たちが創発という概念を持ち出した目的は，還元の失敗や不成立を明らかにすることにあった．その伝統にのっとり，あらゆるものは物理的な物質に還元できるとする強い意味での還元主義に対する批判として，創

発的な現象の存在を指摘する立場として創発主義がある．特に問題となってき
たのが，脳と心・意識の関係，また，生命の存在・誕生である．確かに，心や
意識のような非物質的なものが脳という物理的で物質的なものに還元できるの
かというのは議論の余地があろう．これらの事例が実際に創発であるかは本書
の議論の範囲を大きく超えてしまう．しかし，これらの議論を通じて，あるい
はこれらの議論に対して反論することで，創発という概念自体の理解は深まっ
ている．物理学の哲学の議論も，これらの創発の議論を踏まえて展開されてい
るので，伝統的なアイディアを紹介していこう．

　前小節で紹介したネーゲルは還元の定義を与えた上で，伝統的な立場にした
がって創発を還元と関連させて定義している（Nagel 1961, pp. 366–369）．ネー
ゲルによる創発の定義は還元と同様に命題間の関係に訴えることに加え，予
測不可能性と部分全体関係に特徴がある．まず，O という対象があり，これが
$a_1, a_2, \cdots, a_n$ によって構成されており，構成要素の関係は R によって与えられ
ているとする．この R の存在が，ある性質 P によって特徴づけられた O が生じ
ることの必要十分条件である．R や $a_1, a_2, \cdots, a_n$ についての完全な知識があっ
たとしても，この P が予測不可能であるときに，この性質は創発的である．い
いかえると，対象の性質についての命題が，構成要素とその関係についての命
題の集合から論理学的に導けないときに，この性質を創発的であるという．つ
まり，ネーゲル自身が定義するところの還元と両立しないものとして創発が定
義されていると考えることができる．

　哲学という分野にとって代表的な創発の定義は，心の哲学におけるキム（Kim
1999）によるものであろう．彼は創発を予測不可能性・新奇な因果効力[12]といっ
た概念を通じて説明している．キム自身は「心は創発である」という主張を否
定するために定義を与えているが，その定義自身は心についての創発主義によ

[12) 因果効力（causal power）とは，なんらかの現象や事象の原因になる力を指す．ここでは，脳にはない心特
有の現象や事象を変える力が存在するとき，心・意識（とそれが示す性質）は新奇な因果効力を持つという．物
理学の中で代表的な新奇な因果効力の例として考えられるのは，エンタングルした状態が示す非局所性である．
シングレット状態を考えると，この非局所性は，構成要素となっているそれぞれの粒子にはない性質である．さ
らに，この非局所性は我々の実験結果に影響を与えていて，この影響は個々の粒子だけでは現れなかっただろ
う．この意味で，エンタングルした状態は新奇な因果効力を有していると考えることができる．ただし，このこ
とは創発を直ちに含意する訳ではない．詳しくは 3-2 節で述べる．

るものとしては代表的といっていいだろう．いくつか見慣れない概念もあるが，まずは創発を特徴づける 5 つの主張を列挙しよう．

1. 複雑で高い階層の実体の創発：高い階層の複雑性を持つシステムは，新しい構造的な配位にある低い階層の実体が集まることで創発する．
2. 高い階層の性質の創発：高い階層の実体の全ての性質は，その構成要素の部分を特徴づけるような性質と関係から生じる．複雑なシステムの一部の性質が創発であり，それ以外は結果的（resultant）である．
3. 創発的性質の予測不可能性：創発的性質は，基礎的な条件についてのあらゆる情報を尽くしても予測することができない．一方で，結果的な性質は低い階層の情報から予測できる．
4. 創発的性質の説明不可能性・還元不可能性：創発的性質は，単に結果的であるものとは違い，基礎的な条件からは説明することも還元することもできない．
5. 創発の有効性：創発的性質はそれ自身の因果効力を有している．つまり，基礎的な構成要素の因果効力にこの新奇な因果効力は還元できない．（Kim 1999, pp. 20–22）

最初の条件は受け入れられるだろう．高い階層のシステムは低い階層の実体が集まることによって現れるということである．例えば，液体の水という複雑な物体は，その構成要素である原子が適切な状態で存在することで現れる．原子の運動量が非常に小さければ，水ではなく氷になってしまう．2 番目の条件に移ろう．水の性質が全て創発的というわけではない．水の創発的な性質として挙げられるのが透明性，結果的な性質はその質量が挙げられている．他には，レンガブロックによって作られた壁の模様も結果的な性質である．つまり，結果的な性質というのは，その構成要素を集めることで現れるような性質のことを指し，一方で創発的な性質は単に構成要素を集めただけでは現れないはずの性質を指している[13]．残りの 3 つが創発的な性質とは何かということの実質を与えるための特徴づけになっている．低い階層からは予測不可能で説明不可能で，

---

[13] この点は特にイギリス創発主義との類似点が見出せるだろう．

還元不可能な性質であり，かつ，その性質が存在する高い階層の事象の原因になりうるものが創発である[14]．

キム流の定義では，5番目の条件である高い階層の対象が示す因果的な作用が（低い階層の対象にはない）重要な役割を果たしていることが創発にとって本質的な特徴になっている．ベドゥ（Bedau 2003）はキムが定義する創発を**強い創発（strong emergence）**と呼び，その本質的な特徴として還元不可能な因果効力の存在を挙げている．この還元不可能な因果効力の存在は，高い階層から低い階層への因果，つまり，**下方因果（downwards causation）**が存在することを意味している．例えば，ハンフリーズは下方因果と強い創発の関係を次のように整理する．

> 創発的な実体にはあり，低い階層の実体の構造化された集まりにはない特徴によって，低い階層の実体に因果的に影響を与えることが，ある [高い階層の] 実体で可能であるとき，その高い階層の実体は強い創発である（Humphreys 2019, p. 50, [ ] 内は引用者）．

これだけではよくわからないので，意識が身体からキム的な意味で創発していると考えよう．このとき，意識には脳には還元できないような因果関係があるということになる．例えば，ケーキを食べることで「甘い」という意識が生成されたとする．甘いものが大好きな私は「甘い」という意識によって「幸せ」という意識が生まれる．これは低い階層にある物理的なプロセスではない，意識という高い階層での因果関係である．さらに，信じられないほど美味な甘さに「幸せ」を意識した私の身体には「鳥肌」が立つ．鳥肌はもちろん我々の身体の性質である．この「幸せ」は身体には還元できない創発的性質であるにもかかわらず，我々の身体に影響を与えている．その意味で，創発的な事象に因果効力の存在を認めれば，下方因果が存在することになるはずであるというのが強い創発と下方因果の関係である．

---

[14] 現代では心というよりは意識と呼ぶべきだろうが，その意識の創発については田中ら（田中・鈴木・太田 2024）の解説によって議論が紹介されている．その中で挙げられているものの中では，鈴木によるもの（Suzuki 2022）が参考になるだろう．

しかし，このような下方因果が存在することを創発の条件と考えると，現実的な創発の事例は存在しなくなってしまうことが指摘される．例えば，脳に対して心が強い創発であるとすると，非物理的であるはずの心が脳という物理的な物質に作用し，その作用は物理的な要因に還元することができないようなものであるはずだろう．脳に作用する心がもたらす力は非物理的なので，そのような力を想定すること自体は少なくとも科学的には意味がないように見える．実際，ベドゥやハンフリーズなどはこのような下方因果は科学と無関係であろうと指摘する[15]．

ベドゥはキムが定義したような強い創発が現実的には存在しないことを指摘した上で，弱い創発（weak emergence）という穏当な創発の存在を指摘する．強い創発の問題点は，低い階層に還元できないような因果効力が存在することであった．そこでベドゥは，その事象が，存在論的には低い階層の構成要素に還元できるが，説明的自律性ないし説明的な還元不可能性があるときに，その事象を弱い創発と呼ぶことにした．つまり，因果関係については還元可能であるが，説明的役割については還元不可能である事例が弱い創発である．

この説明的自律性は構成要素の間の関係が複雑であることから生じる．具体例の一つが，「ストライキによって交通渋滞が生じ，多くの人が遅刻した」という事象である．ストライキで交通渋滞が生じた時に，その交通渋滞は渋滞を構成している多数の車がお互いに行動を妨げていることによって生じると説明できる．なので，構成要素であるそれぞれの車がどのように動いてきたかということをまとめることで，「渋滞によって多くの人が遅刻した」という事象が説明できると言えるだろう．しかし，個々の車の詳細な移動の経路を集めて説明すると，その車が別の道を通っていたとしても多くの人が遅刻していたという事実がぼやけてしまう．ある一台の車がその経路とは別の経路を（高速を，あるいは迂回路を）通っていたとしてもやはり渋滞は生じて，多くの人は同じように遅刻していただろう．一台一台の車の挙動一つ一つは，全体としての渋滞

---

[15] ただし，下方因果が全く無意味な概念であるということではないだろう．ハンフリーズが批判しているような下方因果ではないが，エリス（Ellis 2020）は下方因果が自然科学の営みを捉える上で重要であると指摘している．この点は第5章で議論する．

という性質に影響を及ぼさないはずだ．そこで，ベドゥは車の密度が一定以上になったということが「渋滞によって多くの人が遅刻した」という事象を説明する高い階層の説明であり，特定の車の詳細な挙動の説明とは自律的であると主張している[16]．そのため，この現象は構成要素である各々の車の挙動によっては説明できないような創発である．

この説明的自律性というアイディアは曖昧であるが，構成要素の初期条件や挙動が多少異なっていても安定的に現れる事象というのは存在する．哲学に詳しい人であれば**多重実現**（multiple realizability）を，物理学に詳しい人であれば安定性や**普遍性**（universality）を思い浮かべるかもしれない．構成要素からの一定以上の独立性ないし自律性が，創発の一つの条件であると考えられてきた．なぜなら，このような安定性を示す高い階層の事象と低い階層の構成要素の集まりの状態に一対一の対応関係を与えることができず，還元が成立しないという意味で創発であると考えることができるためである．まずは禁欲的に，普遍性との関係を考えずに，多重実現についての哲学的な話に集中して説明していこう．

多重実現という概念と創発や還元の一般的な科学哲学の議論を結びつけたのはフォーダー（Fodor 1974）である[17]．彼は，命題間の関係によって理論間の関係を還元と捉えることができるというネーゲル的なアイディアは，「統一科学」という論理実証主義的ないし還元主義的な姿勢がある考えであるとし，この方針には説得力がないと考えた．統一科学のスローガンは，科学の対象となったあらゆる事象は物理学的な事象であり，物理学の法則に従うというものである．フォーダーがまずターゲットにするのはネーゲル的還元の接続可能性の条

---

16) ここでは，ベドゥの議論を紹介したが，強い創発と弱い創発の定義は他にも提示されている．例えばチャルマーズ（Chalmers 2006, pp. 244–245）は，命題間の関係として強い創発と弱い創発を定義している．彼の説明によると，高い階層の現象は何らかの意味で低い階層の領域から現れるが，高い階層の現象に関する真理は低い階層の領域に関する真理からは導出されないとき，強い創発であるという．つまり，低い階層は，高い階層の現象の事象の必要条件でも十分条件でもないということである．一方で，同様に高い階層の現象に対してその真理が，低い階層を支配する原理からは期待されないときに弱い創発であるという．これは，「期待されない」というだけであって，実際には，低い階層は高い階層に何らかの形で影響している．チャルマーズのこの整理はベドゥの議論に基本的には依拠しているが，弱い創発を捉えるために因果という概念に訴えていないという点は特徴的だろう．

17) 細かいことを言うと，多重実現のオリジナルなアイディアは脳と心の関係に関するパトナム（Putnum 1967）に由来している．

件（本書 p. 23）である[18]．接続可能性は，高い階層の理論と低い階層の理論のそれぞれの理論語の間に対応関係（橋渡し法則）が存在することを要請していた．つまり，あらゆる個別科学における概念は，物理学の概念との間に対応関係があるということになる．フォーダーが反例として挙げるのは経済学のグレシャムの法則（「悪貨は良貨を駆逐する」）である．統一科学的還元主義であれば，この経済学の法則が示す貨幣の交換についての事象や貨幣それ自体も物理学の概念に置き換えることができなければならない．しかし，「貨幣」に対応する物理学的な概念は存在しないだろう．なぜなら，貨幣の役割を実現することができる物質というのは多種多様であるからである．我々に馴染み深い「紙」や「銅などの金属」，「データ」だけではなく，「貝殻」や「石」，あるいは「崩壊した世界のコークの瓶のキャップ」もまた貨幣となりうる．このような貨幣の役割を果たす様々な物と，貨幣の役割を果たしていない同じ構成要素からなる物を，物理学の概念や法則だけから区別することができるだろうか．統一科学的還元主義者であればこの要請を満たす必要があるが，現実的ではないだろう．したがって，経済学と物理学の間の還元関係を与えるような橋渡し法則は存在しないということになる．

　貨幣は様々な物質によって実現されているという意味で，貨幣は多重実現の例である．つまり，ある種の事象が多種多様な構成要素によって実現可能であるような場合に，その事象は多重実現である．フォーダーの多重実現に基づく議論は，**機能主義**（functionalism）を導く．前述の貨幣を例にとると，様々な物質が貨幣として機能しており，その機能こそが貨幣の本質を定めているという考え方である．つまり，あるものが貨幣であるのは，ある経済においてそれが貨幣の機能を果たしているときである．この経済学的な機能ないし役割は，貨幣という概念が物理学に還元できない以上，物理学によって説明することができない．したがって，機能主義によれば，高い階層の事象は低い階層の事象に対して自律性を示すということが，その事象の機能という観点から説明でき

---

18) ネーゲルは科学の一般的な特性を議論しようとしているという意味では伝統的な科学哲学者ではあるが，統一科学運動の推進者という評価が妥当であるかはまた別の論点である．とはいえ，命題間の関係に着目するという彼の姿勢は論理実証主義的といって差し支えないだろう．

るのである.

多重実現は低い階層と高い階層の間に一対一対応が存在するという還元主義的な立場に問題があることを示しているものの, この概念は創発とは独立であることも指摘できる[19]. 例えばドアストッパーを実現することができる物質（ゴム製・木製・金属製）は多数あるだろう. ドアストッパーを実現することができる物理的な特定の性質を物理学の言葉だけで説明することはできない[20]. しかし, ドアストッパーを意識や生命, あるいは物理学の事例である相転移のような事例と同様に創発と考えるのはあまり説得力がないのではないだろうか. ドアストッパーは人工的な対象であり, より洗練された創発の特徴づけが可能ならばそれに越したことはない. そもそも, これらを区別できないのであれば, 創発という概念について理解したとはいえない. いずれにせよ, 自然科学における創発を検討することを考えるなら, もう少し科学的な事例で多重実現という概念を捉える方がよいだろう.

先に予告していた普遍性と多重実現について考えていこう. 普遍性は統計物理学における基本的な概念であるが, 明確な定義があるわけではないので, まずは物理学者による導入を列挙する.

> 統計力学が成立している背景には, マクロな系の平衡状態が持つ強い普遍性（universality）がある. つまり, マクロな系がひとたび平衡状態に落ち着けば, 平衡状態を維持する環境, 系の過去の歴史, 系のまわりの様子など, 様々な詳細に全く依存せず, 系のマクロな振る舞いが決定されてしまうのだ. ……（中略）……普遍性の概念は, 統計力学のアプローチ全体を貫く思想的な支柱でもある. 気体にしろ, 固体にしろ, 磁性体にしろ, 統計力学の対象となるマクロな系は, 一般には, きわめて複雑なミクロな構造をもっている. これらの系の（量子）力学的なミクロな

---

[19] 一対一対応をもう少し具体的に表現するならば, マクロな状態とミクロな状態の間に一対一対応が存在するということである.

[20] 形や硬さに訴えることができるかもしれないが, 洒落た店をみていると犬や猫のような様々な動物を模した置物にしか見えないようなドアストッパーもあり, これらを物理学の概念や法則だけで説明することは困難であろう. ドアストッパーが満たすべき最低限の条件（重さなど）を定めることはできるかもしれないが, 物理学の範疇でドアストッパーと置物を区別することは困難である.

詳細を完全に特徴づけるには，膨大な数のミクロなパラメーターが必要だが，通常，それらの値を正確に知ることはできない．……（中略）……統計力学が目指すのは，様々な物理量を細かく算出することではなく，系のミクロな詳細に依存しない普遍的な振る舞いを探し出しそれらを的確に記述することなのである（田崎 2008, pp. 14–15）．

田崎は系の詳細によらずに与えられるような平衡状態が示すマクロな挙動を普遍性と捉えている．他の教科書でも，普遍性について，同様に説明されている．

相転移が生じる状況は系によってさまざまである．相転移が起こる温度の値自体は系の微視的なハミルトニアンの詳細により決まる量である．しかしながら，臨界点付近で臨界現象を観測すると，一見まったく異なった系でも，異なる物理量の間に非常に似通ったふるまいが見られることがある．この事実は以下で見るように定量的に表現することができる．これが普遍性の一つの表れである．特定の系の熱力学的関数を計算するだけで普遍性の概念を理解することはできない．問題は，物理的にはまったく異なるように見える二つの系の臨界現象のある側面がなぜ同じになるのかを理解することにある（高橋・西森 2017, p. 3）．

普遍性は，臨界点付近の系の振る舞いが系の詳細から概ね独立であることを指すために用いられる概念である（Luscombe 2021, p. 227）．

孤立した（外部と隔絶された）マクロ系を十分長い時間放っておくと，マクロに見る限り何も変化が起こらない状態が達成される．この特別な状態を熱平衡状態，あるいは単に平衡状態と呼ぶ．この状態は，特殊ではあるが，どんなマクロ系でもそのような状態を持つという意味で，非常に普遍的な状態でもある（清水 2007, p. 24）．

これはもちろん網羅的なリストではない．ただ，物理学者による説明を見てみると，普遍性とはマクロな現象がミクロな構造から，ある程度独立であることを指す概念と言ってよさそうである．その独立性は，異なるミクロな構造が同

種のマクロな現象を実現していることと見ることができる．その意味で，普遍性と多重実現は類似している．

　実際，物理学の哲学の文脈で，多重実現と普遍性の関係は検討されている．物理学の哲学者であり，次節でも登場するバターマン（Batterman 2000）はフォーダーの多重実現の議論を「異質な構成要素によって，どのようにして同じマクロな規則性が生じるのか」という問題と捉えた．その上で，普遍性は多重実現の具体例となっており，さらに，これが科学哲学において問題を引き起こすような事例ではなく物理学においては普遍性は説明可能な事象であると指摘している．

　このような普遍性は，物理学においてくりこみ群を用いて説明される．くりこみ群は，ミクロな詳細を無視するようなプロセスを含む．つまり，くりこみ群は現象に関連する要素だけを残し，無関係な要素を無視するような手順である．くりこみ群は普遍性の一種である臨界現象を説明することができることから，多重実現が生じているマクロな現象がミクロな詳細からある程度は独立であることが説明されているとバターマンは指摘している．その上で，多重実現がネーゲル的な還元における概念間の対応関係の要請に対する問題があることを明らかにしつつ，多重実現のような事象がどのように生じるのかを物理学においては説明することができることから，さほど重大な問題ではないと論じている．このような議論も踏まえて，彼は物理学の事例にも応用できるような還元・創発の定義を与えるのだが，これは 2-2 節で紹介する．

　これまでの議論を一旦整理しよう．哲学の中でも特に心の哲学を中心として発展してきた創発という概念は，そもそも物理学にあらゆる現象が還元できるという統一科学的還元主義に対するカウンターとして，物理学に還元できないものを指す概念として発展してきた．その意味で，イギリス創発主義と同様の方向性である．最も代表的な定義としてキムによるものが知られており，この定義では新奇な因果効力や，高い階層の予測不可能性や説明不可能性など，低い階層から見て新奇な性質をもって創発と呼ばれ，これは強い創発とされる．特に，強い創発の定義において重要なのが，高い階層の事象には低い階層に還元できない因果効力があり，その因果効力は低い階層の事象に効力を発揮するよう

な下方因果が存在するという条件である．しかし，下方因果を想定することは科学の実例を捉えるのには適さないことから，弱い創発が提案されてきた．これは高い階層の理論に低い階層には還元できないような説明的役割の存在（説明的自律性）を条件とするものである．その具体的な例として，哲学における多重実現，物理学における普遍性が挙げられる．二つの理論の間の一対一対応関係を要請するようなネーゲル的還元に対する問題を引き起こしていることは否めないが，多重実現は創発とは無関係であることも指摘できる[21]．

　下方因果と多重実現という創発に関連する概念を検討してきたが，ネーゲルやキムの定義にも共通するもう一つの特徴が**部分全体関係（part-whole relationship）**である．例えば，生命と非生命の例では，部分である原子のような非生命と，部分によって構成される全体である生命の間の関係として創発が捉えられる．この部分全体関係に着目して，創発を論じた代表的な人物として生物学の哲学者であるウィムザット（Wimsatt 1997; 2000）が挙げられる．ウィムザットは創発を珍しい事象ではなく，日常的に現れるものとして定義しようと試みている．創発的な性質は，構成要素の組織のされ方に依拠していると主張し，次のように定義される集積性（aggregativity）の否定，つまり非集積性（non-aggregativity）によって創発を特徴づける．集積性とは，相互置換（Inter Substitution, IS），サイズスケーリング（Size Scaling, QS），分解と再集積（Decomposition and Reaggregation, RA），線形性（Linearity, CI）という四つの概念によって特徴づけられる．

IS　系の部分の配置を変えたり，任意の数の部分をその部分と同じ同値類に属す同数のものに交換するといった操作のもとでの系の性質の不変性．

QS　部分を加えたり，減らしたりすることでの，系の性質の質的類似性（自己同一性，ないし，量的性質であれば，値のみが異なる）．

RA　分解や部分の再集積を含む操作における系の性質の不変性．

CI　系の性質に影響するような，系の部分間に協調的・抑制的な性質が存在しない．

[21) 多重実現と自律性については第5章で検討する．

4つ目の条件 CI がわかりにくいが，この条件をウィムザットは線形性と呼んでいることから次のように考えればよいだろう．つまり，部分を集めることで系ができるといった際に，「集める」が単なる和にすぎず，構成要素を集めることで特殊な挙動を示さない時に CI の条件が満たされていると考えるのである．この四つの条件で定義される性質が集積性であり，集積性を示さない場合には創発であるというのが彼の方針である．

ウィムザットは非集積性を条件とする創発がありふれたものと考えていることから，集積性の条件を満たすような事例をほとんど挙げていない．数少ない具体例の一つが石山の質量である．確かに石山の質量は，石山を構成している石の質量だけから決定されるので，集積的なものだといえるだろう．体積はある種の化合物では化学反応によって体積が減少することもあり CI の条件を満たさないと指摘されている．非集積的な例としては他にも，臨界質量（核分裂を起こす最小の質量）や，石山の安定性，ヘモグロビンの酸素結合性など多くのものをあげている．ウィムザットやその支持者（例えば，Mitchell 2012）が部分全体関係に訴えて創発という概念を捉えるのは，いわゆる複雑系と呼ばれるものを想定しており，ハチやアリなどの社会性昆虫が示す挙動はその一例となる．

部分全体関係に着目した創発を定義する良くも悪くも哲学的な試みとしては，ジレット（Gillett 2016）によるアイディアが挙げられる．ジレットは科学的構成（scientific composition）という概念に訴えて創発と還元を定義する．ここでの構成概念は，ある物質が別の物質によって構成されるというような標準的な意味を超えて，分析形而上学的な意味で，性質や力能（power），プロセスなどの間にも構成関係が存在すると考える．その上で，還元や創発について，存在論と認識論，科学と哲学にわたる網羅的な定義を与えている[22]．彼の定義については基本的にこれまで紹介したものと大きな違いはないものの，因果という概念を避けるために Machresis という概念が導入されている点に特徴がある．これは ‘macro’ と ‘chresis’ からなる造語で，‘chresis’ はそもそもギリシャ語の ‘χράομαι’

---

[22] 網羅的な創発の定義を与えようとしているものの，基本的には哲学的な議論に終始しており，あまり実質的な科学の事例は検討されていない．

に由来し，意味としては「用いる（to use)」というものである．Machresis は，

> 構成物が自身の構成要素の役割を形どったり制限したりすることで，構成要素の力能の一部を決定する構成物と構成要素の間の非生産的で決定的な関係（Gillett 2016, p. 359)

と説明されている[23]．力能とは変化を引き起こしたり，防いだりするような能力のことを指し，非生産的というのは構成物が構成要素に新しい実体を増やさないということである．Machresis は構成物が，その構成要素の本質的な性質を決定するような関係であり，ジレットはこの概念が創発に共通する特徴であると考える．この関係は下方因果と同様に高い階層の実体が低い階層の実体に影響を与えるようなものであるが，ジレットのこの概念は因果性に訴えていないという点で下方因果とは異なる．一方で，部分全体関係を通じて創発を特徴づけるという方針はキムやウィムザットなどと同様であると言っていいだろう．

　創発概念を研究の中心に据えていたハンフリーズも，部分全体関係と創発を紐づけていた．いくつかのバリエーションがあるが，ここでは二つ紹介しよう．ハンフリーズ（Humphreys 1997）は創発の事例としての精神的な性質の存在論的な地位を検討している．まずは，精神的な性質と脳の状態の間の下方因果の存在を指摘して，創発の具体例であると主張する．ここでイギリス創発主義のように，この世界の階層的な構造 L を考える．この構造は $L_1, L_2, \cdots, L_n, \cdots$ という階層によって構成されており，$i < j$ で L_i は L_j には還元されない．このとき，L_i は L_j よりも基礎的である．この図式をもとにハンフリーズは，ある性質が創発であるのはその性質が新奇な因果効力を有するときであると主張する[24]．もちろん，新奇な因果効力ならなんでもいいということでは，条件として弱すぎるため，ハンフリーズは階層性に訴える．$i + 1$ の階層の性質が創発であるのは，L_i 番目の階層の対象の合成（fusion）によって L_{i+1} での新奇な性質が現れている時である．つまり，低い階層の対象が基礎となって，上の階層で新しい性質が現れ，それが L_i にはない因果効力を持つとき，創発となる．この

---

[23] ここでの「決定的な関係」というのも形而上学の専門用語である．
[24] 創発の例として挙げるのは，注 12) で言及したようなエンタングルした状態の非局所性である．

意味で，彼は自身のアイディアを合成創発と呼び，下方因果や階層性という概念を通じて創発を定義していることがわかる．

ただ，前述の通り下方因果は現実的ではないこともあり，その後のハンフリーズの研究（Humphreys 2019）では創発の網羅的な分類をおこなう中で，下方因果を条件に含めていない．まず，創発という概念を，推論的・存在論的・概念的と分類し，さらに時間の観点から通時的・共時的と分類する．ハンフリーズは自分自身の試みを含めて，様々に分類・定義される創発に共通する四つの性質（関係的性質・新奇性・自律性・全体論的性質）を挙げているため，ここではそれを紹介することにしよう．

第一に，創発は関係的である．「創発的な特徴は，何らかの実体から現れなければならない」（p. 58）と指摘されているように，無から現れるようなものでも，一つの孤立したものから現れるものでもない．第二に，新奇性があることが必要である．ある事象が，より基礎的な領域と比べて新奇な性質を示すとき，これは創発の条件を満たしている．新奇性は 5 種類（演繹的予測不可能性，説明不可能性，依存関係の不在，新しい因果効力の存在，法則の違い）に分類される．第三に自律性が挙げられる．これは，創発的な事象は，その基礎から何らかの意味で自律的であることと説明されているが，明確な定義はなされていない．一見すると新奇性，特に因果的新奇性と類似しているように見えるが，別の概念である．原因となる事象から見れば結果となる事象は新奇ではあるが，因果的には繋がっていることから自律的ではない[25]．ただし，ハンフリーズの説明は実質的ではない．自律性の重要性は多重実現の話と関連させることでより明確になるが，この点は個別の事例を検討した上で第 5 章で振り返ることにしたい．第四が全体論的性質である．ある性質が全体論的性質を示すといえるのは，その性質を示す実体（物質）が存在するが，その実体の部分はその性質を示さない時である．例えば白黒のチェック柄のシャツを考えると，その構成要素である白色の部分の生地は当然チェック柄という性質を示さないだろう．こ

---

[25] 歴史的な事例を因果関係の事例として用いることの是非はあるだろうが，例えばサラエボ事件と比較すると第一次世界大戦は新奇な事象であろう．しかし，第一次世界大戦がサラエボ事件から自律的とは言い難い．このように新奇性と自律性は関連しているが別の概念である．

のことから,「チェック柄」は全体論的性質といえる[26].

以上, いくつかの創発の定義を見てきた. 創発の特徴を構成要素にはない新奇な性質, より具体的には予測不可能性や因果概念に訴えて特徴づけていることがわかる. また, もう一つの特徴として部分全体関係, つまり, 構成要素と構成物の関係として創発が捉えられている. このような特徴は物理学に直ちに応用できるだろうか. 一見していくつかの問題ないし疑問が生じる. まず, 率直にいって, 予測不可能性によって定義するという方針は到底受け入れられない. アンダーソンが例として挙げるような物性物理学の事例は, 予測不可能ではないだろう. また, 物理学の哲学において因果性はあまり好まれない[27]. 還元の事例と同様に, 一般的な創発の定義にはいくつかの問題がありそうである.

2-1-3　物理学以外の創発

次節では, 物理学の事例に着目した議論を整理していくが, その前に他の科学においてどのように創発が扱われているのかという点について簡単に紹介しておこう. そもそも, イギリス創発主義者が問題にしていたのは生命であった. 生命はもちろん生物学の対象である. また, 社会科学においても創発は個人と社会的な構成物の関係を考えるときに重要な概念である.「この社会は人間によって構成されている」と主張することはできるだろうが, この社会は個人に還元されるだろうかということは議論に値するだろう. 生命についての議論はマラテール (Malaterre 2010 [2013]) を, 社会科学についてはエプシュタイン (Epstein 2015) の議論を紹介する[28].

マラテールの目的は「生命が創発である」という主張を検討することにある. 彼は創発を科学的説明という科学哲学の文脈上に位置づけ, 語用論的創発 (èmergence pragmatique) という概念を, 語用論的還元 (reduction pragmatique)

---

[26] ただし, 自律性や新奇性という条件を満たさないことから, チェック柄が創発といえるわけではない.

[27] もちろん, 好まれないというだけで放棄すべきということにはならないが, ここでの因果というのは形而上学的な概念であって自然科学との関係を与えるのはむずかしい. また, この点に立ち入ったとしてもあまり得るものはないように思う.

[28] 以下マラテールの議論については, 基本的には原著をもとにしているが, 訳については日本語訳を適宜参照している.

の失敗として特徴づける．この語用論的還元は，ファン・フラーセン（van Fraassen 1980 [1986]）の語用論的説明（pragmatic explanation）に基づくものであるので，まずはファン・フラーセンの議論を整理しよう．ファン・フラーセンは，科学におけるなぜ質問（why-question）を次の三つの要素からなると指摘した．

- 主題 P_k
- 対照クラス $X = \{P_1, \cdots, P_k, \cdots\}$
- 適切性関係 R

なぜ質問 Q はこの三つの要素から構成され，「なぜ P_k であるのか」という疑問文は，「ある適切性関係 R のもとで，他の対照クラス X と比べて，P_k であるのはなぜか」といいかえられる．このことを $Q = \langle P_k, X, R \rangle$ と表現することにしよう．ある答え A がなぜ質問の答えであるのは，「A であるから，この R という関係のもとで，他の X ではなく P_k である」ということができるときである．

　例えば，「なぜこの物質は黄色く燃えるのか」というなぜ質問では，主題は「黄色く燃えるこの物質」である．このとき対照クラスは「この物質が黄色以外の x 色で燃える」という命題の集合になるだろう．すると質問は，「他の何色でもなく，なぜ黄色で燃えるのか」となる．このように問いを文の形で表した際に，適切にその問いの文脈を決定するのが適切性関係である．この「なぜ黄色く燃えるのか」という質問に対して，「ナトリウムだから」という答えと，原子の構造に訴えた説明による答えのどちらが正しい答えになるかは，この質問だけからは決定できない．どのような答えが質問の答えになるかを制約するのが適切性関係 R である．別の例を挙げると，例えば，「なぜ血液は体内を循環しているのか」という質問に対する答え方は2種類あり，「心臓が血液を動脈に送り込んでいるから」というものと，「体内に酸素を行き渡らせるため」という答えがありうる．このどちらが適切なのかという文脈を決定するものが R なのである．つまり，血流が何によって生じるのかというメカニズムに関する問いなのか，そもそも血液や血流自体がどのような役割を果たしているのかという機能に関する問いなのかということを決定するのが R である．

　マラテールはこの語用論的ななぜ質問の図式をもとに，語用論的還元を定義

し，その失敗として語用論的創発を定義する．そのため，語用論的還元の定義を確認する必要がある．その定義は，還元的適切性関係 R_R を通じて与えられているので，まずはこの R_R の概略を示しておこう（Malaterre 2010 [2013], pp. 143–144 [pp. 191–193]）．まず，関心のあるシステム S について，その S に関わる階層構造を考えたときに，S を説明するときにより高い階層の概念や法則などを用いることを認めないようなものが R_R である．加えて，同階層ないしより低い階層の概念を用いることで，なんらかの意味で予測に資することができることを要請するものである[29]．つまり，なんらかの意味で構成要素などの下位の構造に訴えることで，対象となる事象の予測を与えることが求められるような文脈が R_R である．ある還元的適切性関係 R_R に対して，以下の三つの条件が満たされていればそれは還元である．

- ある現象が（他の命題と）対照された真なる命題 P_k として定式化される．
- 還元的適切性関係 R_R と両立するような語用論的説明を定式化する．
- 与えられた答えはよい説明である．（Malaterre 2010 [2013], p. 146 [pp. 195–196]）

この条件のうち一つでも満たされていなければ還元が失敗しており，創発といえる．このことを踏まえて，以下の二つの条件を満たすときに現象 E は創発的であるといえると主張する．ここで，P_E は現象 E を表現した命題であり，主題であるとする．

1. P_E が，真なる命題 P_k の形で表現され，すべての $j \neq k$ について P_j が偽であるような対照クラス $X = \{P_1, \cdots, P_k, \cdots\}$ と対照される．
2. 次のような A が存在しない．真であり，命題の組 $\langle P_k, X \rangle$ について還元的適切性関係 R_R を満たし，「他の X と比較して A であるので P_k である」という形でのなぜ質問 $\langle P_k, X, R_R \rangle$ の答えの核心となるような A は存在しない．（Malaterre 2010 [2013], p. 149 [p. 199]）

---

[29] マラテールは組織化階層（niveau d'organisation）という概念を用いているが，その正確な特徴は与えていない．

第一の条件は，まず現象を語用論的説明の枠組みに入れるための条件であり，この P_k に対するよい説明が存在することを保証する．さらに，第二の条件によって，答えとなるような説明が存在したとしても，それが還元的な説明にはならないという条件を課している．この定義の特徴は，還元が文脈的なので，当然，創発も文脈的であることにある．対照クラス次第で，同じ現象についても創発的であったり創発的ではなくなったりする．

では生命はこのような意味で創発だろうか．マラテールが検討しているのは，生命は非生命から構成されているものの，現代科学がどのようにして非生命から生命が誕生したのかを説明できないことから，創発の一種であるという主張である．生命の誕生を時間的・歴史的な意味と科学的な意味に分類し，マラテールは時間的・歴史的な意味での問い「なぜ生命システムが地球に特定の歴史的道筋で現れたのか」を考えている[30]．まずは，真なる命題を立てる必要があるので，これを次のようにしよう．

P 生命システムはある特定の道筋で地球上に現れた．

この命題は真であるが，「特定の道筋」という言葉の意味が曖昧なので，これをもう少し厳密にしたい．これは歴史的な経緯のことなので，ある時点での歴史的な事象を E_p と書くことにすると，道筋はこのような事象の集まりであるといえるだろう．そこで，ここでの特定の道筋を C_p と表すことにすると，$C_p = \{E_{p1}, \cdots, E_{pn}\}$ と書ける．

P' 生命システムは C_p という道筋で地球上に現れた．

では，生命の誕生が創発的であるかどうかを検討することができるだろうか？語用論的創発の条件を検討するためには，この命題が真である必要があるが，現時点では他の道筋 C_i によって生命が現れたという可能性もあり，この C_p であることを確定させることはできない．また，この生命の誕生に本質的に必要な事象 E_p を確定させることが困難である．そのため，生命の誕生が語用論的創

---

[30] 科学的には，例えば「どのような条件が整えば，生命が誕生するのか」といった問いを指す．あるいは，量子生命のような分野を念頭におけばいいだろう．

発かどうかは決定できないというのがマラテールの議論である[31].

　マラテールの議論は語用論的創発を定義するという方針をとっているために，そもそもの定式化が困難であることから創発的ではないと主張する議論になっている．もちろん，語用論的創発自体の問題によるものが大きい一方で，生命の誕生という大きすぎる主題を直接扱っていることに起因するようにも見える．このような問題はあるものの，彼の指摘において重要なのは創発の文脈性であろう[32].マラテールの定義は語用論的説明に基づいており，適切性関係を条件にとる．その問いがどのような文脈で問われているのかということが決定されなければ，正しい答えを得ることができず，また還元や創発についても検討することができない．このような文脈性によって，同じ事例であっても還元と考えられたり，還元と考えられなかったりすると考えるというのは妥当な方針である．どのような説明が必要であるかということを定めなければ，還元的かどうかは決まらない．

　エプシュタイン（Epstein 2015）は分析形而上学の知見をもとに，社会科学における構成物と構成要素の関係を検討している．我々の社会が，我々人間（individuals）で構成されていることに疑いの余地はない．社会科学の哲学における伝統的な立場である存在論的な個人主義（individualism）は次のように定義される．

> 存在論的個人主義は社会的な世界の組成に関するテーゼである．社会的な事象は個人とその相互作用に関する事実によって網羅的に決定される．……（中略）……社会とその構成，その性質は個々の人間を超えるものは何もない（Epstein 2015, p. 21）.

一方で，個人が示す性質を超えるような社会の性質があるときに創発が存在するとエプシュタインは考えている（Epstein 2015, pp. 126–128）．ここでの創発とは構成要素たる個人から自律的なものと考えられるが，これは存在論的還元とは両立する．例えば，群衆を例にとって考えると，群衆（の暴動）は個人が持

---

[31] 同様にして，生命の創発についての科学的な問いも検討することができるが，本書は生命を主題にするわけではないので，詳しくはマラテール自身の議論を参照のこと．

[32] 実のところ創発が文脈的であるということ自体は，ごく当然であるように思える．低い階層との比較や，特定の条件のもとでないと創発であるかは定まらない．

つことはない性質を示すだろうが，同時に，この暴動が個人に存在論的に還元されるということは認められるからである．しかし，このように社会的な性質を人間個人に還元するという立場は一般には維持できない．エプシュタインにならいスターバックス・コーヒーという会社を例に取ろう．もし好調だったスターバックス・コーヒーが破綻したとしたら，これはスターバックスを担う細かい構成要素によって説明できるだろうか．スターバックスは経営者や従業員からエスプレッソマシン，コーヒー豆までさまざまな種類のものによって構成されている．このことからも，人間個人によって網羅的に会社の振る舞いを説明することができない．つまり，社会科学において構成要素になるものは，個人の人間だけではないということである．その上で，エプシュタインはこのことから個人主義が成立しないことを主張し，また別の図式を提案している．ただ，エプシュタインのアイディアの詳細は創発という議論においては重要ではないので，これ以上は立ち入らない[33]．

　彼の議論で検討されているのは，社会科学の対象とその構成要素となるような人間や商品などの関係である．社会科学の対象となるような全体系には，部分である個人にはない新奇な性質が存在すると主張し，その意味で，個人主義のような立場は維持することができない．このことは，社会科学の対象となる事象の構成要素が，個人だけではないということを指摘しているにとどまる．つまり，全ての構成要素（コーヒー豆など）を全て考慮に入れれば，「スターバックス・コーヒーの破綻」という事象を説明することができるという可能性は一見するとあるだろう．ではコーヒー豆のような全ての構成要素さえ考慮に入れれば，還元的に説明できるのだろうか？

　社会科学における創発のあり方を議論しているザールらの整理に従って（Zahle and Kaidesoja 2019），何が，どのような理由で創発とみなされているのかを検討しておこう．ザールらが創発であるとみなすのは，個人の間に成り立つ社会的関係である．例えば，夫婦関係や，雇用者と被雇用者の関係など，これらは個人と個人の関係だけ着目していてもわからない関係である．このような関係

---

[33] 社会科学と諸科学の関係一般については吉田（2021, 第6章）を参照してほしい．また，エプシュタインが論じた方法論的個人主義という論点についても，吉田（2021）が同書の第1章で論じている．

は決して，個人間の関係に帰着するのではなく，より上位の構造，「婚姻にまつ
わる法制度」や「雇用者と被雇用者の関係を規定する法律や企業の実態」など
によって与えられるという．その意味で，これらの社会的関係は，構成要素た
る個人に帰着できないという意味で創発的であると論じている．これが実際に
創発であるかどうかということは，本書では検討しないが，社会科学の哲学に
おいても創発は低い階層から見た高い階層の持つ新奇性と結びつけられている
といえるだろう．

　以上，限定的ではあるが物理学以外の個別科学の哲学について説明した．こ
れらの立場であっても，創発を新奇性として特徴づけるという点は共通してい
ると見ることができる．確かに，何らかの事象が創発的であるためには，その
事象が構成要素にはない性質（新奇性）を持つことが必要であろう．では，物
理学においては創発や還元がどのように捉えられてきたのか．以下でみていく
ことにしよう．

2-2　物理学の哲学における創発と還元

　前節で述べた還元と創発の一般的な定義は，物理学の哲学の事例に応用する
ことが容易ではない．例えば，古典力学と量子力学の関係を命題間の関係として
捉えるのは難しいだろう．また，形而上学的な意味での因果という概念や，
予測不可能性を通じて物理学における創発を特徴づけるのも困難である．そこ
で具体的な物理学の事例をもとに創発や還元の定義は更新されてきた．ここで
は，中でも代表的なバターマンとバターフィールドによる議論を整理する．彼
らは，前節までで見たような哲学における還元・創発の定義についての試みを
踏まえて，単に事例に即するだけにとどまらないように，物理学の事例に対応
できるような還元と創発の定義を提示した．その定義を整理することで，物理
学の哲学において還元・創発がどのような枠組みで議論されているのかを理解
することができ，また，どのような定義が求められているのかがわかるだろう．

2-2-1 極限に訴える定義：バターマンの議論

バターマン（Batterman 2002）は，物理学における理論間の関係を確立する上で重要な漸近的推論（asymtotic reasoning）に着目する．漸近的推論とは，例えば極限を取ることで詳細を無視するような推論のことである．ネーゲル的還元に対する批判として，バターマンは漸近的推論が物理学においてありふれたものであるにもかかわらず，科学哲学において十分に検討されていないことを指摘した上で，物理学における還元を次のように定義する．

> より洗練された理論 T_f は，その本質的なパラメーター（ϵ と呼ぼう）が極限値に近づくことで，より「粗い」理論 T_c に対応する．図式的には，物理学における還元は次のように表現される：
>
> $$\lim_{\epsilon \to 0} T_f = T_c. \tag{2.8}$$
>
> 極限が正則であるときに限り，極限の関係は還元と呼ぶことができる（Batterman 2002, p. 18）．

一方で，正則ではないとき特異であると呼び，このとき創発である．正則であるのは，$\epsilon = 0$ と $\epsilon \to 0$ で挙動が等しいときなので，挙動が一致しないときには特異である．

特異性と正則性を理解するためにバターマンが挙げた事例を紹介しよう．まずは次のような方程式を考える．

$$x^2 + x + 9\epsilon = 0. \tag{2.9}$$

この方程式で，$\epsilon = 0$ であっても $\epsilon \to 0$ であっても，方程式の解は $x = 0, -1$ である．一方で次のような式を考えよう．

$$\epsilon x^2 + x - 9 = 0. \tag{2.10}$$

$\epsilon = 0$ のときは，$x = 9$ で解は一つである．一方で，$\epsilon \to 0$ のときはそもそも解が二つ出てきてしまい，$\epsilon = 0$ のときと方程式の性質が異なることから，このと

き特異である．このように極限をとるような操作によって，元々の方程式には現れなかった新しい性質が現れることがあるということに訴えて創発を定義している．

バターマンのこの図式で還元の例となっているのは，ニュートン力学と特殊相対論の関係である．上述の図式に当てはめると特殊相対論が洗練された理論 T_f であり，ニュートン力学が粗い理論 T_c である．特殊相対論のある特定のパラメーターの極限を取ったときに，ニュートン力学を導くことができ，この極限が特異ではないため還元が成り立つ．特殊相対論で運動量 p は

$$p = \frac{m_0 v}{\sqrt{1 - \frac{v^2}{c^2}}} \tag{2.11}$$

で与えられる．ただし，m_0 は静止質量で，v はその速度，c は光速である．一方で，ニュートン力学での運動量と質量の関係は

$$p = m_0 v \tag{2.12}$$

である．この二つを結びつけるために，$(v/c)^2 \to 0$ をとると，これが特異でないことから，ニュートン力学は特殊相対論に還元される[34]．

バターマンがこのようにして特異性に訴える形で創発を定義している背景には相転移の存在がある．その経緯は第4章で扱うので，ここでは簡単に整理しておこう．相転移を含む熱力学的現象は，熱力学における基本的な関数である熱力学的関数によって表現されるが，相転移という現象はこの熱力学的関数が示す不連続性（特異性）によって表現される．一方で，熱力学に対してより基礎的な理論と考えられる統計力学[35]の基礎的な方程式は分配関数と呼ばれるものであるが，この分配関数は有限の範囲内では不連続性を示さない．そのため，相転移という熱力学的現象は，統計力学という基礎的な理論に還元できないことから，創発の事例と考えられてきた．つまり，この特異性を示す事例が創発の代表的な事例であり，この事例を創発として含むために特異性に訴えた定義

---

[34] ローレンツ変換 $\sqrt{1 - (v/c)^2}$ をテイラー展開すると，特異ではないこと，つまり解析的であることを示すことができる．

[35] ここでの基礎的とは構成要素に注目した理論であるということである．

54

がなされていると考えると見通しが良い.

また別の創発の例として挙げられているのは虹の普遍的な性質である[36]. 虹は歴史的に幾何光学と波動光学を通じて分析されてきた. 光が波であるという知識を用いずに説明を行ったのが幾何光学であり, 歴史的に先行する理論である. その意味で, 幾何光学よりも波動光学の方が洗練されている. 虹の性質として, 虹の縞の間隔はサイズによらず比率が一定であることが知られている. このような様々な虹に共通する性質 (つまり普遍性) を波動光学で説明するために必要なのが, 波長 $\lambda \to 0$ という極限を取るという操作である. バターマンの議論は次のように整理できる.

- 虹という現象は, 関連するどちらの理論——より基礎的な波動光学とより粗い幾何光学——にも極限を用いなければ還元されない.
- より基礎的な理論を通じて説明することはできない (が, この理論に基づく漸近的な説明は存在する).
- この現象はより基礎的な理論の性質からは予測できない (が, この理論の中に漸近的に含まれている).

つまり, 虹という光学的な現象は, 波動光学によって説明を与えることができるが, それは極限を取ったときである. いいかえると, 虹は波動光学によって漸近的には説明できる. さらに, その虹を説明する際の極限には特異性が現れる. 相転移についても同様の議論を展開し, バターマンは創発についてはまとめて次のように整理している.

> これらの現象 [虹や相転移] の新奇性は, ……(中略)……関心のある現象に関連する洗練された理論と粗い理論の間の極限の関係についての特異な本性の結果である (Batterman 2002, p. 121, [ ] 内は引用者).

虹について言えば, この意味での新奇性は幾何光学では現れない. このようにバターマンは創発的な現象の由来は極限にあると考えている. その系の極限を

---

[36] 他にも, 量子力学と古典力学の関係に関する WKB 近似という手法について分析されている.

考えた際に，特異性が現れたときに，その現象が創発であるというのが，バターマンの定義の肝である．

　バターマンの図式に対する反論として次のようなものが考えられる．第一に，この主張は（極限を取るような）ある種の理想化が創発概念と関係するということを指摘するにとどまり，創発とは何かを十分に説明しているわけではないというものである．なぜ特異性が示されたときに創発と呼ぶのかが説明されておらず，極限と創発の間の関係の本質が不明確である．また，極限を必要としない創発の事例を適切に扱うことができない．その意味で，数学的極限に訴えるバターマンの定義は物理学における創発を十分に扱えていないといえる．第二に，物理学の創発と還元の実践をうまく捉えることができておらず，物理学における創発という概念の特徴を十分に反映できていない．例えば，マクロな熱現象をミクロな粒子の統計的な挙動で説明できていることから，熱力学と統計力学の関係は一種の還元であると考えることができる．しかし，バターマンの定義では相転移が創発であることから，この理論間は還元ではないことになってしまう．また，一方で，GNS の例でみた理想気体はバターマンの定義でも還元であるだろう．この事例に代表されるように，物理学の実践における還元と創発の複雑な関係を適切に反映できていないという問題である．この点で，彼の定義は物理学における創発という概念の理解を深めることができていない．この二つの問題は極限に訴えて創発を還元と両立しない形で定義したことで生じている．第三に，そもそも $\epsilon \to 0$ というような極限の操作の内実が実は不明確であることが挙げられる．この図式はそもそもどの程度，厳密な数学的操作が想定されているのかが曖昧であり，関数の形次第では同じ事例においても特異であったり，正則であったりするだろう[37]．形式的な操作によって創発を特徴づけるという方針自体は説得的である一方で，彼の定義自身はいうなれば図式的なものにとどまり，特長であるように思えた明確さを実は欠いている．

[37) この点については高三和晃氏より指摘を受けた．

2-2-2 還元と創発が両立する定義：バターフィールドの議論

バターマンによる定義に対して，バターフィールドが与えた定義の方が現在の物理学の哲学では好まれているように見える（Crowther 2015; De Haro 2019 など）．バターフィールド（Butterfield 2011a; 2011b）はバターマンとは異なる方針で還元と創発を定義している．バターマンやネーゲルが創発と還元を両立しないものと定義していたのに対して，バターフィールドは創発と還元は両立するものと考えている点が特徴的である．まずは，二つの理論 T_h と T_l を考えよう．T_h はニュートン力学のようなより粗い理論であり，T_l は相対性理論のようなより洗練された理論である．T_h が T_l に還元されるというのは，ある適切な定義・条件のもとで T_h が T_l から論理学的に導出できるときであるという（Butterfield 2011a, p. 928）．このことを踏まえて，バターフィールドは二つの理論の間に以下のような定義的拡張（definitional extention）が存在するとき還元が成り立つと定義している（Butterfield 2011a, p. 931）．

> T_h が T_l の定義的拡張であるといえるのは以下のとき，かつそのときに限る．T_h の論理的な記号でない記号それぞれに対応する定義があり，その定義の集合 D を T_l に加えることで，T_h のあらゆる定理が証明できるときである．

二つの理論の概念の間の対応関係を与える定義の集合 D の存在がネーゲル的還元の橋渡し法則に対応し，D の存在によって接続可能性条件が満たされる[38]．例えば，厳密な孤立系における古典統計力学は，ミクロカノニカル測度をエネルギー超平面上に仮定すれば，ミクロな構成要素についての古典力学の定義的拡張になりうると指摘されている（Butterfield 2011a, p. 935）．その場合にも，古典力学の変数や計算を表現するくらい強力な基礎的な論理学を用いればという条件付きである点に注意が必要で，基本的には論理学的な関係として還元が定義されている．バターフィールドはネーゲル的還元の二つの条件を，定義の

---

[38] 本書では問題にしないが，バターフィールドは付随（supervenience）もこの還元の延長線上に定義する．還元の定義的拡張が有限と考える一方で，この定義的拡張が無限であるときに，付随になると定義している．

集合 D の存在や定理の証明といいかえることで，実際の事例が検討可能な形となったネーゲル的還元を提示しているといえるだろう．

　一方で，創発については，ネーゲル，さらにその前後に連なる伝統的な哲学とは異なる方針で定義されている．具体的には，創発を還元の否定としてではなく，還元とは独立した概念として定義している．還元とは独立した概念として定義するため，論理学に訴えた定義にこだわる必要がなく，代わりに概念的な仕方での定義を試みる．彼によると以下のような新奇性（novelty）と頑健性（robustness）という性質を満たす場合に，創発であるという．

新奇性　対照群からは定義できないもの．
頑健性　対照群のさまざまな選択や想定に対して変わらないもの．

比較対照される理論や構成物からは定義できないが，その諸条件に対して安定的なものが創発である．ここでの対照群は，次の二つの事例に分類できる．

複合系　ある系が複合系であり；その性質や挙動が，構成要素の系の性質や挙動と比べて新奇で頑健であるとき，複合系が創発である．
極限系　ある系が別の系の系列の極限であり；その極限系の性質や挙動が，有限なパラメーターで記述される系の性質や挙動と比べて新奇で頑健であるとき，この極限系は創発である．

複合系と極限系は厳密には排他的ではない．複合系を考える際には極限を用いた記述が不可欠である事例もありうる．実際，相転移についての熱力学と統計力学の関係については，これら二つの要素が絡み合っている．熱力学極限をとっていると考えれば極限系の事例であろうが，さらに，この世界の構成要素と構成物の挙動についての不一致と考えるのであれば複合系の事例である[39]．

　バターフィールドはこのような定義から得られる教訓として，（1）特に，ある物理量 N の極限 $N \to \infty$ を取ったときに，創発は還元と両立し，（2）創発は極限を取る前に，つまり，有限な物理量 N においても創発は現れるという 2

---

[39] 複合系についての説明は存在論的なもので，極限系についての説明は認識論的なものであるとみることができるかもしれない．構成要素と構成物の関係も結局，認識論的な知見によって理解されるものである．このことを考えると，認識論は存在論に優越するといえる．

点を挙げる．（1）は還元を論理学的な意味での導出可能性を通じて定義する一方で，創発を概念的なものとしていることの帰結として，これらの概念が両立可能であるということである．つまり，論理学的に導出可能であることと，対照群から定義できないことは両立するという．（2）は，極限を取るということは，無限の系を考えることを意味しないということである．例えば，粒子数の極限を取るような操作（$N \rightarrow \infty$）は，粒子数が非常に大きい対象を考えているだけで，実際に粒子数が無限であるような仮想的な対象を考えているわけではない．つまり，ここでの無限は単なる道具に過ぎず，有限な対象を無限な系として表現しているのではなく，非常に大きい値を考えているに過ぎないのである[40]．

　この定義に対する批判としては，新奇性の内実が曖昧に止まることが挙げられる．例えばフランクリンとノックス（Franklin and Knox 2018）は次のように指摘する．「この定義の広い適用可能性の本質は特殊性の欠如にある．この定義は，創発の十分な説明の足場を与えるものであり，[創発の十分な説明の] 構築を完了するためには新奇性と頑健性の分析が必要である」（Franklin and Knox 2018, p. 68, [ ] 内は引用者）．つまり，新奇性を定義不可能性で定義することだけでは創発を特徴づける新奇性の説明として曖昧である．確かに定義不可能な性質とはそもそも何か，また，定義不可能であればどのような性質でもいいのかといった疑問が残る[41]．この問題に加えて，両立可能性についても批判できる．バターフィールドは還元を命題間の導出可能性，特に演繹可能性であるとし，一方で，創発は対照群に対する定義不可能性と定義している．しかし，導出（演繹）可能性と定義不可能性が両立するということの意味は明確ではない．この点も，前述のように定義不可能であるということ自体の定義を形式的なものではなく，概念的なものとして捉えているために生じる曖昧性である．創発の定義を形式的なものではなくすことで両立可能性を提示することができるが，

---

[40] アンダーソンによる「無限の系を考えた結果を有限の系の理解に用いることができるのか」という問題意識に対する応答になっている．

[41] 実際，バターフィールドが創発の例として挙げている古典的性質の事例では，どういう意味で量子的性質から定義できないといえるのかというのが明確ではない．加えて，例えばニュートン力学と特殊相対論の関係であっても結局は，極限の取り扱いを考えなければならない．$c \rightarrow 0$ で得られる対応は，定義可能といえるのかどうかというのは，やはり議論が必要だろう．

その副産物として定義不可能性，つまり，新奇性という概念が曖昧という問題点を抱えることになる．

2-2-3 還元と創発の定義に求められていること

ここまで物理学の哲学における代表的な還元と創発の定義を見てきたが，これまでに述べた哲学的な文脈を意識して，創発や還元についての検討を再整理すると，その意義と価値が明らかになるかもしれない．バターマンはネーゲル的還元の定義を否定し，理論にとって重要なパラメーター（光速度やプランク定数）の極限を取った際の挙動を通じて還元と創発を定義している．ただ，還元と創発の関係については両立不可能であるという意味では，ネーゲルの立場を引き継いでいるといっていいだろう．一方で，バターフィールドは還元と創発が両立可能であると主張するが，還元をネーゲル的な命題間の関係として捉えている．つまり，還元の定義の仕方という意味でいえば，バターフィールドはネーゲル的であるといえるだろう．

バターマンとバターフィールドへの批判をもとに展開されたノックス（Knox 2016）の議論では，説明的価値・役割が着目されている[42]．彼女が検討しているのは熱力学と統計力学の関係であり，特にディーゼルエンジンとガソリンエンジンの違いをこれらの理論がどのように説明するのかということを事例としている．この二種類のエンジンの違いは，ガソリンエンジンには点火プラグが必要であり，ディーゼルエンジンには必要ないことにある．ディーゼルエンジンに点火プラグが不要であることの説明には，断熱過程という理想化が重要である．ディーゼルエンジンは燃焼室内の空気と燃料を断熱圧縮することで温度を上げて，自然に発火させているため点火プラグは必要ない．一方で，ガソリ

---

[42] バターフィールドに対する批判として例示したフランクリンら（Franklin and Knox 2018）の創発の定義は，この論文をもとに展開され，フォノンをその事例としている．彼らの議論にならうと，電子が電磁場からの創発であるとみなせるのであれば，フォノンも同様に創発の事例とみなすべきであり，バターマンとバターフィールドの定義ではフォノンの事例を取り扱うことができないというのが彼らの批判である．確かにフォノンの持つ説明的役割は，フォノンの基礎となっている格子構造にはなかったものであり，その意味で，これは創発である．彼らの議論での創発はノックス（Knox 2016）の議論に基づくので，フォノンについての彼らの議論は検討しない．

60

ンエンジンにはこの機構がないために，点火プラグのような燃料に火をつける
ための機構が必要である．断熱圧縮という理想化によって，空気と燃料の混合
物の温度が上昇することが熱力学によって説明され，二つのエンジンの違いが
明らかになる．彼女はボルツマンの原理を用いることで，熱力学的概念と統計
力学的概念の対応を与えることができることから，この二つのエンジンの違い
についても統計力学によって再構成が可能であると指摘する．しかし，両者の
違いを説明する際に重要な，「なぜ断熱過程が必要なのか」という説明は熱や仕
事といった概念によって与えられるために，これらの概念を用いていない統計
力学ではなぜ断熱過程が必要なのかを答えられない．つまり，熱力学には統計
力学にはない新奇な説明的価値があり，これが創発を特徴づけるような新奇性
であるとする．

　ノックスの議論は極限に訴えておらず，また，新奇性を説明的価値という概
念に帰着させることで，前述のバターマンとバターフィールドの問題点は回避
しているように見える．確かに，彼女の定義に従えば，熱力学には統計力学に
はない説明的価値があり，創発的であるとみなすことができる．しかし，新奇
な説明的価値の存在は創発の必要条件かもしれないが，十分条件ではない．つ
まり，新奇な説明的価値を有していても，創発的とは言い難い事例が存在する．
例えば，相互作用のある古典的な二つの粒子からなる系は，言うまでもなく二個
の粒子から構成されている．この相互作用する一組の粒子という系は，その構
成要素である個々の粒子にはない説明的価値がある．しかし，相互作用のある
一組の粒子はその構成要素に対して創発的であるとすると，構成物であるもの
は皆，その構成要素に対して創発的であるということになってしまう．つまり，
ノックスの指摘する説明的な価値は新奇性の条件としては弱いといえよう[43]．

　以上，物理学における創発についていくつかの立場を検討してきた．これらを
踏まえると，創発の定義は次のような三つの特徴を満たす必要がある．第一に，
極限に基づかないことである．極限と創発の間に本質的な関係がないことに加

---

[43] 頑健性の定義によって，新奇な説明的価値をもつが，創発とはいえない事例を排除するという方針はあるだ
ろう．しかし，ノックスの頑健性の定義は，「ある系の特徴が頑健であるとは，これはある変数の擾乱に対して
その性質が安定であること」（Knox 2016, p. 52）であり，これでは創発的でない事例（二粒子系）を排除する
のには十分ではない．

えて，極限を必要としない創発の事例（フォノン）も指摘されている（Franklin
and Knox 2018）．第二に，新奇性の明確性である．創発を含意するような新奇
性について，明確な基準を与える必要がある．第三に，その新奇性の基準は十
分に制約されたものでなければならない．新奇であることを十分に制約するよ
うな条件が必要である．このような創発についての問題点のうち，第一の論点
は還元概念においても同様の問題が指摘されている．中でもロサラー（Rosaler
2015; 2016; 2019）は，この問題に取り組み局所的還元という概念を提示してい
る．次節では，このロサラーの議論を整理する．

2-3　モデル間関係としての還元

　バターマンとバターフィールドの還元の定義や議論には陰に陽に極限が用い
られている．しかし，極限と還元の関係は明確ではない[44]．ロサラー（Rosaler
2015; 2016; 2019）は，これらの定義では，極限が何らかの意味で還元という概
念に関連していることを示しているものの，結局，還元とは何かということに
ついては不明確なままであると指摘する．また，物理学における極限の理解は，
少なくとも哲学的にはさまざまな論点があり，還元を極限を通じて定義すると
いう方針は，結局，極限についての理解という問題がついて回ってしまう．も
し，極限とは独立に，還元を定義できるのであれば，それは望ましいことだろ
う[45]．加えて，ロサラーは還元を理論間の関係として定義するという方針自体
が，物理学における実践から乖離しているのではないかと考え，理論間の還元
が成立するためにはモデル間の還元が成立する必要があると指摘する．その具
体例である量子力学と古典力学の関係も含めて以下で議論していこう．

　ロサラー（Rosaler 2015）はより高い階層の理論 $\mathcal{T}_h$ から低い階層の理論 $\mathcal{T}_l$ へ
の還元が成立するための条件を次のように定義する．

---

[44] バターマンは明示的に極限を用いているのはわかるだろう．一方で，バターフィールドの定義自体には極
限に関する概念が表れていない．ただ，バターフィールドの方針の特徴である創発と還元の両立可能性が実現す
るためには極限が重要な役割を果たしている．

[45] 後述するが，創発についても同様である．

ある理論 T_h が別の理論 T_l に理論還元されるのは、T_h のドメインである
あらゆる系 S に対して — つまり、理論 T_h のモデル M_h によってその挙
動が正確に表現されるあらゆるある物理系 S に対して — T_l のあるモデ
ル M_l によっても表現される、つまり、M_h が M_l へモデル還元されると
き、かつ、そのときに限る（Rosaler 2015, p. 59）.

つまり、ある特定の対象系を考えて、二つの理論のそれぞれのモデルでその系の
挙動が説明できるときに、理論間の還元が成立しているとする立場である。つ
まり、理論間還元の議論を、モデル間還元の議論へと帰着させている[46].

　では、モデル間還元とはどのようなものであろうか。まず高い階層のモデル
を M_h とし、その状態空間を S_h とする。t を時間として、初期状態 $x_h \in S_h$ が
与えられたとき、その決定論的な時間発展を $D_h(x_h, t)$ とする。同様にして、低
い階層のモデル M_l についても同様に、状態空間を S_l、初期状態 x_l の時間発展
を $D_l(x_l, t)$ とする。さらに、ここで、二つのモデルを結びつける橋渡し法則に
対応する橋渡し関数を B とする。このとき、M_l と M_h の間にモデル間還元が
成り立つのは、

$$|B(D_l(x_l, t)) - D_h(B(x_l, t))| < 2\delta \tag{2.13}$$

が成り立つときである。より簡単には、

$$B(D_l(x_l, t)) \approx D_h(B(x_l, t)) \tag{2.14}$$

が成り立つとき、二つのモデルは還元関係にあるという（図 2.2）。このモデル
間還元をもう少し直観的に説明すると、M_h が示すある状態の軌道（変化）と、
これとの対応が与えられる M_l が示す状態の軌道（変化）とが近似的に一致する
ときに、二つのモデルの間にモデル間還元が成り立つということである。右辺
の δ は「どの程度、二つの軌道が一致したときに還元と呼べるのか」を特徴づ

---

[46] 2015 年の論文（Rosaler 2015）は二つの力学的な理論の関係を検討したものである。つまり、単純に古典
力学と量子力学を比較するような事例を考えればいい。一方、2016 年の論文（Rosaler 2016）では高い階層の
理論として力学的理論としての古典力学、低い階層の理論として統計的な力学的な理論としての量子力学の関係
を考えている。ロサラーの定義自体を検討することを目的としないので、ここではこの二つの違いは特に問題に
はならない.

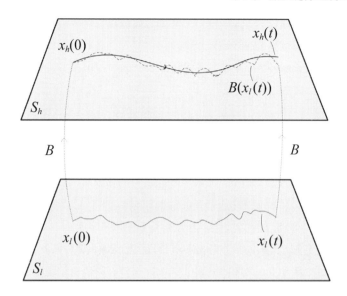

図 2.2 低い階層の状態空間 S_l における $x_l(0)$ から $x_l(t)$ までの軌跡が，高い階層の状態空間 S_h における $x_h(0)$ から $x_h(t)$ までの軌跡と近似的に一致しており，それぞれの状態は B によって対応づけられるとき，還元が成り立つというのがロサラーのモデル間還元である（Rosaler 2016, p. 59）．

ける値であるが，δ は経験的に与えられる値で，一般的には定義されない．量子力学と古典力学を考えたときの δ の値と，統計力学と熱力学を考えたときの δ の値が一致する必要はない．その意味で，この定義は記述的（descriptive）なものである[47]．この図式の特徴は，還元を二つの階層の挙動の近似的な一致と捉えていることにある．加えて，その比較はネーゲルのような論理学的な導出関係ではなく，その軌跡の間の比較によって還元か否かが定まるものと定義されている．この定義は，バターマンのように極限に訴えておらず，バターフィールドのように命題間の関係という見方を離れている．このようなモデル間還元をロサラーは局所的還元（local reduction）と呼ぶ．

具体例を考えよう．M_h を古典力学のモデルだとする．N 粒子からなる古典

---

[47] ここでの「記述的」というのは哲学の専門用語の一種である．「事実どうであるか」ということについて論じている場合には記述的と呼ばれる．一方で，「どのようにあるべきか」ということについて論じるのは「規範的」と呼ばれる．例えば，「量子力学と古典力学の関係を還元とみなすためには，どのような関係が満たされるべきか」ということを論じるのであれば，その探究は規範的である．

64

的な状態を記述する状態空間として $6N$ 次元の位相空間 Γ_N を考えると，これは上述の表記に基づくと $S_h = \Gamma_N$ である．続いて，この状態の時間発展の規則である D_h はハミルトンの正準方程式によって与えられる．

$$\frac{dX}{dt} = \frac{\partial H}{\partial P}, \qquad\qquad \frac{dP}{dt} = -\frac{\partial H}{\partial X} \tag{2.15}$$

ここで，X は位置，P は運動量を意味し，V をポテンシャルとすると，H は $H = (P^2/2M) + V(X)$ を満たすハミルトニアンと呼ばれる，大雑把には系の特徴を表現しているものである．この方程式は初期状態に $x_h \equiv (X, P)$ を与えることで，その時間発展を与えることができる．

　一方で，M_l を量子力学のモデルだと考える．状態空間を N 粒子のヒルベルト空間 $\mathcal{H}_N$ とすると，$S_l = \mathcal{H}_N$ である．この状態空間における状態を $|\psi\rangle \in \mathcal{H}_N$ と書くと，この状態 $|\psi\rangle$ の時間発展はシュレーディンガー方程式

$$\hat{H} |\psi\rangle = i\frac{\partial}{\partial t} |\psi\rangle \tag{2.16}$$

によって与えられる．ここで，$\hat{H} = (\hat{P}^2/2M) + V(\hat{X})$ はハミルトニアン演算子と呼ばれるものである．古典力学におけるハミルトニアン H は関数であったが，$\hat{H}$ は演算子であり形式的には区別される．ただし，どちらも系の全エネルギーを表現しているという意味では同じようなものと考えていい．このシュレーディンガー方程式が D_l に当たる．

　さて，N 粒子の古典力学的な状態を表現する状態空間と，N 粒子の量子力学的な状態を表現する状態空間の間を結びつける橋渡し関数 $B : \mathcal{H}_N \to \Gamma_N$ を期待値の組を与える関数として定義しよう．

$$B(x_l) \equiv (\langle\psi|\hat{X}|\psi\rangle, \langle\psi|\hat{P}|\psi\rangle) = (\langle\hat{X}\rangle, \langle\hat{P}\rangle) \tag{2.17}$$

つまり，低い階層の量子力学の状態 x_l を入れると，その状態に関連する位置と運動量の期待値 $\langle\hat{X}\rangle$ と $\langle\hat{P}\rangle$ が与えられるような関数として B を定義する．量子力学の状態であればなんでもいいわけではないので，次のような状態の集合を考える．

$$\{|\psi\rangle \in \mathcal{H}_N \,|\, |\psi\rangle = |q, p\rangle \,\text{ただし}, q, p \in \Gamma_N\} \tag{2.18}$$

ここで，$|q, p\rangle$ は，位置が平均して q で，運動量が平均して p であるような極小波束を指す．このときの小ささは X のスケール（大きさ）に相対的に定まるものである．このようにして与えると，次のような関係が成り立つことがわかる．

$$\frac{d}{dt}\left(\langle\psi|\hat{X}|\psi\rangle, \langle\psi|\hat{P}|\psi\rangle\right) \approx \left(\left.\frac{\partial H}{\partial P}\right|_{\langle\hat{X}\rangle, \langle\hat{P}\rangle}, -\left.\frac{\partial H}{\partial X}\right|_{\langle\hat{X}\rangle, \langle\hat{P}\rangle}\right) \tag{2.19}$$

$$= \left(\left.\frac{P}{M}\right|_{\langle\hat{P}\rangle}, -\left.\frac{\partial V(X)}{\partial X}\right|_{\langle\hat{X}\rangle}\right) \tag{2.20}$$

このことはエーレンフェストの定理 $\frac{d\langle\hat{P}\rangle}{dt} = -\langle\frac{\partial V(\hat{X})}{\partial X}\rangle$ から導かれる．上式は，量子力学における位置と運動量の期待値が，近似的には古典力学の運動方程式に従うことを含意し，$B(D_l) \approx D_h$ を保証しているといえる．つまり，波動関数が極小波束を表現しているときには，その時間発展の軌跡が古典力学において与えられる時間発展の軌跡と近似的に一致している．このことから，この事例はロサラーのモデル間還元（局所的還元）の基準を満たしている．したがって，量子力学と古典力学の間には理論間還元が成立する．

2-4　モデル間関係としての創発

　ロサラーの局所的還元は，物理学の哲学におけるこれまでの定義の問題を解消するものであった．極限に訴えず，理論間の関係として捉えるのではない還元の定義になっている．ただ，ロサラー自身は創発について定義を与えていない．このこと自体は，バターフィールドが指摘するように創発と還元が両立すること，つまり，これらの概念は独立に定義されることを踏まえれば自然なことであろう．ただ，この局所的還元の否定としてモデル間の創発が定義できるのであれば，それに越したことはない．しかし，この方針で創発を定義することは難しい．

　素朴に，式（2.13）で定義されている局所的還元の失敗として創発を定義す

るのであれば，その条件として $d_h \subset B_h$ を満たす全ての橋渡し関数 $B(x_l)$ および集合 d_l が，ある $x_l \in d_l$ および，ある t $(0 \leq t \leq \tau)$ に対して以下の式を満たすことが期待される.

$$|B(D_l(x,t)) - D_h(B(x_l,t))| \geq 2\delta. \tag{2.21}$$

これは，二つのモデルの挙動の差がある一定範囲よりも広いということを示す．確かに，低い階層と高い階層のモデル間の挙動が大きく離れている場合には，創発の事例と呼ぶことは妥当であろう．しかし，2δ という差が，さほど大きな差ではないが，近似的に一致しているとはいえないという程度の差がある事例も創発となってしまう．つまり，創発的といえるほどの差がない事例を含んでしまうことになる[48]．δ とは異なる変数を定義し直すことで，新しく創発を含意するような差 δ' を定義するという方針もあるが，それでは，そもそも還元の失敗として創発を定義することにならず，この図式にこだわる必要がない．また，創発概念と還元概念は独立に捉えられるという立場が説得力のあるものとされているという物理学の哲学での状況を踏まえれば，単純に還元の否定として創発を定義するという方針を動機づける事例がない．加えて，創発は形式的なものではなく，概念的なものであるという立場では，このように形式的に定義するという方針自体が妥当ではない．

　ロサラーのモデル間還元をもとに定義するという方針が困難であることを踏まえると，創発の定義に求められる要請は以下の通りである．極限に訴えないこと，新奇性が明確であること，さらにその新奇性は十分に制約されたものであることの三つが挙げられる．物理学の哲学における創発と還元の定義は，事例の分析からボトム＝アップ方式で展開されてきた．そのために，個別の事例をもとに議論が展開されることで問題が生じているとも考えられる．実際に，数学的極限に訴える方針は物理学の理論間の関係にとっては極限が重要な概念で

---

48) 具体例は難しいが，この還元の定義を満たす二つの関数があったときに，その差がさらにわずかでも離れれば創発になってしまう．つまり，ϵ という微小な量を考えて $\delta + \epsilon$ となれば創発となる．しかし，創発の事例として知られるような生命や相転移はそのようなわずかな差ではない．また，そのようなわずかな差で創発とみなせる事例と，質的に新奇な現象を同じような意味で創発とすることは創発という概念の理解に資さない．さらに，結局，微小な ϵ はどのように定まるのかという課題を抱え直すだけだろう．

あるという事実に基づくが，創発や還元を捉えるのには適切ではなかった．物理学におけるモデルの関係として創発を捉えることを目的とするのであれば，既にある蓄積を反映するのが説得力のある方針であろう．そこで，モデルの科学哲学の知見を反映する形で，モデル間関係としての創発を定義していくことにしよう．

2-4-1　ミニマル・モデル

伝統的にはモデルの科学哲学においては対象となる事象が詳細に表現されていればいるほど，より正確な説明がなされると考えられてきた（van Fraassen 1980 [1986]; Frigg 2010; Weisberg 2013 [2017] など）．確かに，対象系の詳細な情報が反映できていれば，そのモデルは事象の正確な説明を与えることが期待できる．例えば，ピサの斜塔から落下する物体を考えるときに，ピサの斜塔の正確な高さや，落とす物の形や重さを正確に数学的に表現できていれば，ニュートン力学を通じて，落下の挙動がうまく説明できるだろう．しかし，バターマンとライス（Batterman and Rice 2014）は，詳細があることがむしろ理解を妨げるようなモデルが存在すると指摘している．その事例として彼らが挙げているのが，普遍性と密接に関連するくりこみ群の手法である[49]．

バターマンらは，モデルの「正確性」が現象を説明するためには必要ではないことを指摘している．モデルと事象の間に共通する特徴があることによってモデルの説明能力を保証する立場では，「正確性」がむしろ妨げになるような事例を説明することができない．彼らは，このような対象系の詳細が事象の説明を妨げるようなモデルをミニマル・モデルと呼ぶ．単に現象の本質的な要素だけを表現しているモデルではなく，詳細を無視することで初めて説明できる現象が存在し，その現象を説明するために詳細を無視したモデルのことを指している[50]．

---

[49] もう一つの例として挙げられているのは「フィッシャーの性比」である．全く異なる生物種で性比が概ね1：1になるという事象が知られており，これを説明するのがフィッシャーの原理と呼ばれるものである．臨界現象の普遍性をくりこみ群が説明するように，生物種の性比の普遍性をフィッシャーの原理が説明すると捉えると，両者は同種の事例と捉えられる．

[50] この議論は，「共通特徴による説明」（Common Feature Account, CFA）というモデルの科学哲学における

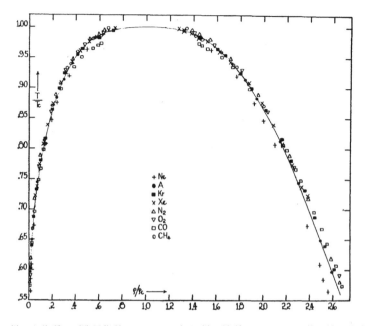

図 2.3 様々な物質で（臨界指数 β について）同様の性質が現れている普遍性の代表的な例 (Guggenheim 1945).

　ここで，ミニマル・モデルについて理解するために必要な範囲で，統計物理学におけるくりこみ群を詳細に立ち入らずに簡単に検討しよう．くりこみ群の方法は，粗視化を含むくりこみ群変換を通じて，異なる物質に共通する物理的な性質という普遍性を説明する手法である（図 2.3 参照）．この方法にしたがうと，普遍クラスと呼ばれるものに属するあらゆる点が固定点に流れ込み，この固定点によって臨界現象のような重要な物理的性質が説明される．ここではごく簡単にくりこみ群の図式について説明しよう．まずくりこみ群変換と呼ばれる操作を $\mathcal{R}$ として，普遍クラスを U とすると，$\mathcal{R}(x) = x'\ (x, x' \in U)$ となる．このくりこみ群変換 $\mathcal{R}$ をくりかえすことで $\mathcal{R}(x^*) = x^*$ を満たす x^* が得られ，

一つの立場への批判として提示されている．CFA はモデルが対象系を説明することができるのは，そのモデルが対象系と共通する特徴があるからであるとする立場として特徴づけられている．具体的に念頭においているのは，例えばワイスバーグ（Weisberg 2013 [2017]）のようにモデルと対象系の関係を評価する際に類似性を重視する立場や，フリッグ（Frigg 2010）によって提案されたフィクション説のようにモデルを対象系のフィクションであると考える立場であり，モデルが対象系と共通する特徴があることが重要である．

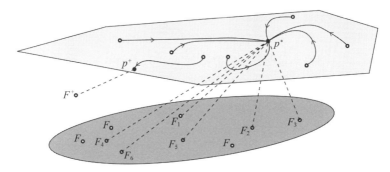

図 2.4 普遍クラス（下側の濃いグレーの部分）に所属する F はくりこみ群変換によって固定点 p^* に流れ込んでいる一方で，普遍クラスの外側にある F^+ は固定点には到達しない（Batterman and Rice 2014, p. 363, 一部改変）.

これを固定点と呼ぶ（図 2.4）．この固定点は，元のモデル x の詳細が無視されたモデルであり，x では説明できず x^* でしか説明できない現象が存在するなら，これはミニマル・モデルである．実際には，特に臨界現象についての普遍性の説明には，くりこみ群の方法を通じて得られた固定点が不可欠であることから，これはミニマル・モデルといえる．

実際，くりこみ群の方法は創発の一例であると考えられてきた．特にモリソンら（Morrison 2012; Batterman 2010b）は，くりこみ群は系を粗視化する過程を含むことから，くりこみ群によって説明される現象はミクロな詳細の一部とは自律的であると指摘し，このことからこれが創発の事例であると主張する．つまり，ミクロな詳細なモデルでは説明できない新奇なマクロな現象があることをこのフレームワークが保証しているため，くりこみ群は創発の事例であると考えることができると主張している．構成要素の詳細な部分に着目したモデルでは説明できない現象は，まさしく創発のラフな特徴づけである「全体は部分の和よりも大きい」の事例になっているだろう．

このことから，モデル間の関係としての創発の定義を，くりこみ群を事例として持つミニマル・モデルの特徴を通じて定義するという方針は妥当だろう．バターフィールドは創発の特徴として，新奇性と頑健性を挙げていることから，ミニマル・モデルを通じてこれらを特徴づけていく．まず，ここでの新奇性は，

一種の導出不可能性と考えられる．高い階層のモデルであるミニマル・モデルからは，普遍性，特に臨界現象を特徴づけるような臨界指数[51]についての関係を理論的に（つまり，論理学的な意味ではなく）導出することができる．一方で，くりこみ群変換をする前の詳細なモデルでは，この性質を導くことができない．このことから，低い階層のモデルでは導出できない性質を，高い階層のモデルでは導出できるときに新奇性があるといえる．また，ミニマル・モデルを通じて現れている頑健性は次のようなものであろう．普遍クラスにあるさまざまな低い階層のモデルにくりこみ群変換をくりかえすことで，ミニマル・モデルである固定点が得られる．このことは，高い階層のモデルから導出できる性質に，低い階層の初期条件がある程度無関係であることを示しており，これは頑健性の一種とみなすことができる．

　まとめると，ミニマル・モデルを通じて，異なる多くの対象系に共通するが，それぞれの対象系を詳細に記述したモデルでは導出できない性質を導くことがあることが示されている．ここでの性質の導出不可能性は，低い階層のモデルの情報の欠如によるものではない．くりこみ群の事例は，詳細を無視することで初めて説明が可能になっているという点に注意が必要である．これは低い階層の情報が不完全であるためではなく，本質的にミクロな詳細から独立した現象だと理解されるべきであろう．ただし，現時点で我々の手元にある詳細なモデル自体が不完全であるという可能性は開かれている．現在よりもずっと詳細なモデルが存在するのだが，人類がいまだに完璧なモデルを手に入れていないという可能性はもちろんある．しかし，そのような完璧なモデルを現時点で我々は有しておらず，そのモデルの特徴も不明であるから，このような仮想的なモデルを前提する議論は実質的ではない．また，この臨界現象の事例については，いずれくりこみ群のような手法ではなく（つまり，なんの近似も粗視化もなく），ミクロの詳細なモデルを通じて臨界現象が説明できるようになるという可能性もあるだろう．この場合には，確かにくりこみ群の事例は創発を含意しない．しかしだからといって，創発が存在することや，ミニマル・モデルを通じて創発を定義するという方針が全体として否定されるわけではない．

---

[51] 第 4 章で詳しく説明する．

2-4-2 一般化モデル

ミニマル・モデルを通じた創発の定義を整理する前に，このようなモデルが実際に特徴的であることを示さなければ，創発概念が実質的に意味をなさなくなる．実際，くりこみ群によって得られるミニマル・モデルは，普遍性という多くの対象に共通の性質を説明しているため，その意味ではありふれたモデルであるという反論もあるだろう．そこで，ミニマル・モデルの特徴を強調するために本書では**一般化モデル（generalized model）**という概念を導入しよう．ここでの，一般化モデルとは，様々な対象系に共通する性質を示すが，その性質は個々の対象系についての詳細なモデルからも示すことができるようなモデルを指す．一般化モデルの典型的な特徴は，ワイスバーグによるものが挙げられる（Weisberg 2013 [2017]）．ワイスバーグはモデルと対象の関係を類似性という概念を用いて説明しており，モデルが対象系の特徴を反映しているということを要請している．この一般化モデルは，新奇性を示さない．つまり，一般化モデルは低い階層の詳細なモデルからは導かれない性質を示さない．具体的にみていこう．

一般化モデルの代表的な例として，ワイスバーグも挙げているロトカ＝ヴォルテラ・モデル（LV モデル）を考えよう[52]．LV モデルは，捕食者と被食者の数の間の相関関係の一般的な特徴，具体的にはそれぞれの数の規則的な増減を表現するモデルである．捕食者の数を x，被食者の数を y とすると，このモデルは以下の一組の微分方程式の組で表現される．

$$\frac{dx}{dt} = ax - bxy,$$

$$\frac{dy}{dt} = cxy - dy.$$

ここで，a, b, c, d は何らかの定数であり，具体的に考えている対象系（被食者と捕食者の具体例や，具体的な生息域など）によって定まる．第一の式は捕食者の数の時間変化を表現し，第二の式は被食者の数の時間変化を表現している．こ

---

[52] LV モデルは科学哲学における様々な文脈で議論されている．つまり，科学哲学におけるモデルの哲学という文脈において，モデルの代表例と考えられている（Knuuttila and Loettgers 2017）．

の一般化モデルは，捕食者と被食者の個体数の増減についての規則的なパターンを示し，ミニマル・モデルと同様に多数の異なる対象系に共通する性質を説明することができる．その事例としては，ヒヒとチーター，ノウサギとヤマネコ，ミジンコとメダカ，サケとサメなどが知られており，生息域や個体数などが異なる被食者と捕食者の関係を LV モデルは示している．つまり，ミニマル・モデルと同様に，個別的なモデルの初期条件などから無関係な一般的な性質を示している．例えば，ある特定の対象系の初期条件として捕食者の数が n であり被食者の数が m であり，LV モデルが示すような周期的なパターンを示すとする．もし，n と m がそれなりに大きければ，捕食者の数が $n+1$ で，被食者の数が $m+1$ だったとしても，やはり同じような周期的なパターンを示すだろう．その意味で，LV モデルが示す周期的なパターンは初期条件から頑健的である．また，質的に異なる捕食者や被食者の関係も LV モデルで表現できる．捕食者がチーターであれサメであれ，その捕食者に対応する被食者との関係が LV モデルで表現できる．これらの意味で多様な対象系の様々な条件での一般的な性質が LV モデルを通じて示されているという点では，ミニマル・モデルと同様である．しかし，一方で，LV モデルはミニマル・モデルのような新奇性を示さない．一般化モデルである LV モデルと同様に，個々の対象系を記述している詳細なモデルも被食者と捕食者の周期的な増減を示す．むしろ，系の詳細が与えられることで，モデルはその周期的なパターンをより正確に表現できるだろう．詳細が性質の理解の妨げになっているくりこみ群の事例とは異なり，LV モデルは個別的な対象系を表現したモデルの一般化に過ぎない．この意味で，高い階層のモデルが示す性質と，低い階層のモデルから得られる性質とを比較した際に新奇性が現れないのである．

　一般化モデルのまた別の例として，ミニマル・モデルに対する反論として提示された古典力学の例を考えよう．ポーヴィッチ（Povich 2018）は，詳細を無視するという操作自体はありふれた行為であることを強調する．斜面に沿って転がっていく物体を表現する古典力学的なモデルは，異なる対象（リンゴ，トマトやサッカーボールなど）の挙動を一度に表現することができている．このとき，対象の一部の性質は考慮されない．つまり，リンゴの色や，美味しさな

どは全く考慮されていないし，リンゴとトマトの違いも考慮されない．ミニマル・モデルのように詳細を無視することで様々な対象の性質を説明するということはありふれたことであると，ボーヴィッチは指摘する．しかし，ミニマル・モデルの特徴は，様々な対象に共通する性質を表現していることだけではなく，系の詳細な情報がむしろ我々の理解を妨げているということにある．くりこみ群の事例が提示しているのは，情報を減らすことで初めて説明できる性質が存在するということであり，一方で古典力学の例ではそのような物理的な性質は存在しない[53]．

　このように捉えると，斜面を転がる古典力学の事例にも二種類のモデルがあることが分かる．一つは，異なる様々な対象を一度に表現し，一般的な物理的な挙動を説明するようなモデルである．もう一つは，斜面を下る挙動を表現している様々な対象ごとのモデルである．この二種類のモデルは，同じ古典力学的な挙動を表現している．この事例での対象の詳細な情報によって，物体の挙動をより正確に表現することが可能になる．その意味で，この事例は一般化モデルであり，ミニマル・モデルとは本質的に異なるのである．

　一般化モデルは科学において標準的な種類のモデルであり，高い一般性を示しているという意味ではミニマル・モデルと同様である．しかし，ミニマル・モデルが提示するような新奇性を示さない．個々の詳細なモデルも，古典力学の挙動を一般的に説明するモデルも，どちらも本質的には同様の古典力学的な挙動を説明することができる[54]．このように，一般化モデルは広く用いられる種類のモデルである一方で，共通する特徴があるもののミニマル・モデルが示

[53) ここでの議論はあまり有意味なものではないように思えるかもしれない．しかし，これについてはボーヴィッチを擁護する側に立ったコメントを付け足しておきたい．そもそもバターマンらの議論が，モデルと対象系の間に共通性がないことを強調し過ぎている．確かに，彼らが指摘するように詳細な情報を省くことで現れる性質は存在するが，だからと言って，対象系の情報を全く無視しているわけではない．それにもかかわらず，CFAと全く別の立場としてミニマル・モデルを整理している．もちろん，どちらも部分的には対象系の情報を反映していることは事実であり，CFAと本質的に異なるのかというと議論の余地がある．

54) 細かく見れば，一般化モデルが示す抽象化・理想化された古典力学的な挙動と，リンゴの挙動は完全には一致しないだろう．リンゴの形は様々であり，転がる坂が山道であれば角度も摩擦も一定ではない．一方で，抽象的なモデルは一定の速度を持って物体が斜面を転がるような描像を提示する．この違いは許容範囲に収まっていて，本質的にはどちらも同じ物体の古典力学的性質を表現していると考えられる．もし，この二つのモデルが全く無関係であると主張するならば，物理学において個別的な記述が存在するだけで，一般化された記述が意味をなさない．しかし，そのような理解を徹底するとしたら，ほとんど全ての一般化が意味をなさなくなる．どの程度の違いが新奇性を含意するかというのは事例ごとに定まると考えられる．

す新奇性は現れないのである.

2-4-3　モデル間創発

一般化モデルというモデルの種類を導入することで，ミニマル・モデルが単なる一般化とは異なるということを明らかにした．具体的には詳細なモデルと比較して，新奇な性質を示しうるという点が特徴的である．また，くりこみ群が創発の事例として考えられていることは既に言及した通りである（Batterman 2010a；Morrison 2012）．では，ミニマル・モデルの特徴を通じて，モデル間関係としての創発の定義を与えていこう．

まず，ミニマル・モデルと一般化モデルのどちらにも共通する特徴は頑健性である．どちらのケースでも様々な対象系に共通の性質を高い階層のモデルは示している．この性質は低い階層のモデルの初期条件やパラメーターなどが多少異なっていても，対応する高い階層のモデルが低い階層のモデルが表現している対象系が持つ性質を示すことが可能であるということを意味している．一方で，新奇性についてはミニマル・モデルが示す一般化モデルにはない特徴である．ミニマル・モデルからは，対象系の詳細を記述した低い階層のモデルが示すことができない性質を導くことができる．つまり，低い階層のモデルからは導出不可能な性質を，高い階層のモデルからは導出可能なのである．以上から，モデル間の創発の条件である新奇性と頑健性については次のように定義できる．

頑健性　高い階層のモデルは，境界条件やパラメーターの異なる様々な低い階層のモデルが表現している対象系に共通する性質を示す.

新奇性　この示された性質は，高い階層のモデルからは導出可能である一方で，低い階層のモデルからは導出不可能なものである.

ここでの導出とは，その分野で許される操作・推論のことを指す．つまり，命題間の演繹や数学的に厳密な証明という意味ではなく，例えば2次以上の項を無視するといった近似も含むあくまで科学的実践においてそのモデルから性質を

示すためのプロセスを指し，その意味でネーゲルの「導出可能性」とは異なる．高い階層のモデルのあり方によって「導出」の意味や内容は変わってくる[55]．

この定義における頑健性という条件は，対象系の共有という条件を含意している点も注意しておく．この条件は，無意味な新奇性が現れる事例を排除するために必要である．例えば，マクロ経済学で世界経済を記述するようなモデルから導出される性質は，無機化学の何らかの化合物のモデルからは導出されないという意味で新奇性があるが，これを前述の相転移のような物理学における創発の事例と同列に扱うのは無理があるだろう．このような無意味な（自明に新奇な）事例を排除するためには，二つのモデルが対象系を共有している必要がある．このことによって，ノックスの議論のように単に説明的価値に着目した場合では創発の事例になってしまう事例を排除できる．前述の相互作用のある古典的な二粒子は，その低い階層のモデルが孤立系の二つの粒子のモデルであり，そもそも対象系を共有していない．その意味で，頑健性を通じてこのような反例を排除することができる．

さらに，この定義は，これまでの創発の問題点を回避している．第一に極限に訴えていない．モデルの間の関係に制約を与えておらず，個々のモデルの導出可能性に訴えることでこの問題を回避している．第二に新奇性の実質について明確な基準をひいている．高い階層のモデルから，どのような性質が導出可能なのかという基準は，新奇性の実質を与えるものである．第三に頑健性の条件が対象系の共有という条件を含むことで，創発的ではない事例を除外している．確かに，導出可能性ということだけで，新奇性について完全に曖昧さを排除することはできていない．その点を頑健性の条件を通じて補っている．加えて，新奇性を厳密にしすぎると適用範囲が狭くなりすぎる．

---

55) 前述のとおり，次のような反論はあり得るだろう．くりこみ群の事例においても，いずれは低い階層の詳細なモデルを通じて，臨界現象が説明できるようになるかもしれない．あるいは，現時点での低い階層のモデルが，対象系を十分詳細に表現できていないために，くりこみ群に訴えているに過ぎないかもしれない．このような場合は，もはやくりこみ群は創発の事例ではなくなる．これらの可能性は開かれているが，このことは直ちにくりこみ群の事例を通じた創発の定義を否定するものではない．くりこみ群を通じて定義されているが，この定義自体の妥当性は，くりこみ群が創発であるか否かという論点とは独立である．現時点では，ミクロな詳細なモデルからくりこみ群のような詳細を無視するプロセスを通じて，普遍性という物理的性質を説明するという方針は放棄されていない．そのためくりこみ群を創発の具体例としてみなし，その上で創発を定義することは十分説得的である．

また，本書では事例に基づくボトム＝アップに定義をしていることから，その元となる事例に忠実に定義すると，事例が創発的ではないと判断されたときに，その定義自体も誤りであることになる．創発とされる事例は幅広いことから，導出可能性という概念自体の定義は難しい．そのため，この導出可能性は，その問題となっているモデルの性質，および，分野ごとに文脈的に定まるものであるといえる．つまり，創発かどうかということ自体もまた，文脈的なものとなっている．

2-4-4　創発の事例

次の章で個別の事例を詳しく検討していくが，ここではモデル間の関係として定義された創発を事例に応用することでその概略を示していこう．

事例：量子力学と古典力学

古典力学と量子力学の関係について，ロサラー（Rosaler 2015; 2016; 2019）はモデル間還元が成立するとしている一方で，前述のバターマン（Batterman 2002）やバターフィールド（Butterfield 2011a; 2011b）は創発であると指摘している．このことは哲学の伝統的な定義では問題になるかもしれないが，物理学の哲学では還元と創発は両立するので，直ちに問題にはならない．実際，モデル間還元とモデル間創発は両立しうる．ロサラーが論じているエーレンフェストの定理を通じた量子力学と古典力学の関係を事例として考えよう．

エーレンフェストの定理を用いるための状態として，極小波束の状態を表現する量子力学のモデルを低い階層のモデルとする．すると，古典力学的な挙動を示すモデルが高い階層のモデルになる．では，この低い階層のモデルである量子力学のモデルから，古典力学の性質を導くことができるだろうか．エーレンフェストの定理を用いることで，低い階層のモデルから，高い階層のモデルの性質（古典力学的な性質）と近似的に一致する性質を導くことができる．この近似的な一致があることから，ロサラーはモデル間還元が成立すると主張するのだった．このようにして，古典力学的な性質が量子力学的なモデルから導出

されていると捉えることができることから，一見すると新奇性は存在しないように見える．しかし，エーレンフェストの定理から導出できるのは，近似的に古典力学的な性質であって，古典力学的性質そのものではない．エーレンフェストの定理によって得られる古典力学的性質に近似的に一致する性質を準古典性（quasi-classicality）と呼ぶが，この準古典性は古典性そのものではない[56]．この準古典性から古典性が導けないのであれば，量子力学のモデルと古典力学のモデルの間には新奇性があるといえる．

　一方で，頑健性については次のように考えることができる．波束の中心がある特定の範囲内に収まっていればエーレンフェストの定理を満たし，古典的な性質を示すだろう．波束の中心 X が $x - \epsilon \leq X \leq x + \epsilon$ の範囲に収まっているときには，エーレンフェストの定理によって導かれる準古典的な性質は同一であると考えられる．つまり，ある程度は初期条件が異なっていても，同一の近似的に古典力学的な挙動を示すことができ，頑健性は示されている．

　以上から，エーレンフェストの定理の事例は，量子力学と古典力学の間のモデル間創発も含意するといえるだろう．ロサラーのようにモデル間の関係が確立されれば，理論間の関係が確立されるとすると，モデル間創発が存在するならば，理論間の関係も創発と呼ぶことができることから，この理論間関係は創発であるといえそうである．量子力学と古典力学の関係についてはいくつかのテーマが知られており，また，量子力学の哲学における創発について様々なトピックが知られている．そのため，この事例については次章でより詳しく検討することにする．

事例：デネットのパターン

　デネットのリアル・パターンは創発の代表的な事例だろう（Dennett 1991）．この議論については後述（3-5 節）するが，ここでは簡単にこの事例を考えることで導出可能性によって特徴づけた創発の定義の実質を与える．

　デネットが検討しているライフ・ゲーム（Game of Life）の概要を述べよう．まず，格子があり，格子によって囲われた正方形のマス目，それぞれをセルと

---

[56] この準古典性は第 3 章で検討する．

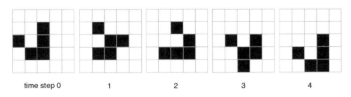

図 2.5 ライフ・ゲームの中で代表的な事例である「グライダー」．時点 0 の状態（初期状態）が図の一番左の形で与えられると，時点 1，2，3 を経るにつれ，状態が遷移していき，時点 4 では，位置こそ違えど同じ初期状態と同じ形が現れる．セルについての 4 つの規則に従い，上記の状態をくりかえしながら，右下の方向に移動していく（Dorin et al. 2012, p. 246）．

呼ぶ．このセルには生きている状態（黒）と死んでいる状態（白）という二つの状態があり，セル同士の相互作用をもとに以下の 4 つのルールに従って状態が遷移する．

1. 生きているセルに隣接する生きているセルが 2 個未満のとき，そのセルは死んでいるセルになる．
2. 生きているセルに隣接する生きているセルが 2 個，または，3 個のとき，そのセルは次の世代も生存する．
3. 生きているセルに隣接する生きているセルが 4 個以上のとき，そのセルは死んでいるセルになる．
4. 死んでいるセルに隣接する生きているセルが丁度 3 個のとき，そのセルは生きているセルになる．

この 4 つのルールのもとで，特定の初期条件では規則的な模様が現れることが知られている．その代表的な例がグライダーである．グライダー（図 2.5）は，初期状態が与えられると 4 つのプロセスをくりかえし，少しずつ格子の右下へと落下していくような規則性を指す．ライフゲームにおいて現れるこのようなパターンはごく単純な規則から現れた規則性であり，適切な初期条件をおかなければこのような規則的なパターンは現れない．

では，このグライダーは創発であろうか．モデル間創発という観点から見るために，二つのモデルを考える必要がある．一つは地道にセル一つ一つに着目して，一つ一つにラベルをつけることで記述するモデルである．この低い階層

のモデルでは，上述 4 つの規則に従って状態が遷移することがわかっている．つまり，対象系を詳細に記述するモデルである．このためには，各セルごとに座標 (x, y) を与え，それぞれの状態について記述することを考えればよい．例えば，$t = 1$ で $(1, 1)$ は白，$(1, 2)$ は黒といった具合に，全てのセルの状態を指定することで系全体の挙動を記述することができる．つまり，初期条件が与えられた際には，4 つのルールに従ってその後の状態は完全に指定することができる．

　ここで次のような高い階層のモデルを考えよう．これは一つ一つのセルに着目するのではなく，全体的にこの系を記述するようなモデルである．つまり，生成のルールを前提せず，ある図形が状態 1 の形から状態 3 の形を経てもとに戻るという変化をくりかえし，その黒いまとまりが徐々に右下へと移動するということを記述したモデルとなる．いうなれば，細かい基礎的な法則に基づく低い階層のモデルと，グライダーという特定のパターンを記述するための現象論的な高い階層のモデルがあると考える．その上で，低い階層の記述からは導出できないが，高い階層からは導出できる性質があるか否かを検討すればよい．

　このことを考えるためにはまず導出の意味を定めなければならない．本書で検討するような物理学の事例であれば，導出はそのモデルから物理学で許容されるような情報を引き出す操作であると考えられる．一方でライフ・ゲームの事例ではそのような明確な理論的背景はないため，何が妥当な導出であるかということは，物理学の事例ほどは明確ではない．ただ，このこと自体は問題ではない．というのも，これは単に導出の意味がモデルの性質に依存するということでしかなく，それ自体は自然なことだろう．例えば，物理学のように数学的に記述できるモデルと，一部の生物学のように必ずしも数学を用いないモデルでは，そのモデルからどのようにして性質を導出するのかということの意味は異なるのは当然である．したがって，創発が成立するかは文脈的だが，その意味はモデルからどのような情報が導かれうるのかということがモデルの性質に依拠しているということである．

　では，ライフ・ゲームの事例において低い階層のモデルからは導出できないような高い階層の性質はあるだろうか．ある特定の状態を周期的にくりかえす

という性質はこの事例の重要な性質であるが，これは低い階層からでも高い階層からでも導くことができる性質だろう．高い階層のモデルで，この性質を示すことは明らかだろう．一方で，低い階層のモデルでも，個々のセルの相対的な座標を定めれば，周期的なパターンが現れることは示され，それはモデル間創発の定義を満たさない．したがって，この性質は創発ではない．

　もちろん，これは周期的にあるパターンがくりかえし現れるという性質が創発ではないと指摘しているにとどまり，ライフ・ゲームという事例全体が創発ではないことを意味していない．特定のモデル（とそのモデルの目的となる性質）が創発を含意するか否かを考える枠組みが，本書で提示しているモデル間創発なので，検討する性質次第ではライフ・ゲームの事例が創発であると言える可能性はある．実際，第3章で再度検討するが，ライフ・ゲームを通じてデネットが提示したリアル・パターンという概念と創発の関連が指摘できる．ここでは，創発についての検討の仕方として，二つのモデルを決定し，そのモデルが示しうる性質の間を比較することで，創発であるかを決定するという枠組みであることが確認できれば十分である．

2-5　まとめ

　哲学の伝統において創発という概念は還元と組み合わされて議論されてきた．一般的な定義として創発や還元は物理学の事例に応用することが難しい，あるいは一般的すぎることから，事例に基づいていくつかの定義が提示されてきた．一方で，これらの定義にも問題があることから，その問題点を解消するような定義が試みられている．特に還元についてはモデル間還元という定義が提示されているものの，創発については十分な検討がなされていなかった．そこで，モデル間の関係として創発を特徴づけるという方針にたち，モデルの科学哲学の知見をもとに創発を定義した．

　ここまでで提示した定義は哲学的には妥当である．というのも，哲学の文脈に則り，その問題点を克服し，その手立ても単なる事例分析ではなくモデルの

科学哲学という一般的な知見を応用することで与えているためである．この定義の結果として，準古典的な性質の重要性や，導出の文脈性など哲学的に重要な点が示唆されているものの，その実質はまだ不明確である．また，この定義が実際に有効であることも示されていない．以下の二つの章で具体的な事例を検討することを通じて，哲学的にも有意味な主張を導くことができるだろう．

第3章

量子力学と古典力学の創発

　この世界の事象は原子，さらに，それを構成する電子のようなミクロな粒子からなっていることを否定する人はいない．物理学における創発の重要性を指摘したアンダーソンであっても，その点については議論の余地はないと考えていた．この世界の構成要素である電子のようなミクロな物体の挙動を説明（支配）しているのが量子力学であり，2020年代の物理学についても最も基本的な理論の一つである．ミクロな領域についての理論である量子力学は，われわれが日常的に接することができるようなマクロな事象を説明している古典力学との対応関係が知られている．古典力学の対象となるような事象も，もちろん，量子力学によって説明される電子などから構成されていることから，両者の間には一種の還元が成り立つことが予想できそうである．実際，前章で紹介したモデル間還元を訴えるロサラーは，量子力学と古典力学の関係をその代表例としている．つまり，量子力学と古典力学の間には対応関係が確立でき，また，量子力学から古典力学的な性質を導くための枠組みも存在している．これは還元を示唆していると言えそうである．しかし，一方で，ロサラーの定義はあくまで近似的な一致が認められることを指摘したに過ぎず，これは古典力学が前章で定義したような意味での創発であることを否定するものでない．また，そもそも創発と還元が両立可能であるという立場が存在し，前章の定義は還元とは独立に定義している以上，両立可能性はあるだろう．このような前提のもとで，量子力学と古典力学を結びつける枠組みについて検討し，古典力学が創発か否かという問いに取り組むのが本章の目的の一つである．

　量子力学は物理学の哲学における主要な三つのテーマの一つである（Rickles 2016）．この量子力学の哲学における代表的なテーマの中でも，量子力学の解釈

問題という，量子力学の実験結果と経験的世界を整合的に理解し，量子力学が
提示する世界像を明確にするという問題が知られている．つまり，量子力学の
解釈は，この世界がどのような有様であるかを明らかにし，また量子力学が記
述するミクロな領域と，古典力学が記述するマクロな領域の間の関係を確立す
ることが目的の一部に含まれている．そのため，解釈問題においても古典力学
と量子力学の関係を考えることは重要な問題であり，実際，本章で検討する量
子力学の代表的な解釈は古典力学や日常的な事象との関係に取り組んできた．
特に，多世界解釈という立場では，実際に古典力学が創発であるという主張が
展開されており，注目に値する．

　本章は，まず，解釈という哲学的な問題とは独立した主題として量子力学と
古典力学の関係について考える．特に，還元とみなすことができる理由につい
て整理した上で，創発・還元と関連する代表的なテーマについて検討する．そ
の後，量子力学の解釈問題とは何かということについて整理した上で，代表的
な解釈である GRW 理論，ボーム力学，多世界解釈のそれぞれについて，古典
力学を創発とみなすことができるか否かについて検討する．

　先に結論を書くことで，読み進める上でのヒントとなれば幸いである．まず，
解釈とは独立に展開されている量子力学と古典力学の関係については以下のよ
うなことを論じている．エーレンフェストの定理に代表される量子力学と古典
力学を対応づけるような方法は一般論として，量子力学から古典力学を導いて
いるわけではないということである．現れるのは準古典性（quasi-classicality）
であって，この性質を古典力学と同一視して良いのかということが重要である．
実践の上では同一視して良いわけだが，存在論として，つまりこの世界の有様
について考えるのであれば区別するべきだろう．また，量子力学の解釈として
特に検討するのは GRW 理論，ボーム力学，多世界解釈である．これらの解釈
でも，古典力学との関係は検討されてきた．それぞれの解釈の存在論に着目す
ると，多世界解釈の方が一貫性があるということを示すことができる[1]．

---

[1] ただし，これは「存在論」の中でも古典力学との関係という側面に限った話であって，全体として多世界解
釈が優れているということを主張するわけではない．

3-1　モデル間還元

　前章でも紹介したように量子力学と古典力学の関係をモデル間還元として捉えるロサラー（Rosaler 2015; 2016; 2019）の議論を再整理することで，この事例がどのような意味で還元と呼ばれているのかを整理していこう．ロサラーはモデル間還元として，高い階層の力学的理論としての古典力学と，対応する低い階層の理論としての量子力学の関係を考える[2]．この二つの理論から得られるモデル同士を結びつけるための**準古典性（quasi-classicality）**は次のように特徴づけられる（Rosaler 2016, p. 57）．

準古典性　問題となっている系は位置と運動量について同時に確定的，ないし，近似的に確定的な値を持つ．

この性質に加えて，準古典性を示す対象が示すと期待されるその他の性質として以下のものが挙げられている．

分離可能性　古典的な挙動を示す系の状態は，個々の部分系の状態によってある程度は完全に決定できる．

客観性　環境（観測者を含むような対象系の外側）の部分系は，対象系が示す位置や運動量についての準古典性と対応している．つまり，対象系が準古典性を示すと，それに応じて外部系の状態も同じ準古典的な性質を示すということである．例えば，対象系の準古典的な性質を，何らかの手段で観測することができる（観測機器の一部が対象系と同じ準古典的な性質を示す）ということを想定すればよい．

古典的運動方程式に従う　準古典的な量子的軌道は，適切な時間スケールと一定の誤差の範囲内では，古典的な運動方程式の解と近似的に一致しなければならない．

---

[2] この論文（Rosaler 2016）では，力学的な理論と統計的な理論としての量子力学との関係としてモデル間還元が定義されているが，モデル間還元というアイディア自体についてこの点は問題にならない．また，デコヒーレンス・ヒストリーを事例として解釈とは中立に量子力学から準古典的性質を導出することができると主張している．この事例については内容の煩雑さに比べて議論に寄与しないため，本書では扱わない．

ここでの「環境」とは，観測者を含むような対象系以外の系全体を指している．これらの性質は量子力学のモデルから導出することができるとロサラーは指摘する．いいかえると，量子力学によって与えられるモデルによって表現されるような対象は，古典力学的な事象と近似的に同じ挙動を示す．近似的に一致しているのであれば，そのモデルの間には局所的還元が成り立つのであった．したがって，量子力学と古典力学の関係は，少なくとも近似的には還元であるといえる．

　ロサラーのモデル間還元の基準では，二つの階層のモデルの関係を比較し，そのモデルが示す系の挙動が近似的一致であれば還元が成り立つ．この定義は実際に「古典力学が量子力学に還元できる」と主張した時の実質を明らかにするためのもので，その意味で彼の議論は記述的なものである．そのため，なぜ還元が成り立つのかについては説明されていない．また，この定義で重要なのは，低い階層のモデルから導かれる性質が，高い階層のモデルから得られる性質と「近似的に」一致すればいいという点である．量子力学と古典力学の例では，古典的な性質ではなく，準古典的な性質が導かれれば，還元の条件を満たすことができるというものである．

　もちろん，近似的に一致しているだけで古典力学が量子力学に還元されるわけではないという反論は存在する．実際，ファインツァイク（Feintzeig 2022）は，「古典力学が量子力学に理論的に還元できる」ということには，「単に予測が近似的に一致している」ということ以上のものが必要であると指摘する．理論間の還元に必要なのは，古典力学という理論的な枠組みを用いて様々な現象の予測が可能であるという現在の状況を，量子力学によって説明し尽くすことにあるという．つまり，特定の状態を考えず，抽象的な理論的な構造だけを考えて量子力学と古典力学の関係が確立できたときに初めて，この理論間関係は還元といえるというのがファインツァイクの主張である．ただし，この点は未だに論争的である．ここでは，ロサラーが指摘したように少なくとも記述的な意味では還元が成り立っていると考えられていることだけを確認しておく[3]．

---

　3) ファインツァイクによれば，具体的には，以下の三つの問いに答えることが，量子力学と古典力学（古典物理学）の関係が，近似的な関係ではなく，より厳密な意味で理論間還元であるために必要であるという（Feintzeig

3-2 解釈に依存しない創発

　量子力学と古典力学の関係が還元的であると考えられている一方で，物理学の哲学者たちはこの事例での創発的な側面について指摘してきた．特に量子力学の哲学と創発という関係でいうと，後述する解釈問題との関連が深いが，解釈とは独立に創発か否かについての議論がある．そこで，この節では解釈からは中立的な量子力学と古典力学の関係について検討していこう．具体的には，エンタングルメントやエーレンフェストの定理について検討することになる．

3-2-1 非局所性

　本章の主題は量子力学からの古典力学の創発ではあるが，この小節では量子力学内部における創発の議論として代表的な主題である非局所性について扱う．エンタングルした状態（entangled state）は量子力学に特徴的な性質である**非局所性**を示すことから，創発という文脈でも検討されてきた（Krnoz and Tiehen 2002; Hüttemann 2005; Butterfield 2011a; 2011b; Humphreys 2019）．まず，非局所性とは，以下のような局所性を満たさない現象の示す性質を指す．

　局所性原理：

　1つの系に属する実在の諸要素は，他の系に対して「遠く隔って」（at a distance）なされた測定によって，影響されえない（Redhead 1987 [1997], p. 75 [p. 83]）．

2022, sec. 4）．(1) なぜ，古典物理学的な量が位相空間上の関数として表現できるように構造化されているのか？また，なぜ，古典物理学的な状態が，位相空間上の点ないし確率測度として表現できるように構造化されているのか？(2) なぜ，古典物理学的な量はポアソン括弧という構造を持つのか？(3) なぜ，古典物理学はハミルトン力学に従うのか？　これらの三つの問いに量子力学の理論的構造だけを用いて答えることを，ファインツァイクは量子力学と古典力学の理論間還元の条件として要請している．これらの問いは重要ではあるが，この問いに対する答えがなくとも，「古典力学は量子力学に還元できる」という立場は存在する．また，多くの物理学者たちは必ずしもこのような課題に頭を悩ますことなく，量子力学と古典力学の関係を捉えているように見える．だからこそ実践に基づくという方針に立つことで，モデルが示す性質の近似的な一致によって還元とみなすというロサラーのアイディアが提案されたともいえる．

エンタングルした状態の示すこの非局所性は，その構成要素であるそれぞれの電子自体には還元されない性質であるために創発であると指摘されてきた．二つの粒子からなる次のような状態，いわゆるシングレット状態を考えよう．

$$|\psi\rangle = \frac{1}{\sqrt{2}}(|+_x\rangle_1 \otimes |-_x\rangle_2 - |-_x\rangle_1 \otimes |+_x\rangle_2) \tag{3.1}$$

ただし，$|\cdot\rangle_i$ はケットベクトルと呼ばれるもので，ここでは粒子 i の状態を表現し，例えば $|+_x\rangle$ は x 方向のスピンの固有状態を表す．また，このケットベクトル $|\pm_x\rangle$ は，どちらの粒子もベクトルの内積（$\langle\cdot|\cdot\rangle$ と表す）について次の条件

$$\langle +_x|+_x\rangle = \langle -_x|-_x\rangle = 1$$
$$\langle +_x|-_x\rangle = \langle -_x|+_x\rangle = 0$$

を満たすとしよう．このようなエンタングルした状態は非局所性や分離不可能性を示すことで知られる[4]．確かに，この性質は部分系に還元することはできない．バターフィールド（Butterfield 2011b）はこのエンタングルした状態が示す分離不可能性は，部分となる粒子を単に集めただけでは現れない頑健で新奇な性質であると指摘し，分離不可能性・非局所性は創発であると指摘する．確かに，エンタングルした状態が示すこれらの性質は，新奇で特別な性質であろう．

　しかし，系全体が示す性質，つまり全体系の性質というのは，個々の粒子の状態である $|+_x\rangle_1$ や $|-_x\rangle_2$ に還元することはできないものが含まれるが，これ自体は決してエンタングルした状態に固有のものではない．既に指摘している通り，二つの粒子が相互作用している系を考えたときに，その相互作用は個々の粒子に還元できる性質ではない．このような事実だけで創発として認めてしまえば，複数の粒子からなる系は直ちに創発の事例となってしまうだろう．

　また，前章で与えたモデル間関係としての創発の定義から見てもこれは創発ではない．本書でのモデル間創発の定義では，高い階層のモデル M_h と低い階層のモデル M_l が，同じ対象を記述しているという条件がある．この定義を基に考えると，エンタングルした状態全体を表現するモデルを M_h としたとき，M_l

---

[4] 分離不可能性の詳細は，量子力学の哲学の代表的な教科書（Redhead 1987[1997]; Bub 1999; Maudlin 2019; Barrett 2019）を参照.

に対応するのは二つの粒子それぞれを個別的に記述し，両者がエンタングルしている状態になる．この場合，そもそも M_h が示す新奇性は存在しない．というのも，M_l も M_h と同様にエンタングルした状態を表現しているため，非局所性や分離不可能性といった性質を示すためである．あるいは，M_h が新奇性を示すためには，M_l を二つの電子がエンタングルしていない状態だと考えればよいとする人もいるだろう．しかし，この場合にはそもそも二つのモデルは対象系を共有しておらず，この二つを比較することで，創発と認めることはできない．このことから，エンタングルした状態が示す非局所性や分離不可能性は創発を含意するような新奇な性質ではない．

　一方で，エンタングルした状態が示す非局所性は特徴的であることは事実だろう[5]．その特徴を理解するために，ヒーリー（Healey 1989; 1991）は**全体論 (holism)** という概念でエンタングルした状態を理解しようとする．ある状態が還元できない性質を示したときに，その状態を全体論的状態であるとヒーリーは考える．ここでの「還元できる性質」とは，別の性質によって確定させることができる性質を指す．もし，別の性質によって確定させることができなければ，それは還元できない性質である．確かに，エンタングルした状態という全体が示す非局所性や分離不可能性といった性質は，その部分である粒子 1 や 2 の性質だけからは決定できないような還元できない性質である．このようにして，創発という概念を用いずともエンタングルした状態の特徴を明らかにすることができる．

　話が逸れたが，エンタングルした状態は確かに量子力学に特有な性質である非局所性を示していることは疑いない．しかし，この性質を創発的として考えるとすると，対照される低い階層のモデルはエンタングルした状態ではあってはならないにもかかわらず，同じ状態を表現しているモデルである．これは現時点では実現不可能な要請であり（もちろん将来的にそのようなモデルを与えることが可能になるかもしれないが），その意味でエンタングルした状態が示す

---

[5] 量子力学の哲学どころか，物理学全体において最も重要な性質の一つであることは，エンタングルした状態が示す非局所性に関わる実験的検証などへの貢献に対して，2022 年にノーベル物理学賞が贈られていることからも明らかであろう．

90

性質は創発の事例ではない.

3-2-2　エーレンフェストの定理

　量子力学と古典力学という理論間の関係を与える伝統的で代表的な事例は,エーレンフェストの定理である. エーレンフェストの定理は量子力学の形式から古典力学の運動方程式に似た式を導出する. 一見すると量子力学から古典力学を導出する定理に見えるが, 導出が成り立つと言えるのは特定の量子状態に限られている. そのため, エーレンフェストの定理によって, 簡単に古典力学が量子力学に還元しているとは言い難い. このことを創発という観点から分析していこう[6].

　まずは, エーレンフェストの定理の概略を説明する. $\hat{P}$ を運動量の演算子, V をポテンシャル, $\hat{X}$ を粒子の位置の演算子としよう[7]. 質量 m の量子力学的な粒子が, ポテンシャル $V(x)$ の中を運動している状況を表すハミルトニアンを $\hat{H} = (\hat{P}^2/2m) + V(\hat{X})$ とする[8]. このとき, エーレンフェストの定理は

$$m\frac{d^2}{dt^2}\langle\hat{X}\rangle = -\langle\nabla V(\hat{X})\rangle \tag{3.2}$$

と与えられる. 左辺は位置の期待値の時間二階微分と質量 m の積であり, 右辺はポテンシャルを空間微分して得られる関数にマイナスをつけたもの (力に対応) に, 位置演算子を代入し, 期待値をとったものになっている. 一方で, ポテンシャル $V(x)$ の古典力学の運動方程式は

$$m\frac{d^2}{dt^2}x = -\nabla V(x) \tag{3.3}$$

である. 左辺が位置について時間の二階微分と質量 m の積になっており, 右辺

---

　[6] 本小節でのエーレンフェストの定理の説明は, 主に, 首藤 (2011), 猪木・川合 (1994), 近藤 (2023a; 2023b) などを参考に整理している.

　[7] 量子力学や物理学をよく知らない人は次のように理解すれば十分だろう. つまり, 量子力学の言葉で運動量とエネルギーという物理的な性質を表現する際に, 演算子を用いて $\hat{P}$ や V という記号を使うということを宣言しているのがこの一文である.

　[8] ハミルトニアンを聞いたことがない人は, ある事象の振る舞いを特徴づけるものと考えればよい. ポテンシャルも同様にある種のエネルギーだと捉えればよい.

第 3 章 量子力学と古典力学の創発 91

がポテンシャルの空間微分になっている．細かい内容がわからなくても，見比べてみれば，この二式が似ていることはわかるだろう．ただ，前者（式（3.2））の量子的な式は期待値間の関係であるのに対して，後者（式（3.3））の古典的な式は物理量同士の関係という意味で二つは異なっている．そのため，両者を同一視することができない．この二式を同一視するためには，

$$\langle \nabla V(\hat{X}) \rangle = \nabla V(x = \langle \hat{X} \rangle) \tag{3.4}$$

が成り立てばいい．量子的な対象は粒子であっても，波のような性質を持つ．その量子的な対象の状態を $|\psi\rangle$ としたとき，この $|\psi\rangle$ が波束を表現しているとしよう．この $|\psi\rangle$ について，ポテンシャル V の長さのスケールと比較したときに，その幅が狭い場合に，

$$\frac{d\langle \hat{P} \rangle}{dt} \sim - \left. \frac{\partial V(X)}{\partial X} \right|_{\langle \hat{X} \rangle} \tag{3.5}$$

が成り立つ（ここでは $d\langle \hat{X} \rangle / dt = \langle \hat{P} \rangle / m$ である）．では，これによって古典力学の運動方程式は量子力学の運動方程式に還元できたといえるだろうか？

　その答えは否定的である．ランズマンが「エーレンフェストの定理は古典的挙動を示すのには決して十分ではない．なぜなら，$\langle \hat{X} \rangle$ が質点のように振る舞うことを全く保証していないからである」（Landsman 2007, p. 476）と指摘するように，式（3.2）単独では，古典力学との関係を示さない．同様に，ハートル（Hartle 2011）も，エーレンフェストの定理が古典力学的な挙動の導出として十分ではない理由を二つ挙げている．第一に，これは期待値の関係に過ぎないという問題がある．エーレンフェストの定理を用いても，月が示す軌道についてわかるのは，さまざまな軌道の可能性の中でニュートン力学的な軌道が最も確率が高いということに過ぎない．初期条件が与えられたときに，可能性が高いものを指摘しているというだけでは，量子力学の時間発展の方程式が古典力学の運動方程式と同じ意味で古典力学的とはいえないだろう．第二に，エーレンフェストの定理は観測結果についてのものであることが挙げられている．量子力学的な観測結果が近似的に古典力学的なものに一致していることが示される

だけで，古典力学全体が示されたとはいえない．特定の条件下において，量子力学と古典力学の両者の運動方程式の間に対応関係を見出すことができる可能性があるということしか示されていない．つまり，検討している量子状態 $|\psi\rangle$ に「波束の幅が狭い」といった保証があるときに，エーレンフェストの定理は古典力学と量子力学の関係を与えることができるというだけであり，一般的に古典力学の性質が量子力学から導出されたわけではない．

そもそも量子力学と古典力学の一般的な関係は，古典力学のポアソン括弧と量子力学の交換子の間に対応関係があると考えることで確立できるというのが教科書的な説明だろう．このことは量子力学と古典力学の関係についてどのような理解を与えるだろうか．量子力学における交換子とは，二つの物理量を表現するような演算子 $\hat{A}$ と $\hat{B}$ に対して，以下のような関係が成り立つ括弧 $\left[\hat{A}, \hat{B}\right]$ である．

$$\left[\hat{A}, \hat{B}\right] = \hat{A}\hat{B} - \hat{B}\hat{A}. \tag{3.6}$$

この交換関係を用いて，あるハミルトニアン $\hat{H}$ を考え，何らかの時間に依存する物理量を表現しているような演算子を $\hat{A}$ としたときに，運動方程式は次のように与えることができる．

$$\frac{d\hat{A}}{dt} = \frac{1}{i\hbar}\left[\hat{A}, \hat{H}\right]. \tag{3.7}$$

これはつまり，交換関係によって，ある物理量 $\hat{A}$ の時間発展を表現できるということである．一方で，古典力学で重要なのはポアソン括弧と呼ばれるものである．ポアソン括弧の説明の準備として，正準共役量 $\{p^k\}, \{q^k\}$ $(k = 1, \cdots K)$ の説明をしよう．ここで，p と q についている上付きの添字 k はべき乗ではなくラベルであることを注意してほしい．ある系の状態を指定するハミルトニアン H に対して，解析力学におけるこの正準共役量は

$$\frac{dq^k}{dt} = \frac{\partial H}{\partial p^k}, \quad \frac{dp^k}{dt} = -\frac{\partial H}{\partial q^k} \quad (k = 1, \cdots, K) \tag{3.8}$$

を満たす．さらに，ある関数 f, g に対してそれぞれの正準共役量 $\{p^k\}, \{q^k\}$ を用いて，ポアソン括弧 $\{f, g\}$ は，

$$\{f, g\} \equiv \sum_{k=1}^{K} \left(\frac{\partial f}{\partial q^k} \frac{\partial g}{\partial p^k} - \frac{\partial f}{\partial p^k} \frac{\partial g}{\partial q^k} \right) \equiv -\{g, f\} \tag{3.9}$$

と定義される．量子力学と同様にして，このポアソン括弧 $\{A, H\}$ を用いると，古典力学の運動方程式も

$$\frac{dA}{dt} = \{A, H\} \tag{3.10}$$

と与えられる．この交換関係で表された量子力学の運動方程式とポアソン括弧で表された古典力学の運動方程式を比較すると，古典力学のポアソン括弧 $\{\cdot\}$ を量子力学の交換関係 $\frac{1}{i\hbar}[\cdot]$ と置き換えることができれば，量子力学と古典力学の間の対応関係を与えることができそうである．ここで $\hbar$ について説明しよう．これはプランク定数 h（SI 単位系では $h = 6.62607015 \times 10^{-34}$ J·s）を 2π で割ったものである．量子力学において，作用量という「エネルギー × 時間」（ないし「長さ × 運動量」）という次元（単位）の物理量が，最小単位であるこのプランク定数の整数倍を取ることが知られている．一方で，古典力学は同じく作用量が連続的な値を取る．そこで，このプランク定数 $\hbar$ の寄与が小さければ，連続になると期待される．つまり，$\hbar \to 0$ のような操作によって，

$$\frac{1}{i\hbar} \left[\hat{A}, \hat{B} \right] \xrightarrow[\hbar \to 0]{} \{A, B\} \tag{3.11}$$

という関係が得られれば，量子力学と古典力学の間に対応関係を得ることができる[9]．

　だが，この対応関係が直ちに還元を意味するわけではない．エーレンフェストの定理の事例と同様に二つの式 (3.7)(3.10) をよく見比べてみれば，式 (3.11) 左辺は量子力学的な物理量を表現する演算子の関係である．一方で，右辺は古典力学的な物理量同士の関係になっている．量子力学的な量を表す演算子と，古典力学的な量を表す変数の関係を与えなければならない．つまり，$\hbar \to 0$ という近似をとるだけでは直ちに式 (3.11) が成り立つことが保証されていない

---

[9] 逆向き，つまり，物理量を対応する演算子に置き換えて，ポアソン括弧を交換子に置き換えるのは，量子化法の一種で特に正準量子化と呼ばれる．しかし，ここで考えたいのは量子力学から古典力学を導くことができるのかということである．

ということであり，ランズマンの指摘に戻ってくる．そこで，単に抽象的に対応を考えるだけでなく，任意の時刻 t における量子力学の波動関数 $\psi(x,t)$ が次の関係を満たすかどうかを確かめる必要がある（首藤 2011, p. 22）．

$$\lim_{\hbar \to 0} \frac{1}{i\hbar} \left[\hat{A}, \hat{B} \right] \psi(x,t) = \{A, B\} \psi(x,t). \tag{3.12}$$

具体的な状態をもとに検討していこう．

エーレンフェストの定理を思い出すと，式（3.5）は幅の狭い波束という特定の状態について古典的な性質と量子的な性質を結びつけているのであった．では，同様にして幅の狭い波束を例として考えると，これは以下のように表現される．

$$\psi_{x_0 p_0}(x,0) = (2\pi(\Delta x)^2)^{-\frac{1}{4}} \exp\left[\frac{i}{\hbar} p_0 x - \frac{(x-x_0)^2}{4(\Delta x)^2} \right] \tag{3.13}$$

$$\left(\Delta x \Delta p = \frac{\hbar}{2} \right)$$

ここで x_0 と p_0 は位置，及び運動量の中央値である．この波束は式（3.5）が示すような古典力学的な挙動に極めて近い振る舞いを示すはずだろう．この波束について，ある時点 $t = 0$ において，以下が成り立つ．

$$\lim_{\hbar \to 0} [\hat{x}\psi(x,0) - x_0\psi(x,0)] = 0, \tag{3.14}$$

$$\lim_{\hbar \to 0} [\hat{p}\psi(x,0) - p_0\psi(x,0)] = 0. \tag{3.15}$$

この式は $\hbar \to 0$ という極限において，量子的な状態と古典的な状態が近似的には一致することを示している．しかし，これは狭い波束の中心の初期状態を古典的な状態としてみなすことができるということだけで，話の半分でしかない．残りの半分は，実際にこの状態が古典力学的な挙動を示すことを示す必要があり，したがって，時間発展を検討しなければならない．

ここで，そのポテンシャル V を

$$V(x) = \frac{1}{2} smw^2 x^2 + \frac{1}{4}\gamma x^4, \tag{3.16}$$

としよう．右辺の第一項は調和振動子であり，w は振動数で，s はポテンシャ

ルの性質の変化を表現するようなパラメーターである．第二項は非調和項で，γ はその寄与を与える値である．ここで波束の位置と運動量が十分に局在していると考えると，量子的な性質の期待値を近似的に古典的な物理量に置き換えることができる．特に，$s = 1$ で $\gamma = 0$（つまり，調和振動子）のとき，この置き換えが可能であり，波束の中心は厳密に古典的な振る舞いを示す[10]．あるいは，$s = 0$ で $\gamma = 0$（つまり自由粒子）のときも，中心は古典自由粒子と同じように振る舞う．

さて，エーレンフェストの定理によって，上述のように古典力学的な性質を示す状態は，$V(x)$ がさほど大きく変化しないような状態である．このことから一般に，$V(x)$ の変化が緩やかであれば，その波束の中心の運動は，古典的粒子と一致するということを示そう．まず，

$$\langle \nabla V(\hat{x}) \rangle = \int \psi_{x_0 p_0}^* [\nabla V(x)] \psi_{x_0 p_0} d^3 x$$
$$= \int |\psi_{x_0 p_0}|^2 [\nabla V(x)] d^3 x \tag{3.17}$$

と書き換える．ここで $\psi_{x_0 p_0}$ は上で定義したような十分に局在している波束である．$V(x)$ の変化が緩やかであることから，$|\psi_{x_0 p_0}|^2$ が 0 ではない領域では，$V(x)$ は一定であるとみなそう．つまり，$x = \langle x \rangle$ を中心とする領域では，$\nabla V(x = \langle x \rangle)$ も一定なので，積分の外に出せる．ψ は規格化されているので残りの積分は 1 である．したがって，十分に局在した波束に対しては，

$$\langle \nabla V(\hat{x}) \rangle = \nabla V(x = \langle \hat{x} \rangle) \tag{3.18}$$

が成り立つ．これが成り立つならば，量子力学的な運動方程式と古典力学的な運動方程式が同一視できる．つまり，ある特定の量子状態の時間発展は，古典力学の運動方程式に従うことをエーレンフェストの定理は示しているといえる．ここで，この議論は古典力学と量子力学の理論という抽象的な数学的構造の話から，具体的な対象系を表現したモデルの話になっていることに注意したい．

この事例をモデル間の関係として捉えると次のようになる．まず，高い階層

---

[10] 首藤 2011, p. 31.

のモデルは古典力学的な質点のモデルである．いうまでもなく，このモデルは古典力学的な運動方程式に従う質点の軌道を示す．一方で，低い階層のモデルを，例えば特に制限をかけずに量子力学的な状態（波束）を想定してしまうと，エーレンフェストの定理は単に期待値が古典力学に似た挙動を示すというだけに留まる．さらに，その波束と質点は同じ対象系を表現していると考えることができないことから，これはそもそも比較の対象にならない．

　低い階層のモデルとして十分に狭い波束を捉えるとどうだろうか．その頂点が古典的な運動方程式に従うということが示されているが，これはあくまで近似的な一致に過ぎないということは注意すべきであろう．十分に局在した波束の中心だけを問題にし，残りの要素は無視することで，古典的な運動方程式と一致していることが示されているに留まる．つまり，波束全体が古典力学の運動方程式に厳密に従っている訳ではない．だからこそ，エーレンフェストの定理が示すことができるのは「初期の波動関数が狭い波束であるときには，その波束はニュートンの法則 $F = ma$ に近似的に従って動く」（Allori and Zanghì 2009, p. 21）と指摘されている．

　ここで，「古典力学に従う」ということと「近似的に古典力学に従う」ということは区別する．エーレンフェストの定理の事例でいうと，低い階層の量子的なモデルが表現する波束の頂点が，古典力学的な挙動を示すことは与えられている一方で，それ以外の部分の挙動は古典的なものとは限らない．物理学の実践では，中心以外の性質は無視するという理想化を通じて，例えば自由粒子の状態にある電子を古典力学の運動方程式を使って記述してもいいことになる．波束の中心以外の要素を無視していいのは，寄与が大きくないから，あるいは（その時点での分解能では）観察されないからということであって，存在しないからではない．本来は存在しているはずの要素であるが，無視しているだけで，狭い波束が示すのは古典力学に近似的に一致する挙動であると考えるべきなのである．すると，低い階層のモデルから現れる古典力学に似た性質と，高い階層のモデルから得られる古典力学の性質を比較すれば，一種の新奇性があるともいえるだろう．つまり，古典力学的な挙動それ自体は，波束からは得られない性質のはずであり，その意味で新奇性があることから，このケースは創発で

第 3 章　量子力学と古典力学の創発　97

ある[11]．一方で，ロサラーはこの準古典的な方程式と古典的な方程式に従う時間発展の二つの軌跡の間には近似的な一致があることを指摘することで，二つのモデルの間に局所的還元が成り立つと指摘しているのだった．この意味で，エーレンフェストの定理は創発と還元の両方の性質を表現していると考えることができる．

3-2-3　デコヒーレンス

上では特に閉じた系でのエーレンフェストの定理について検討したが，古典力学と量子力学の関係というテーマにおいて，既に簡単に触れたように量子力学の哲学ではよく検討されるデコヒーレンス（decoherence）についても検討しよう．デコヒーレンスは大雑把にいうと対象となる量子力学的な系と，その外部の系（環境系）との相互作用を通じて量子的な干渉性（コヒーレンス，coherence）という性質が失われるような現象を指す（de + coherence）．もう少し正確にいうと，環境系が対象系とエンタングルすることで，干渉性が崩壊するという現象をデコヒーレンスと呼ぶ[12]．量子的な効果を消すことができるということは，古典力学的な性質が得られるということなのだろうか．まずは，デコヒーレンスの歴史と概略について説明し，その後，この枠組みで古典力学的な性質は創発的か否かを検討しよう．

デコヒーレンスというアイディアを提案・発展させてきたゼー（Zeh 2007a）は自身の貢献を整理することで，このアイディアの歴史的な経緯を論じている．彼自身が振り返るところによれば，デコヒーレンスという言葉自体は用いられていないものの，その基本的なアイディアは彼自身の論文（Zeh 1970）に由来すると主張する[13]．ただ 1970 年代はデコヒーレンスというアイディア自体は

---

[11] また，なぜ無視して良いのかというのは量子力学から内在的には定まらないというのも重要な特徴であろう．あえて言えば，なぜ無視していいのかというと，古典力学との対応を考えるのに都合が良いからということになる．

[12] 厳密には，環境系との相互作用がなくとも，干渉性がなくなればデコヒーレンスである．本書では，特に環境系との相互作用によるデコヒーレンス（Environment Induced Decoherence）について検討する．環境系によってもたらされているわけではないケースについては，例えば乱雑化によるものが近藤によって紹介されている（近藤 2023b, p. 611）．

[13] 対象系が環境系と相互作用するということに着目したのはゼーが最初ではない．例えば，ファインマンと

顧みられることがなく，80 年代の初め頃にズーレック（Zurek 1981; 1982）が環境系と対象系の相互作用についての議論を発展させた．その後，1991 年に雑誌 Physics Today で，ズーレック自身がデコヒーレンスのアイディアをより広い分野の研究者に紹介することで知名度を獲得していったという（Zurek 1991）[14]．

1980 年代のズーレックの検討を踏まえてゼーはジョースと共に（Joos and Zeh 1985）デコヒーレンスというアイディアを展開した．まず，彼らは重ね合わせの原理が二つの問題を引き起こすと指摘する[15]．一つが超選択則であり，もう一つが非局所性である．これらの問題の背景には，重ね合わせによって干渉性が現れることがあると指摘する．その上で「マクロな系のミクロな挙動は力学的に，その環境から影響を受け」（Joos and Zeh 1985, p. 241），特にある特定の状態では位相関係（干渉性）が破壊されることで重ね合わせから生じる問題を解消すると主張する．ただし，デコヒーレンスは重ね合わせから生じる諸問題を彼らが企図したように解決するわけではない．さらに，この現象によって古典的な性質が量子力学から現れる（創発する）と主張している．果たして，デコヒーレンスによって古典力学が現れるのだろうか？

そのことを見るために，デコヒーレンスの概略を説明しよう．ジョース（Joos 2006）は次のような重ね合わせ状態を考える．

$$|\psi\rangle = c_1|A\rangle + c_2|B\rangle, \tag{3.19}$$

それぞれの状態は基底のベクトルで表現されているとしよう（ただし，$\langle\psi|\psi\rangle = 1$）．また，$|A\rangle$ と $|B\rangle$ は物理量（オブザーバブル）$\hat{O}$ の固有状態で，それぞれの固有値が a と b であるとしよう．このオブザーバブルについて $|\psi\rangle$ を観測すると，量子力学では，ボルン・ルールにより，$\hat{O}$ を観測したときに得られる結果の期待値は，

ヴェルノンは外部系と対象系の相互作用について検討している（Feynman and Vernon 1963）．

[14] この紹介論文は 2003 年に修正されたバージョンが公開されている（Zurek 2003）．

[15] 量子力学では状態をヒルベルト空間上のベクトルで表現することができる．状態を表現しているベクトルを状態ベクトルと呼ぶが，二つの状態ベクトルの線型結合（大雑把にいえば和）をとって，いわば「中間のベクトル」を作ることができる（清水 2004, p. 66）．これを重ね合わせの原理という．解釈問題とも関連するが，この原理をマクロな対象に適用すると我々の直感や経験と反する性質が現れる．例えば，猫が生きている状態と死んでいる状態の中間の状態であるということの意味は明確ではないし，日常的にマクロな対象の重ね合わせを経験することはないだろう．

$$\langle\psi|\hat{O}|\psi\rangle = \langle A|\hat{O}|A\rangle + \langle B|\hat{O}|B\rangle + \langle A|\hat{O}|B\rangle + \langle B|\hat{O}|A\rangle$$

$$= a^2 + b^2 + b\langle A|B\rangle + a\langle B|A\rangle \tag{3.20}$$

となる. 右辺の最初の二項は, 観測結果の確率を現している. 後の二項 $b\langle A|B\rangle$ と $a\langle B|A\rangle$ が干渉効果を表現しており, ここでの物理量 $\hat{O}$ に対する測定においては無関係な要素である. にもかかわらず, このような項が現れており, なぜ観測に関してこれらの項が無関係なのかを説明するのがデコヒーレンスである. いいかえると, デコヒーレンスは干渉性が消去される現象である. 環境系のヒルベルト空間（$\mathcal{H}_E$）に対して, 環境系 $|\psi\rangle_E \in \mathcal{H}_E$ から影響を受けて, 上述の状態は, 図式的には次のようになる.

$$\left(a^2 + b^2 + b\langle A|B\rangle + a\langle B|A\rangle\right) \xrightarrow[|\psi\rangle_E\text{の効果}]{} a^2 + b^2.$$

外部系である環境系と合わさることで, 元々の系にはあった干渉効果の項がなくなっている. このように考えれば, 量子的な系からみれば大きな外部系である観測者との相互作用を通じて, 我々が干渉効果を観察しないということが説明できる. しかし, このような作用は測定結果の曖昧性についての問題を解消しない. つまり, デコヒーレンスは, 二つの観測結果のうちどちらが実現するかについての説明を与えない. その意味で, 重ね合わせの状態を我々が観測しないことに起因する問題である解釈問題について, デコヒーレンスは解決を与えるものではない[16].

さらに詳細にデコヒーレンスという図式を通じて説明していこう[17]. シュロスハウアー（Schlosshauer 2008）はデコヒーレンス自体のさまざまな形式を検討し, さらにそれにまつわる哲学的な問題を網羅的に検討している. 以下, 彼のデコヒーレンスの説明と議論を翻訳しつつ整理していく[18]. ある対象系 $\mathcal{S}$ に二つの基底 $|0\rangle, |1\rangle$ があるとして, 環境系 $\mathcal{E}$ の基底を N 個の二つの状態のセット $|\uparrow\rangle_i, |\downarrow\rangle_i \ (i = 1, \cdots, N)$ としよう. 全体系であるこの対象系と環境系の合成

---

[16] 実際, 例えば, ロサラー（Rosaler 2016）はデコヒーレンスが解釈に対して中立的であることを指摘している.

[17] 以下, 物理学についてあまり前提知識がない読者は, 形式的な部分については読み飛ばしてもらって構わない.

[18] 具体的には, 彼の本の 2 節（Schlosshauer 2008, pp.88–93）を参照.

系は，ヒルベルト空間のテンソル積によって表現される．

$$\mathcal{H} = \mathcal{H}_{\mathcal{S}} \otimes \mathcal{H}_{\mathcal{E}_1} \otimes \cdots \otimes \mathcal{H}_{\mathcal{E}_N}. \tag{3.21}$$

ここで $\mathcal{H}_{\mathcal{E}_i}$ は i 番目の環境系の状態（環境スピン）のヒルベルト空間を表現している．対象系と環境系の相互作用であるハミルトニアン $\hat{H}_{\mathrm{int}}$ は次のように表現される．

$$\begin{aligned}
\hat{H}_{\mathrm{int}} &= \frac{1}{2}(|0\rangle\langle 0| - |1\rangle\langle 1|) \otimes \left(\sum_{i=1}^{N} g_i((|\uparrow\rangle\langle\uparrow|)_i - (|\downarrow\rangle\langle\downarrow|)_i) \bigotimes_{i'\neq i} \hat{I}_{i'} \right) \\
&\equiv \frac{1}{2}\hat{\sigma}_z \left(\sum_{i=1}^{N} g_i \hat{\sigma}_z^{(i)} \bigotimes_{i'\neq i} \hat{I}_{i'} \right), \tag{3.22}
\end{aligned}$$

$\hat{I}_i = (|\uparrow\rangle\langle\uparrow|)_i - (|\downarrow\rangle\langle\downarrow|)_i$ は i 番目の環境系の恒等写像であり，$\hat{\sigma}_z$ と $\hat{\sigma}_z^{(i)}$ はそれぞれの系のパウリ z-スピン演算子，g_i は各環境系との結合の強さを表す定数である．簡単のために，ハミルトニアンを

$$\hat{H} = \hat{H}_{\mathrm{int}} = \frac{1}{2}\hat{\sigma}_z \otimes \sum_{i=1}^{N} g_i \hat{\sigma}_z^{(i)} \equiv \frac{1}{2}\hat{\sigma}_z \otimes \hat{\mathcal{E}} \tag{3.23}$$

と表現し，これらは対角化されている．このハミルトニアンの環境系部分 $\mathcal{E}$ のエネルギー固有状態 $|n\rangle$ は，例えば

$$|n\rangle = |\uparrow\rangle_1 |\downarrow\rangle_2 \cdots |\uparrow\rangle_N, \tag{3.24}$$

のような形になっていて，$0 \leq n \leq 2^N - 1$ である．固有状態 $|n\rangle$ のエネルギー ϵ_n は

$$\epsilon_n = \sum_{i=1}^{N} (-1)^{n_i} g_i, \tag{3.25}$$

ただし，

$$n_i = \begin{cases} 1 & i \text{ 番目の環境スピンが } |\downarrow\rangle_i \text{ であるとき,} \\ 0 & \text{それ以外のとき,} \end{cases} \tag{3.26}$$

である.

さらに,全体系のハミルトニアン $\hat{H}_{\text{int}}$ の固有状態は $|0\rangle|n\rangle$ と $|1\rangle|n\rangle$ となる. つまり,$\{|0\rangle|n\rangle, |1\rangle|n\rangle\}_{n=1,\cdots,2^N+1}$ が,全体系 $\mathcal{SE}$ の完全正規直交基底であり, $\mathcal{SE}$ の純粋状態 $|\Psi\rangle$ は,

$$|\Psi\rangle = \sum_{n=0}^{2^N-1} (c_n|0\rangle|n\rangle + d_n|1\rangle|n\rangle) \tag{3.27}$$

と与えられる.$t = 0$ における全体系の初期状態として,対象系と環境系(外部系)の間に何の相関関係もなかったとすると,この初期状態は次のように表現できる.

$$|\Psi(0)\rangle = (a|0\rangle + b|1\rangle) \sum_{n=0}^{2^N-1} c_n|n\rangle. \tag{3.28}$$

ここで,

$$|\mathcal{E}_0(t)\rangle = |\mathcal{E}_1(-t)\rangle = \sum_{n=0}^{2^N-1} c_n e^{-i\epsilon_n t/2}|n\rangle \tag{3.29}$$

とすると,この状態 $|\Psi(0)\rangle$ は相互作用ハミルトニアン $\hat{H}_{\text{int}} = \hat{H}$ によって,

$$|\Psi(t)\rangle = e^{-i\hat{H}t}|\Psi(0)\rangle = a|0\rangle|\mathcal{E}_0(t)\rangle + b|1\rangle|\mathcal{E}_1(t)\rangle, \tag{3.30}$$

と変化する.さて,環境系と対象系の相関が強まるにつれて,干渉効果がなくなるというのがデコヒーレンスの特徴である.

系の基底 $|0\rangle$ と $|1\rangle$ は,対応する環境系の基底 $|\mathcal{E}_0(t)\rangle$ と $|\mathcal{E}_1(t)\rangle$ と相関するようになる.$|\mathcal{E}_0(t)\rangle$ と $|\mathcal{E}_1(t)\rangle$ が区別できるようになればなるほど,つまり,$\langle\mathcal{E}_1(t)|\mathcal{E}_0(t)\rangle$ が小さくなればなるほど,我々が環境系に注目したときに系の状態 $|0\rangle$ と $|1\rangle$ を区別できるように環境系により多くの情報がエンコードされる.その結果,重なり(overlap)$\langle\mathcal{E}_1(t)|\mathcal{E}_0(t)\rangle$ が減っていくにつれて,$|0\rangle$ と $|1\rangle$ の間の干渉は徐々に弱まっていく(Schlosshauer 2008, p. 91).

$\langle \mathcal{E}_1(t) | \mathcal{E}_0(t) \rangle$ を $r(t)$ と書くことにすると,

$$r(t) \equiv \langle \mathcal{E}_1(t) | \mathcal{E}_0(t) \rangle = \sum_{n=0}^{2^N-1} c_n e^{-i\epsilon_n t/2}, \tag{3.31}$$

となる. ただし, ここでは $|c_n|^2 \leq 1$ であり, $\sum_{n=0}^{2^N-1} |c_n|^2 = 1$ である. $r(t) \to 0$ とすると, 以下のように, 非対角成分 $|0\rangle\langle 1|$ と $|1\rangle\langle 0|$ がなくなる.

$$\begin{aligned}
\hat{\rho}_{\mathcal{S}}(t) &= \mathrm{Tr}_{\mathcal{E}} \hat{\rho}(t) \equiv \mathrm{Tr} |\Psi(t)\rangle\langle\Psi(t)| \\
&= |a|^2 |0\rangle\langle 0| + |b|^2 |1\rangle\langle 1| + ab^* r(t) |0\rangle\langle 1| + a^* b r^*(t) |1\rangle\langle 0| \\
&\to |a|^2 |0\rangle\langle 0| + |b|^2 |1\rangle\langle 1| \tag{3.32}
\end{aligned}$$

$\hat{\rho}_{\mathcal{S}}$ は対象系の密度行列であり, 直観的には, 対象系の性質を表現している演算子と考えればよい.

このようにして $r(t) \to 0$ と想定することで干渉性をなくすことができるが, この想定自体も不自然なものではない. まず, $|c|^2$ を $|c_n|^2$ の平均値だとすると, $\sum_{n=0}^{2^N-1} |c_n|^2 = 1$ なのだから $\langle |c|^2 \rangle = 2^{-N}$. 期待値 $|r|^2$ は $|c|^2$ に比例しているので, これらを整理すると,

$$\langle |r(t)|^2 \rangle \propto \langle |c|^2 \rangle = 2^{-N} \tag{3.33}$$

という関係が成り立つ. N は環境系の自由度なので, N が大きくなるにつれて, $r(t)$ は無視できるようになる[19]. そのため, $r(t) \to 0$ という想定は自然なものである.

量子力学と古典力学の関係に対するデコヒーレンスの含意について, シュロスハウアーは「デコヒーレンスは純粋に量子力学的な効果であり, 古典的な類似物はない」(Schloshauer 2008, p. 114) と整理している. シュロスハウアーが指摘するのは, デコヒーレンスは古典的な現象とは異なるものであるということにある. 確かに, デコヒーレンスは干渉性がマクロなレベルでは現れないことを説明しているが, 干渉性を観測しないことを量子力学的に説明したとして

[19) より正確には, $|c|^2$ は平均ステップ長 (average step length) であり, 固定された時間 t における 2 次元のランダムウォークの問題とみなすことで, 正当化されるという (Schlosshauer 2008, p. 91).

も，それは量子力学が古典力学を説明しているということではない．そのため，デコヒーレンスは量子力学と古典力学の関係を与えるようなものではない．先に紹介したランズマンはエーレンフェストの定理の事例と同様に，やはりデコヒーレンスを通じて古典力学が量子力学から導かれるわけではないということを指摘している．特に，デコヒーレンスによってマクロな干渉性の消失が説明されるものの，この事実は「古典的な位相空間と，古典的な運動方程式によって決定されるこの空間上での流れが現れることを説明するのには決して十分ではない」(Landsman 2007, p. 530) と述べている．ここでの「流れ」は古典力学的な対象の軌道であると捉えればよい．つまり，ランズマンは古典力学の軌道を十分に再現するものではないことを指摘している．

　同様に，ヘイガー (Hagar 2012) はマクロには量子的な効果がなくなることを説明する手法はデコヒーレンスだけではないことを指摘した上で，デコヒーレンスが古典力学的な性質の全てを説明するものではないと指摘している．

　　　位相関係がデコヒーレンスして，それゆえ古典的世界があらわれるというのは，不完全な主張である．これは波動関数だけであらゆる観測結果を説明するのに十分であるということを前提している．しかし，波動関数は高次元の配位空間に存在しているために，古典的世界の創発の説明のようなことを完了するためには，粒子，つまり低次元の時空間にある局所的対象を存在論に加えなければならず，適切な力学を添えて組み込まなければならない．我々の日常的な古典的世界は，結局のところ，波動関数によっては構成されていない．つまり，その分岐がデコヒーレンスしている波動関数によっては構成されておらず，多次元の配位空間によって描かれてはいない (Hagar 2012, pp. 4602–4603)．

デコヒーレンスは古典力学を説明するものではなく，観測されない量子的な性質が，なぜ観測されないのかを説明しているにすぎない．ヘイガーの指摘もやはり，デコヒーレンスは量子力学によって我々の経験（干渉効果を観測しない）を説明することはできるが，古典力学と量子力学の関係を与えるものではないというものである．その上で，ヘイガーは状態空間の性質（次元）の違いから，

古典的世界を量子力学で表現することはできないと指摘している[20].

　整理すると，デコヒーレンスは量子系が，自身の外側の大きな外部系である環境系との相互作用を通じて干渉効果が減少することを説明することができる．しかし，このデコヒーレンスそれ自体は，量子力学と古典力学の間の関係を確立するものではない．あくまで，量子的な効果を観測しないことを説明しているに過ぎない．そのため還元や創発という観点から，デコヒーレンスを分析するためには何らかの工夫が必要といえるだろう．少なくとも直接的な関係を見出すことは困難である．

3-2-4　解釈なしでの創発

　以上のように，解釈とは独立に量子力学と古典力学の関係を考える手法であるエーレンフェストの定理やデコヒーレンスといった事例でも，一般に古典力学の性質それ自体が導出されているわけではない．特に古典力学との関係が見られるエーレンフェストの定理であっても，特定の系の量子力学的なモデルから得られているのは準古典的な性質である．量子力学から与えられているこの準古典的性質は近似的に古典力学の性質と捉えることができるが，古典的性質そのものではない[21].　したがって，量子力学からみて古典的な性質は新奇であり，創発であるということができる．それと同時に，近似的には導出できている以上，モデル間の還元は成り立っているのである．この意味で，量子力学と古典力学の関係はバターフィールド（Butterfield 2011a, 2011b）が提示したように創発と還元の両立可能性を示している．一方で，エンタングルした状態が提示する非局所性は，創発の事例とはいい難い．

　ここまでに検討してきた古典力学と量子力学の関係をモデル間創発を用いて整理すると次のように言えるだろう．まず，波束を表現するような量子力学のモデルが存在し，これは古典的な性質を与えない．ある種の理想化を通じて，

---

[20] この点（空間の次元と経験との対応）については量子力学の解釈問題，特にその形而上学において課題となる．この点を通じて，量子力学の解釈問題における古典力学と量子力学の関係について理解が深まるだろう．

[21] もちろん，これは「二つの理論間関係は還元である」という用法を否定するものではない．実践の上では近似的に古典力学的な性質が導かれていれば十分なので，量子力学から古典力学が導かれているといえる．

極小波束の頂点だけを表現するモデルを通じて，準古典性を示すことができる．この二つのモデルの関係は創発である．一方で，古典力学的な性質そのものを示すことができるのは，古典力学的なモデルである．この古典力学的なモデルと，準古典性を示す量子的なモデルを比較すると両者には近似的な一致が成り立つために，この関係は近似的還元とみなせるだろう．これと同時に，古典性と準古典性は異なることを踏まえると両者の関係は創発とみなすことができる．つまり，この古典力学的なモデルと準古典性を示す量子力学的なモデルの間の関係は，近似的還元と創発が両立しているとみなすことができる．

　エーレンフェストの定理の事例で代表的ではあるが，量子力学と古典力学の関係を捉える際に重要な役割を果たしているのが，準古典性である．このことで強調するべきは，単純に古典力学を導くことができないために創発なのではなく，準古典性という一種の橋渡しが存在することで創発の事例となっているということにある．この準古典性は，量子力学から導出されているものの，古典力学的な要素もあるという意味で中間的な性質である．この中間的な性質の存在によって初めて，量子力学と古典力学の関係を考えることができている．さらに，この中間的な性質が派生的な領域である古典力学との間に一種の導出不可能性を有するために，創発とみなすことができる．このように整理していくと，近似的に古典的な性質である準古典性が量子力学と古典力学の関係を考える上では重要であると言っていいだろう．準古典性という概念自体，量子力学の哲学の中では特に多世界解釈という特定の立場に依拠して議論されてきた．次節では，量子力学の哲学の代表的で（悪名高い）主題である解釈問題の枠組みで，創発について考えていく．

3-3　量子力学の解釈と創発

　量子力学は我々の日常的な感覚とは異なる性質を明らかにしてきた．そのために，量子力学の提示する世界像の整合的な理解を多くの物理学者，哲学者たちが試み，様々な解釈が提案された．現代では，解釈問題の大部分は物理学の

106

問題として扱われることはほとんどないが，量子力学の哲学の代表的なテーマである[22]．それぞれの解釈が抱える課題の一つに，古典力学と量子力学の関係がある．我々の日常的な世界は古典力学によって記述されており，量子力学が記述する世界とは異なる側面がある．この違いはどのように理解すればいいのか，あるいは，これらの領域をどのように接続するのか．このことを考える際に，古典的性質・領域の創発が論じられる．簡単に整理しておくと，量子力学の解釈の目的の一つには古典力学と量子力学の関係を整合的に理解することがある．そのため，量子力学から見た古典力学の地位は重要であり，そのために古典力学は創発であると考えられることがある．この章の残りの部分では，解釈問題における創発について考えてみよう．

3-3-1 解釈の概観

まずはそもそも，量子力学の解釈とはどのようなものかについて説明する．量子力学に特徴的な重ね合わせ状態は，我々の日常的な世界のあり方とは別の何らかの世界の捉え方が必要であることを示している．重ね合わせの状態のうち片方しか我々は観測しない一方で，量子力学の状態の時間発展の規則であるシュレーディンガー方程式は重ね合わせの状態のままで時間発展することを示唆している点でギャップがある．このことを説明するために導入されたのが観測者の意識であったり，観測によって誘引されるいわゆる「波動関数の崩壊」である．このようなアイディアを受け入れることができない立場から多世界解釈や隠れた変数解釈が提案されてきた．「意識」や「観測」などによって，諸解釈を捉えるのが唯一の方法ということではない．現代的な解釈問題の捉え方として，量子力学の解釈問題を状態空間の解釈に帰着させるような立場もある．このように理解された解釈問題に対しては，問題を解決するために量子力学の形式自体を変更する立場と，形式ではなく理解の方法を変える立場に分類できる．

---

[22] 代表的であることと，中心的な主題であることは別の問題である．少なくとも，現在の多くの物理学の哲学者たちは，個々の解釈に関する哲学的な課題について議論をすることはあっても，解釈問題それ自体にコミットすることはあまりない．なので，「科学哲学者は解釈問題ばかり議論している」というタイプの批判は，科学哲学を批判したいだけの不勉強な発言といわざるを得ない（Ruetsche 2011）．

どちらの導入の方が優れているということはないだろうが，ここではあまり紹介されない状態空間の解釈としての解釈問題について紹介する．

量子力学の哲学において量子力学の基本的な理論的構造は次のように整理されている（Wallace 2022）．

1. それぞれの量子的な系には，いわゆるヒルベルト空間（完備な複素内積空間）が状態空間として割り当てられる．状態は，この空間上の射線（ray）によって表現される．射線は規格化されたベクトルで，位相をかけても状態が変わらないようなものを指す．つまり，$|\psi\rangle$ と $e^{i\theta}|\psi\rangle$ が物理的には等価になるベクトル $|\psi\rangle$ が状態を表現する．

2. ヒルベルト空間上の自己共役作用素が物理量（いわゆるオブザーバブル）を表現し系を特徴づける．特にいくつかの自己共役作用素は物理的に意味のある物理量（粒子の位置や運動量のような保存量など）を表現している．

3. ハミルトニアン $\hat{H}$ を用いて，以下のシュレーディンガー方程式

$$\frac{d}{dt}|\psi\rangle = -\frac{i}{\hbar}\hat{H}|\psi\rangle \tag{3.34}$$

を通じて，対象系の状態の時間発展が記述される．

4. ボルン・ルールと呼ばれる確率規則を通じて，量子状態やオブザーバブルという形式的な要素と，実験結果という経験的な要素が結びつけられる．まず，ある状態 $|\psi\rangle$ の物理量 $\hat{O}$ を考える．これはスペクトル分解定理より，

$$\hat{O} = \sum_{o} o\hat{\Pi}_o \tag{3.35}$$

と分解できる．ここで，o は $\hat{O}$ の固有値で，$\hat{\Pi}_o$ は固有値 o となるような固有ベクトルへの射影演算子である．ボルン・ルールは以下の二つの側面に分類できる．

- 測定のプロセスは一般に非決定論的であり，測定結果は $\hat{O}$ の固有値 o のいずれかである．
- 測定結果が o である確率は，$\Pr(o|\psi) = \langle\psi|\hat{\Pi}_o|\psi\rangle$ で与えられる．

この四つの規則の中では，最後のボルン・ルールが量子力学の形式と実験や経験を結びつけるものである．この対応が確率的に与えられることを示している．

これに対して，古典力学の理論的構造は次のように整理される（Wallace 2022, p. 3）．

1. 古典系には状態空間として位相空間が割り当てられ，状態はこの空間上の点として表現される．
2. 状態空間上の関数が物理量を表現する．
3. ハミルトニアンというもので系の状態は特徴づけられ，その系の時間発展はハミルトン方程式によって決定される．

量子力学との大きな違いは，ボルン・ルールに該当するものがないということである．つまり，古典力学の物理量は確定的な値を取り，状態が定まれば自ずとその状態が示す物理量も確定する．ウォレスはこのような古典力学の系の状態を**表現的**（**representational**）ないし**存在的**（**ontic**）であるという．状態が系の物理量を表し，異なる状態は異なる系の在り方に対応しているとき，状態は表現的である．つまり，状態はこの世界に存在する物理量を表現しているのであって，可能性を表現しているのではない．その意味で，状態に対して存在的解釈をしているのである．

古典物理学は古典力学だけではない．その一つが古典統計力学である．表現的理解とは異なる状態の解釈は確率的解釈であり，古典統計力学では状態の確率的な理解を行っている．比較のために，その構造を整理する（Wallace 2022, pp. 4–5）．

1. 古典統計の状態は位相空間上の点ではなく，その上の確率分布である．
2. 古典力学と同様に，位相空間上のある関数は系の物理量を表現している．
3. 統計力学的な状態はリウヴィル方程式によって時間発展する．
4. ある関数 O で表現される物理量と統計的状態 ρ が与えられたとき，その O の期待値は

$$\langle O \rangle_\rho = \int d(p,q) \rho(p,q) O(p,q) \tag{3.36}$$

で与えられる.

古典統計力学では，ボルン・ルールと同様に期待値を与える規則があるという意味で，量子力学と似ている．しかし，そもそも状態が状態空間上の点ではなく，確率分布であることが量子力学との違いであるとウォレスは指摘する．つまり，統計力学の状態は表現的ではなく，**確率的（probabilistic）**ないし**認識的（epistemic）**である．というのも，統計力学の状態は，系がどのような物理量をとりうるかという確率を表現していて，古典力学のように何か特定の世界の有り様を表現しているわけではないためであるからである．また，古典統計力学において状態が確率的であることを人間の無知に訴えるという解釈をとれば，これは人間の知識の問題という意味で認識的といえる．

　量子力学の状態空間の解釈として，表現的・確率的のいずれを採用しても問題が生じる．実際に，どちらの解釈にしても，量子力学を整合的に理解することができない．表現的解釈では，シュレーディンガーの猫のように，マクロな重ね合わせの整合的な理解を与えることが難しい．一方で，確率的解釈では，x-スピンとz-スピンのような同時測定不可能な物理量の組を考えると，整合的に確率を割り当てることが難しく，そもそもその確率は何によって与えられるのかという問題を抱える．いずれも，観測・測定というプロセスによって生じる困難であると捉えると，これが量子力学のいわゆる観測問題の整理の仕方の一つである．ウォレスは次のように整理する．

　　量子観測問題：表現的，確率的どちらで捉えても問題が生じるのだとすると，一般に量子力学を，特に量子状態をどのように理解するべきか（Wallace 2022, p. 8）.

その上で，この問題を解消する立場，解決する立場，さらに量子力学自体を修正する立場に分類される．

　まずは，この問題を解消する立場として，そもそもこのような哲学的なことを考えるのをやめるという方針がある．いわゆる道具主義である．量子力学は観測結果の確率を与えるためだけの道具であり，その量子状態を理解する必要

などないとする立場ともいえる．この立場では，量子力学は観測結果を予測するための道具に過ぎないのだから，古典力学との関係は歴史的な関係しかないことになるだろう．つまり，古典力学・古典物理学をもとに量子力学が作られた（古典物理学しかなかったのだから当然だが）ので，一見すると似ている部分があるというだけで，両者の関係を考える必要はない．そもそも量子力学と古典力学の関係を考えない立場なので，本書の目的から外れるため，この立場についてはこれ以上検討しない．

　観測問題を解決する立場では，上述の古典物理学からの類推で，表現的解釈と確率的解釈のいずれかを徹底するという方針をとる．それぞれが現代的には多世界解釈と量子ベイズ主義と呼ばれる解釈に対応する．表現的解釈を徹底する場合には，マクロな対象も重ね合わせ状態になることになる．しかし，我々は重ね合わせにある状態の猫を観測しない．そこで，それぞれの世界に分岐すると考えるので，多世界解釈と呼ばれる．量子ベイズ主義では，確率的解釈を徹底し，量子状態が提示する確率を主観確率であると考える立場と整理することができる．主観確率であるために，同時測定不可能な物理量に対しては文脈ごとに異なる確率を割り当てるということが許容されている．

　最後に，そもそも上述の量子力学の形式だけでは十分ではないと考えることで，形式自体を修正するという方針があり，いわゆる崩壊解釈や隠れた変数解釈が知られている．崩壊解釈では，例えば射影仮説のような追加的な仮定を加えて，観測を通じて状態が固有状態へと崩壊すると考える．ウォレスは崩壊解釈を力学的崩壊理論と呼び，次のように整理している．

> **力学的崩壊理論**（Dynamical-collapse theory）：この理論では量子状態の物理的な理解から確率的な理解を，解釈的なものから客観的で物理的な過程に遷移させる．このことは一般に，客観的にマクロな重ね合わせを確率的に取り除くような射影仮説のいずれかのバージョンを導入することで行われる．力学的崩壊理論に従うと，量子状態は常に物理的 [表現的・存在的] に解釈され，その統計的な時間発展は決定論的なシュレーディンガー方程式からある状況では逸脱する．ただし，[状態遷移の] 結果

として得られる確率は量子力学の確率的な解釈によって定義されるような結果と非常に似たものになるように逸脱する（Wallace 2012a, p. 4583, [ ] 内は引用者）.

射影仮説によって定義されるような物理的プロセスが存在し，そのプロセス自体は確率的で統計的である．この物理的なプロセスによって，状態のうち一つが実現する．重ね合わせのうちどの結果が現れるのかという確率については，ボルン・ルールと一致するように射影仮説は定義される.

　一方で，隠れた変数解釈では，未知の（非局所的な）隠れた変数を加えることで，上述の問題に取り組むという方針と捉えることができる.

> **隠れた変数理論**（Hidden variable theory）：この理論ではユニタリな [決定論的な] 量子論を維持し，量子状態の確率的な理解を取り除く．代わりに，何らかの新しい物理的実体を導入し，この実体が量子状態に影響を与えるが，逆ではない．そのため，確率は「隠れた変数」の確率分布として導入される（Wallace 2012a, p. 4582, [ ] 内は引用者）.

いわゆるボーム力学が代表的な例であり，ボーム力学ではボーム粒子と呼ばれる質点がここでの新しい実体に対応している．時間発展自体は決定論的なものであるという点で古典力学と同様の発想に立ってはいるが，ボーム粒子自体は量子的なものである.

　本章は量子力学と古典力学の関係を理解することが目的であるので，このような観測問題の解決としての解釈の中で特に，量子力学を修正する崩壊解釈，隠れた変数解釈をまずは検討する．その上で，解決を目指す多世界解釈を分析する．本書では扱わない二つの立場についてもコメントしておこう．まず，道具主義については量子力学を道具として捉えるため，特に新しい要素がなく，前節での議論がそのまま成り立つ．また，量子ベイズ主義も基本的には古典統計力学の延長線上で量子力学を捉える立場であり，古典力学との対応については問題となっていない[23]．

---

[23] 量子ベイズ主義については量子情報の哲学においては重要であり，解釈としてここで検討しているものに

3-4　崩壊解釈と隠れた変数解釈

　まずは，理論を修正することで観測問題に取り組む崩壊解釈と隠れた変数解釈について検討する．これらの解釈も様々なバージョンがあるが，特に代表的と考えられる GRW 理論とボーム力学について検討しよう．GRW 理論とボーム力学はどちらも同じ形而上学的な問題を抱え，古典力学（や日常的な世界）と量子力学の関係を確立するために同種の形而上学的な要請が必要になっていることが知られている．また，これらの解釈は量子力学に対して実在論，特に波動関数の実在性を認める立場であるため，波動関数実在論（Wave Function Realism）とも呼称される[24].

　GRW 理論やボーム力学といった解釈は伝統的にベルによる議論（Bell 1987）に基づいて整理することができる．ベルは「シュレーディンガー方程式によって与えられる波動関数は全てではないか，あるいは正しくないかのいずれかである」（Bell 1987, p. 201）と述べた．波動関数が全てではないとする立場には，シュレーディンガー方程式に従う時間発展に加えて，崩壊過程と呼ばれるような時間発展を考える立場が含まれる．一方で，正しくないとする立場は，シュ

比べて，重要ではないということではない．量子情報における量子ベイズ主義については例えばティンプソン（Timpson 2013）による整理が参考になるだろう．また，哲学との関連でいえば，量子ベイズ主義と現象学との類似性が指摘され，近年の量子力学の解釈においては主要なトピックとなっている．ビットボル（Bitbol 2020）は両者の類似点を三つ挙げている．一つ目に，どちらも主観性・一人称性を重視することである．量子ベイズ主義では量子力学的確率を主観確率として捉えるという意味で主観性を重視しているが，同様に現象学では意識や経験の役割を重視している．二つ目が，外在的な対象を取り除いているということである．現象学ではエポケー（判断停止）を通じて，現象学的還元が行われるが，これは外在的な対象を一旦思考の枠外に置くようなものである．これと同様に，量子力学の形式に対する解釈について一種の判断停止を行っているものと考えることができるという．三つ目に，量子ベイズ主義では，量子力学は実験結果の期待値を示すためのものにすぎないが，これはフッサールの地平的志向性と類似している．地平的志向性とは，知覚する際，直観的には対象のほんの一部しか我々には与えられていないが，それ以外の性質についての志向的意識（intentional awareness）ないし，その対象のおぼろげな全体像を得ている，ということを指す概念である．つまり，量子ベイズ主義も現象学も対象について見えているものだけを検討しているのではなく，大まかな全体像に対する理解が得られると考えている点で類似しており，この特徴が量子ベイズ主義と道具主義を区別するものであるともいえるだろう．また，そもそも現象学的なアプローチで量子力学を解釈する立場の可能性はフレンチによって検討されている（French 2023）．フレンチが議論の下敷きにしている現象学的な量子力学の解釈を展開した人物が，超流動の研究などで知られるフリッツ・ロンドンである．弟のハンスも物理学者であり，二人の名前は超伝導，特にマイスナー効果に関するロンドン方程式に残っている．フリッツは量子力学における観測の役割について，現象学をもとに分析しているという．詳細は，フレンチやビットボルによる説明を直接参照してほしい．

[24] 多世界解釈も波動関数の実在は認めるが，重ね合わせ状態にあるマクロな対象も実在するという，よりラディカルな立場であることは説明した通りである．

レーディンガー方程式が記述するそもそもの時間発展の規則を修正するというものであり，いわゆる隠れた変数解釈が含まれている．前述のヘイガーも指摘しているように，これらの解釈にはどちらも経験的整合性についての問題が存在する（Albert 1996; 2015; Hagar 2012; Lewis 2016; Maudlin 2007a; Monton 2006）．一般に量子力学の波動関数は高次元の空間（N 粒子系であれば，$3N$ 次元）に存在する一方で，我々の経験的な空間は 3 次元（あるいは 4 次元の時空間）に過ぎないが，これらの解釈では対応関係を与えることができていないという問題である（もちろん，この世界の粒子の数 N が 1 であるということを主張すればこのような問題は生じない）．解釈の目標の一つは量子力学と我々の経験との関係を確立するものであるから，高次元の記述しかない理論が，どのように経験的な世界に結果を与えるのかということの説明が（少なくとも形而上学的には）必要である．この問題は**空間の次元と経験的整合性の問題**と呼ばれている．実際，波動関数によって椅子や机のようなマクロな対象を記述することは困難なタスクであることが推察できる．

このことから波動関数実在論にはプリミティブ・オントロジー（Primitive Ontology）と呼ばれる付加的な存在論が必要であると指摘される．この解決の方針に対してネイは，波動関数実在論にとっての経験的整合性を 3 次元空間に限定するべきではないと主張する（Ney 2015）．しかし，彼女の批判は波動関数実在論への反論としては十分ではなく，さらに，プリミティブ・オントロジーへの批判としても曖昧である．そこで，ネイの議論の不備を指摘することを通じて，GRW 理論とボーム力学が古典力学的な性質を導かないことは十分に深刻な問題であることを指摘する．このような形而上学的な議論を通じて，これらの解釈における古典力学と量子力学の関係を明確にしていこう．

まずは，本書に関連する限りで，二つの解釈を導入する．前述の通り，これらの量子力学の解釈は観測問題の解決として提案されていると理解でき，付加的な理論的構造が含まれている．量子力学によれば，二つの状態の重ね合わせの状態を考えることができるが，この重ね合わせの状態にある対象を我々は経験していない．そのため，伝統的にはユニタリなシュレーディンガー方程式に従う時間発展に加えて，複数の状態の重ね合わせの状態が一つの状態に崩壊す

るという崩壊過程と呼ばれる非連続的な時間変化が導入される（Albert 1992, p. 73）．このような二種類の時間発展に対して，崩壊過程は現実に起きていると主張するのが GRW 理論であり，我々には知られていない未知の隠れた変数が存在し，崩壊過程を不要とする立場がボーム力学である．

3-4-1　GRW 理論

まずは GRW 理論を導入する[25]．GRW 理論はユニタリで連続的な時間発展に加えて，非連続的な時間発展を有する．以下で，この理論の形式を簡単に整理する．ある N 粒子系の波動関数 $\psi(q_1, \cdots, q_N)$ $(q_i \in \mathbf{R}^3, i = 1, \cdots, N)$ があるとしよう．このとき，状態が別の状態に遷移するようないわゆる崩壊過程を説明する演算子は，

$$\hat{\Lambda}_i(x) = \frac{1}{(2\pi\sigma^2)^{3/2}} e^{-\frac{(\hat{Q}_i - x)^2}{2\sigma^2}} \tag{3.37}$$

と定義される．ここで $\hat{Q}_i$ は i 番目の粒子の位置演算子である．また σ は 10^{-7}m オーダーの定数である．波動関数の時間発展は次の三つのルールで構成される．

(1) ある時刻 $T_1 = t_0 + \Delta T_1$ 以前では，時間発展はユニタリである．この時刻 T_1 における状態は，

$$\psi_{T_1} = \hat{U}_{\Delta T_1} \psi_{t_0} \tag{3.38}$$

と書ける．$\hat{U}_t = e^{-\frac{i}{\hbar}\hat{H}t}$ はユニタリ演算子である．ΔT_1 は崩壊が起きる直前の短い時間間隔であり，母数 $N\lambda$ の指数分布からランダムに選ばれる．ただし，λ は 10^{-15}s^{-1} オーダーの定数である．

(2) ある時刻 T_1 で自発的な崩壊は次のように記述される．あるランダムな位置 X_1，ランダムなラベル I_1（ただし，I_1 は集合 $\{1, 2, \cdots, N\}$ から一様分布でランダムに選ばれる）で崩壊すると，

---

[25] ここでの記述は主に Allori et al. (2008) による．

$$\psi_{T_1} \mapsto \psi_{T_1+} = \frac{\hat{\Lambda}_{I_1}(X_1)^{1/2}\psi_{T_1}}{\|\hat{\Lambda}_{I_1}(X_1)^{1/2}\psi_{T_1}\|} \tag{3.39}$$

ここでの $\|\cdot\|$ はベクトルのノルムを表現している．崩壊の中心である X_1 は次のような確率で選ばれる．

$$\mathrm{Prob}(X_1 \in dx_1|\psi_{T_1}, I_1 = i_1) = \langle\psi_{T_1}|\hat{\Lambda}_{i_1}(x_1)|\psi_{T_1}\rangle dx_1 = \|\hat{\Lambda}_{i_1}(x_1)^{1/2}\psi_{T_1}\|^2 dx_1. \tag{3.40}$$

(3) 最後にこれらの時間発展が繰り返される．

　よりシンプルに表現すると，波動関数 ψ は，

$$r(x|\psi) = \lambda\langle\psi|\hat{\Lambda}_i(x)|\psi\rangle \tag{3.41}$$

という確率で x に崩壊し，結果として現れる状態は式 (3.39) で与えられている．t_0 から t（ただし，$t_0 < T_1 < T_2 < \cdots < T_n < t$）までの時間発展において，$n$ 回の崩壊が起きたとする．それぞれの崩壊後の波動関数の中心を $X_1, X_2, \cdots, X_n$ とし，対応するラベルを $I_1, I_2, \cdots, I_n$ とする．このとき，最終的な波動関数の形は，

$$\psi_t = \frac{\hat{L}_{t,t_0}^{F_n}\psi_{t_0}}{\|\hat{L}_{t,t_0}^{F_n}\psi_{t_0}\|} \tag{3.42}$$

である．ここでは，$F_n = \{(X_1, T_1, I_1), \cdots, (X_n, T_n, I_n)\}$ かつ，

$$\hat{L}_{t,t_0}^{F_n} = \hat{U}_{t-T_n}\hat{\Lambda}_{I_n}(X_n)^{1/2}\hat{U}_{T_n-T_{n-1}}\hat{\Lambda}_{I_{n-1}}(X_{n-1})^{1/2}\hat{U}_{T_{n-1}-T_{n-2}}$$
$$\cdots\hat{\Lambda}_{I_1}(X_1)^{1/2}\hat{U}_{T_1-t_0} \tag{3.43}$$

とした．X, T, I の選ばれ方はランダムであり，波動関数 ψ_t の形もランダムである．以上のように GRW 理論は，崩壊過程に対応する演算子を導入し，シュレーディンガー方程式以外の時間発展を量子力学に導入している．その意味で，単なる解釈ではなく「理論」と呼ばれている．

3-4-2 ボーム力学

GRW 理論と同様に，ボーム力学の基本的な形式についても導入しよう[26]．ボーム力学では，量子力学の理論の中に，古典力学的な質点（ボーム粒子と呼ばれる）を導入する．このボーム粒子の挙動は波動関数によって支配されているとすることで，時間発展は決定論的であるものの観測結果としては確率的になる．

N 粒子系の運動は，$Q_i(t)$ で記述される．$Q_i(t)$ はある時刻 t での粒子 i の $\mathbf{R}^3$ における位置を表現している[27]．ボーム粒子の運動法則は，

$$\frac{dQ_i}{dt} = v_i^\psi(Q_1, \cdots, Q_N) = \frac{\hbar}{m_i} \mathrm{Im} \frac{\psi^* \nabla_i \psi}{\psi^* \psi}(Q_1, \cdots, Q_N) \tag{3.44}$$

であり，先導方程式（guiding equation）と呼ばれる．ただし，m_i は粒子の質量であり，波動関数はシュレーディンガー方程式

$$i\hbar \frac{\partial \psi}{\partial t} = \hat{H}\psi \tag{3.45}$$

に従って変化する．ボーム力学における波動関数 ψ は先導波やパイロット波と呼ばれる．これは，波動関数がなんらかの状態を表現しているわけではなく，ボーム粒子の運動を先導（ガイド）ないしパイロットするものであるという点を強調するために用いられる呼称である．

ゴールドシュタインによると，このような形式の上で，量子平衡状態仮説が自然に導入されるという．量子平衡状態仮説は，大数の法則により初期状態の典型性（typicality）を要求するものである[28]．この仮説によって観測者にはランダムネスが現れ，かつ観測者にとっての確率的な測定結果の予測がボルン・ルールによって与えられる量子力学の測定結果についての確率と一致することを示すことができる．

---

[26] 以下の記述は，主にアローリらの議論（Allori et al. 2008）および，ゴールドシュタイン（Goldstein 2024）の記述に依拠している．

[27] ボーム力学は隠れた変数解釈の一つであり，この $Q_i(t)$ が隠れた変数になっている．

[28] 平衡状態と典型性は，統計力学の哲学というだけでなく，統計力学それ自体においても重要なテーマであるため，もちろんこの方針には議論の余地があるだろう．統計力学の哲学における典型性については，例えばフリッグとワンドルによる解説（Frigg and Werndl 2024）を参照．

3-4-3 次元の問題とプリミティブ・オントロジー

これら二つの解釈，特に GRW 理論に対してモードリン（Maudlin 2007a）は，経験的一貫性が欠如しており特にベルが導入した局所的可存在（local beables）を前提することが不可欠であると指摘した．さらにこの問題は，モントン（Monton 2006）が指摘していたような高次元空間と低次元空間の関係づけの問題として理解されている．この小節では，モードリンによる批判を中心に，上述の解釈がどのようにして空間の次元に関する問題を解決したのかを整理する．

GRW 解釈とボーム力学という波動関数の実在性を主張する解釈が直面する空間の次元と経験的整合性の問題を，アルバート（Albert 1996）は次のように整理している．もし波動関数が実在するのであれば，波動関数が存在している高次元の空間も同様に実在しているはずである．N 粒子系の場合であれば $3N$ 次元空間が実在する．一方で，我々の日常的な空間は 3 次元空間であり，我々の経験もまた 3 次元空間上の一点に対応している．しかし波動関数の記述を，我々の 3 次元空間に対応させる法則が量子力学にはない．すると，量子力学に関する多くの実験が存在するにもかかわらず，より基礎的な量子力学の世界と我々の日常的な世界との間の対応関係をとることができない．このように，アルバートは波動関数の実在論を採用することで，我々の日常的な世界は，少なくとも本質的には，実在的ではないことになってしまうと主張する．

さらに，モントン（Monton 2006; 2013）がアルバートの解決[29]を批判する形で，この問題が「培養液中の脳」よりも深刻な状況であると指摘している．

> 波動関数の存在論は，培養液中の脳よりも過激である．少なくとも，3 次元空間に脳が存在していると考えていることは正しい．波動関数の存在論では，このような信念すら正しくない．実際に存在しているのは，$3N$ 次元空間上で時間発展する対象だけである（Monton 2006, p. 784）．

---

[29] アルバート自身は量子力学のハミルトニアンと古典力学の軌道の間に対応関係を確立できると主張することで，この問題を解消しようとした．確かに量子力学を修正することで，$3N$ 次元空間から 3 次元空間への対応関係を与えることはできるかもしれないが，同様に $3N$ 次元と 2 次元，あるいは 11 次元空間への対応関係も考えられる．なぜ，$3N$ 次元空間から他でもない 3 次元空間への対応を与えるハミルトニアンが存在するのかということを，GRW 理論ないしボーム力学の内部から説明する必要があるが，その正当化が与えられていない．

培養液中の脳ですら 3 次元空間上に様々な対象が存在することは認められている．一方で，波動関数実在論では，いかなる 3 次元空間上の対象も存在しないこととなり，その意味でより過激であるという指摘である．このような過激な立場に陥らずに，波動関数が何らかの形で存在すると主張しているため，高次元空間と低次元空間の間の関係を考える必要があるということが，この問題の骨子である．

モードリン（Maudlin 2007a）はこの問題を受けて，GRW 理論には修正が必要であると指摘する．そのことを示すために，情報的完全性という概念を導入する．これは「ある記述が情報的完全であるのは，あらゆる物理的な事実がその記述から回復できる時である」（Maudlin 2007a, p. 3151）と定義されている．GRW 理論は情報的に完全であることが要請されており，その意味でモードリンは GRW 理論を波動関数一元論と呼ぶ．実際，GRW 理論で存在が要請されているのは波動関数のみであり，その意味で適切なラベルづけであろう．この GRW 理論は情報的に完全であるにもかかわらず，高次元での記述と低次元での経験を対応づけるすべがなく，アルバートによって指摘された問題を回避できない．つまり，波動関数一元論である GRW 理論では，時空間における値や状態を波動関数が持ち得ないため経験的整合性が保てないとして，GRW 理論にはさらなる要素，つまり局所的可存在（local beables）が必要であると指摘した．この局所的可存在とは単に存在するものというわけではなく，ある時空間上に存在するものであるとしてベルによって導入された概念である（Bell 1987, p. 53）．量子力学の空間の次元と我々の経験についての空間の次元が異なることから生じた「付加的な局所的可存在を導入しなければならない」という問題に対して，GRW 理論には，局所的可存在として物質密度を導入する GRW matter density（GRWm）と，離散的な閃光（flash）を導入する GRW flash（GRWf）という二つの選択肢があることが知られている（Lewis 2016, p. 55）．

GRW 理論における物質密度や閃光のような局所的可存在は，経験的整合性のために導入される一見するとアド・ホックな概念であるが，基礎的な物理学の存在論と経験との対応を可能にする形而上学的な前提である．基礎的な物理理論には 3 次元空間あるいは時空間におけるこの世界の構成要素になるような対象

が存在し，これをプリミティブ・オントロジーと呼び，アローリ（Allori 2013）
は次のように特徴づける．

- あらゆる基礎的な物理理論は，曖昧さのない性質を持つ3次元のマクロ
  な対象によって構成されるものとして現れている我々の周囲の世界の説
  明をしなければならない．
- これを達成するために，理論はプリミティブ・オントロジーについての
  ものとなる．プリミティブ・オントロジーとは3次元空間，ないし，時
  空間上に存在している実体である．これはあらゆるものの基礎的な構成
  要素であり，その時間発展によって世界の描像が与えられている（Allori
  2013, p. 60）．

プリミティブ・オントロジーはこの世界を記述する最小構成要素であり，マクロ
な対象も説明することができるものとして定義され，基礎的な物理学にはプリ
ミティブ・オントロジーにあたるものが存在する（Allori 2013; 2015a; 2015b）．
古典力学においては質点が，電磁気学においては場がその例とされる．

　GRWm はプリミティブ・オントロジーとして「場」を GRW 理論に導入する．
これは $m(x,t)$ と表現され，次のように定義される．

$$m(x,t) = \sum_{i=1}^{N} m_i \int_{\mathbf{R}^{3N}} dq_1 \cdots dq_N \delta_i(q_i - x)|\psi(q_1, \cdots, q_N, t)|^2. \tag{3.46}$$

ただし，x は $\mathbf{R}^3$ における任意の点で，ここでの場を物質密度（matter density）
と呼ぶ．もちろん，場であるので連続的な存在論的描像を示す．この波動関数
ψ を用いて表現される場が物質の密度を示している．さらに，この物質密度は，
量子力学によって予想される物質の密度と対応し，マクロな事象はこの密度が
高い領域と対応する（Lewis 2016, p. 159）．

　一方で，GRWf は閃光（flash）と呼ばれるある種の離散的な性質を前提する．
これは，前述の GRW の形式から自然に現れる対象であると仮定され，この閃
光それ自身は3次元空間上にある．GRWf は，そもそもベルによって提案され
た次のようなアイディアを背景に持つ．

GRW ジャンプ（波動関数の一部であって，それ以外のものではない）は
日常的な空間においてよく局所化されている．実際に，それぞれのジャ
ンプはある時空間上の点 (x, t) において中心がある．そのため，我々は
これらの出来事が理論の「局所的可存在」の基礎であると提案できる．
これらの対象は，現実世界の明確な場所と時間における実際の出来事に
対して数学的に対応するものである（Bell 1987, p. 205）.

ここでの「GRW ジャンプ」とはいわゆる波動関数の崩壊を指し，観測結果と合
致するように波動関数が非連続的に変化するプロセスを指している[30]．ここで
のベルは波動関数が崩壊した後の頂点の部分がこの世界の事象と対応している
と主張している．この頂点にあたる部分を閃光と呼ぶのが GRWf である．ベル
の指摘を踏まえて提示された GRW 理論にある意味で強引に 3 次元的な対象を
導入する，あるいはそれとの対応を想定することで，前述の波動関数の実在論の
経験的整合性の問題を解消する．くどくなるが，さらにいいかえると，GRWm
や GRWf における，物質場を示す場や離散的な閃光がプリミティブ・オントロ
ジーであり，このような存在を仮定することで，経験との整合性を保つことが
できるというのがこれらのアイディアである[31]．

　GRW 理論と同様にボーム力学においてもプリミティブ・オントロジーは要
請されており，それがボーム粒子である（Allori 2015a, p. 8）．ボーム粒子は 3
次元空間に存在する粒子であるとされているため古典的粒子と捉えられている．
この粒子の軌道は先導波（波動関数）を通じて前述の方程式に従い，量子力学的
に決定される．アルバート（Albert 2013）はボーム力学を「気高い粒子描像」と
呼ぶ．これはボーム力学の特徴をうまく捉えているだろう．なぜなら，ボーム
力学では，量子力学においても粒子は古典力学から変わらず粒子であるという
立場を徹底するものだからである．さらに，この解釈が，世界が物質的な点だ
けによって構成されているという立場を徹底していることに由来する呼称だろ

---

[30] このような崩壊過程の説明の仕方は様々だが，例えばバレットは，重ね合わせにある状態が，可観測量の固
有状態のいずれかに一瞬で変化するようなものと説明している（Barrett 2019, pp. 42–43）.
[31] アローリらはこの二つの理論の経験的等価性を示しており，両者の間に階層は存在しない（Allori et al.
2008, p. 362）.

う．このとき，波動関数はボーム粒子の挙動を何らかの形で支配している．一方で，ボーム力学の物質的な粒子は質点のようなものであり，プリミティブ・オントロジーであるため3次元空間に存在しているはずである．つまりボーム力学は二つの空間に対して実在論的な立場をとっている．波動関数的な要素と古典力学的な要素のどちらも等しく存在し，これらがさらに高い次元の空間内に独立に存在していると考えるのが，アルバートによるボーム力学の形而上学である．

　解釈の目的は量子力学の記述と我々の経験の間の関係についての理解を与えることであった．したがって，ボーム力学では，日常的な対象をボーム粒子によって説明しなければならない．そのためにアルバートはボーム力学の高次元の空間にはいくつかの安定的な3次元の空間が組み込まれていると考え，その3次元空間上では日常的な対象に似たもの，ボーム的影が存在するという描像を提示する．このボーム的影は3次元の粒子が集まってできる物体を模倣する．例えば，ハンドボールのボーム的影，観測者のボーム的影，猫のボーム的影といった具合である．この描像では，真に存在しているのは量子力学的なものだけであり，我々が認識している古典的で日常的なものは，影から得られる不正確な像でしかない．ただ，日常的なレベルでは影から得られた不完全なもの同士で交流しているだけなので，その不正確さは問題にならない[32]．

　このような見方に対して，ブラウンとウォレス（Brown and Wallace 2005）はそもそもボーム粒子が3次元の物体の位置を決定できないと主張する．プリミティブ・オントロジーとしてボーム粒子の存在を認めるような立場に立ったとしても，GRWm のように，ボーム粒子が3次元の物体の挙動を支配すると考える理由がない．そこで，ブラウンたちは波動関数によって与えられる波束が日常的な対象の挙動を支配すると捉えなければならないと論じている．しかし，この立場はボーム粒子を通じて3次元の対象が構成されているという立場よりも問題が大きい．実際，ブラウンらの主張によれば波束の頂点がビリヤー

---

[32] 詳しい人であれば，この理解では多世界解釈と似た主張をしていることがわかるだろう．古典力学や日常的な対象の全てが量子力学から説明できるわけではないという事実を踏まえて，妥当な形而上学がこのようなアプローチしかないということなのかもしれない．

ドボールに対応することになるが、そうだとすると波束が分裂したらビリヤードボールも分裂することになるのではないかとアルバートを批判する。波束の分裂に伴い世界が分裂することを認めるような多世界解釈では問題にならないが、ボーム力学では問題になるとして、彼らは多世界解釈がより説得的であると論じている。

　ボーム粒子をプリミティブ・オントロジーとして認めることができ、空間の次元と経験的整合性の問題を解決したとしても、また別の問題が生じる。ボーム力学の存在論では、基本的にボーム粒子だけが存在するはずである。しかし、波動関数は量子力学において重要な役割を果たし、実際、上述の通り波動関数のシュレーディンガー方程式がこの粒子の挙動を支配している（本書 p. 116）。では、ボーム力学において波動関数とは何なのか。ベロ（Belot 2012）はボーム力学における波動関数の存在論的な地位の可能性について以下の四つに分類する。

場としての波動関数　波動関数は非常に高い次元の実在的な空間上の物理的な場である。

多重場としての波動関数　波動関数は日常の3次元の物理的空間に存在する一般化された場の一種である。

法則としての波動関数　波動関数は、物質的な構造ではなく法則的な構造を表現するものである。

性質としての波動関数　波動関数は、ボーム粒子の速度の傾向性をエンコードするデバイスである。

この中で、最初の二つの「場としての波動関数」というアイディアはまだ実質的な議論になっているが、後ろの二つについては分析形而上学的な側面が強いので、分析形而上学についての相応の前提知識（というか態度）がない場合には読み飛ばす方がいいだろう。

　「場としての波動関数」は主にアルバート（Albert 1996）によって展開された立場であり、波動関数を磁場や重力場のようなこの世界に存在する場であると考える。古典力学において場は空間（ないし時空）上の各点に性質を割り当

てるような役割を果たしている．この割り当てられた性質が，その点で粒子が感じる力を決定する．具体例としては，ある点 x に存在する電荷 e の粒子に，電磁気力を割り当てる電磁場という場が挙げられる．電磁場と同種のものとして波動関数を捉えると，その役割は空間上の点に複素数を割り当てるような写像である．ただし，このような役割を果たす場としての波動関数は $N=1$ のとき，つまり，ボーム粒子が一つだけの時にしか成り立たない．

そこでアルバートは場を現実的な空間に存在するものではなく多重場（multifield）として波動関数を捉える．多重場とは n 個の点の集合に性質を割り当てるような場であり，この多重場自体は3次元空間上に存在する．波動関数を場として捉えるモチベーションは，ボーム粒子の運動方程式における波動関数が荷電粒子についての電磁場と同様の役割を果たしているということが挙げられる．しかし，いずれにせよ場として捉える方針は三つの問題点を抱えるとベロは指摘する．第一に，波動関数は電磁場のような役割を果たしていないということである．電磁場はエネルギーや運動量の保存則を保証するものの，波動関数はこのような実在的な物理量に関わる役割を果たさない．第二に，典型的な場は電荷を持った物質と相互に影響を与え合うが，波動関数はボーム粒子の影響を受けない．つまり，相互作用なしで，ボーム粒子を先導するという意味で波動関数と電磁場は異なる．第三に，波動関数は座標変換に対して不変ではない．例えば，時空間上のスカラー場 ϕ を考えて，ある慣性系上の点 (x,t) とまた別の慣性系の点 (x',t') を考えると，スカラー場では $\phi(x,t)=\phi(x',t')$ が成り立つが，一般に波動関数 ψ は $\psi(x,t) \neq \psi(x',t')$ である．特に二つ目の批判は決定的であり，「波動関数はボーム粒子の挙動を決定するが，その運動には影響を及ぼさない」（Belot 2012, p. 74）ということになってしまう．すると，そもそも波動関数を物理的な場として捉える積極的な理由を失ってしまう[33]．

「法則としての波動関数」は法則的アプローチ（nomological approach）として知られている[34]．先ほどは電磁場とのアナロジーであったが，そもそも参照

---

[33] 現在でも，多重場とみなす立場は議論されることがあり，同時にその問題点についても議論されている（Romano 2020）．

[34] ロマーノ（Romano 2020）はこのアイディアがボーム自身の立場に近いと指摘している．つまり，ある種のルールを与えるものとして波動関数を捉えるというのがボーム自身の考えであると主張する．

するべき古典物理学の方程式が誤りであったと考え，古典力学のハミルトニアンからの類推によって波動関数を捉えるのがこの立場である．古典力学におけるハミルトニアンは物理系の運動を決定するが，特定の物理的な実体や性質を表現するものではない．つまり，ハミルトニアンは法則的な構造を事物にエンコードするための手段である．このような理解を波動関数に応用するのがこの法則的アプローチである．すると，波動関数は何らかの実体を表しているのではなく，ボーム力学という理論の中にある法則の一側面を反映しているものとして捉えることになる．さらに，波動関数をハミルトニアンのようなものだと捉えるとシュレーディンガー方程式は，法則である波動関数についての法則になるのでメタ法則となる．なお，このことは法則であるはずの波動関数が時間に依存するという主張を導くが，これ自体は分析形而上学の範囲内で認められている．波動関数の動きが法則なのではなく，波動関数そのものが法則であることには注意しておこう．

最後の選択肢である「性質としての波動関数」でも同様に，古典力学からの類推で波動関数とは何かを検討する．古典力学において位相空間上の点は特定の位置と運動量という性質に対応している．このとき，位相空間は性質が取りうる値の族を表していると考える．これから類推すると，量子状態の空間は，ある特定の性質の族が取りうる値の空間と考えることができる．その量子系の波動関数は，空間上の特定の値を表現するものと考える．このように考えることで，結論だけ述べておくと，波動関数はボーム粒子の傾向性（disposition）を表現していると考えることができる．

ベロが検討したいずれの立場にせよ，ボーム力学の存在論を展開するリソースとして古典力学が用いられている．そもそもボーム粒子が古典的な粒子からの類推によって得られていることからもわかるとおり，ボーム力学の存在論は古典力学に基づいて議論されるものである．その意味で，必然的にボーム力学の存在論には古典力学的な特徴が現れるものだと考えられる．

3-4-4 プリミティブ・オントロジーに訴えるアプローチの問題

このようにプリミティブ・オントロジーに訴えることで GRW 理論とボーム力学は，空間の次元と経験的整合性の問題を解決している．しかし，これらの解釈はあくまで量子力学による記述と我々の日常的な経験との不一致という科学的・経験的に動機づけられて提案されたわけであり，このような形而上学的な対象が不可欠なのであろうか．プリミティブ・オントロジーに訴える方針に対するネイ（Ney 2015）の反論を検討することで，この概念が必要以上に強い要請であることを明らかにしよう．

まず，GRW 理論やボーム力学といった解釈にプリミティブ・オントロジーが必要であるという主張を支持しているモードリンの議論は次のように整理される（Ney 2015, p. 3111）．

1. 物理理論の形而上学的解釈が十分であるのは，この形而上学的解釈がその理論を経験的に一貫したものにできる時である．
2. 基礎的な物理理論が経験的に一貫したものであるのは，我々のもつ理論の証拠が，その理論の存在論の中に含まれている対象についてのものである時である．
3. 量子論についての証拠は，局所的可存在についてのものであるように見える．
4. それゆえ，十分な量子論は，もし経験的に一貫したものであるならば，その存在論の中に局所的可存在を含んでいるべきである．
5. 波動関数実在論は，量子論が局所的可存在を持たないと主張する立場である．
6. それゆえ，波動関数実在論は十分ではない．

これが付加的な存在論的事象である局所的可存在が波動関数実在論に不可欠であるという主張の骨子である．

この議論は波動関数実在論が誤りであることを主張しているわけではなく，波動関数実在論が真であると認めると，この立場の証拠となりうるものの実在性を否定することになるということを指摘するものである．というのも，そもそも波動関数実在論の根拠である波動関数だけでは，マクロな対象の存在論を

与えることも記述することもできないからである．しかし，前述の通り，定義よりプリミティブ・オントロジーは全ての対象の構成要素であることが要請されている（Allori 2013, p. 60）．そのため，マクロな対象の存在論をプリミティブ・オントロジーの観点から説明できないということは，プリミティブ・オントロジーを用いた議論への反論としては決定的である．実際，量子力学の波動関数によって，机や椅子のような日常的な事象を説明することは不可能であろう．このようにして，ネイは波動関数実在論が抱える困難を指摘している．この困難を回避するために，マクロな存在論を回復することと経験的に整合性があることは別であるとネイは主張する．つまり，経験的な証拠が 3 次元的なものである必要はなく，その意味でマクロな存在論を波動関数実在論が説明できないことは問題ではないという．

　量子力学の経験的証拠が，必ずしも 3 次元空間上で記述される必要がないとするネイの立場は原理的には可能である．ただし，この場合でも，量子力学が（確率的であっても）何らかの経験的予測を与えている状況には変わりはなく，その対応関係を与える必要がある．そもそも量子力学の解釈はまさしく我々の経験的事実との対応を説明するために導入されたのであった．例えば，GRW 理論は崩壊過程を導入することで，重ね合わせを経験ないし観測しないことを正当化しようとしている．ネイのように，量子力学の経験的証拠が 3 次元空間上にある必要がないと主張すると，解釈のそもそものモチベーションを放棄することになる．さらに，波動関数実在論における経験を 3 次元空間に限定しないという立場は多世界解釈に帰着する．後述するが，多世界解釈はこの世界に実在するものは全て量子力学的なものだけであるとする立場である（Wallace 2012b）．そのため，空間の次元に関する前述の問題は，多世界解釈にとっては問題にはならない．経験を 3 次元に限定できないという指摘は，波動関数実在論への反論ではなく，波動関数実在論の中でも多世界解釈を導くに過ぎない．したがって，ネイの批判は波動関数実在論への反論ではなく，プリミティブ・オントロジーを用いる方法論に対するものと捉えなければならない．

　また，マクロな存在論がプリミティブ・オントロジーによって記述できないというネイの指摘は曖昧なものだろう．確かに，波動関数が机や椅子を記述で

きないだろうということは説得力のある立場ではあるが，この不可能性を厳密に示すのは困難であろう．さらに，量子力学の解釈は，あくまで量子力学にある程度の実在論的立場をとった上で，経験（重ね合わせを観測しないことなど）を説明することであり，ネイが要請しているような机や椅子の存在論的な記述を与えることではない．

このように，波動関数実在論に対する「マクロな存在論を扱えない」というネイの批判が妥当ではないのだとしたら，プリミティブ・オントロジーに問題がないことになるだろうか．そうではない．ネイの批判が十分ではないだけで，より深刻な課題として古典力学と量子力学の関係を指摘することができる．つまり，マクロで日常的な対象と量子力学の関係というあまり本質的とは言えない議論に訴えずとも，プリミティブ・オントロジーの議論の課題を指摘できる．

まずは，古典力学との関係が考えやすそうなボーム力学について考えてみよう．ボーム力学は古典的な粒子（ボーム粒子）をプリミティブ・オントロジーとして導入している．このことから，ボーム力学を採用すれば量子力学から古典力学的な性質が導けると主張できるように見える．しかし，ゴールドシュタイン（Goldstein 2024）が指摘しているように，二つの理論の関係はそう単純ではない．確かに，ボーム力学においても，速度は粒子の位置によって決定され，その意味で古典力学と類似性がある．量子力学においては先導方程式である式（3.44）によって二つの関係が与えられている．一方で，古典力学ではボーム力学の確立にとって重要な役割を果たしたハミルトン・ヤコビ方程式によって位置と速度の関係を与えることができる．その意味でも，ボーム力学と古典力学には対応関係があるように見えるかもしれない[35]．しかし，対応が取れていれば十分という考え方もあるかもしれないが，ボーム粒子をプリミティブ・オントロジーだと捉えるとより深刻な問題がある．そもそも，ボーム粒子がプリミティブ・オントロジーであるとするならば，ボーム粒子を支配している量子力学から古典力学的な挙動を導くことができなければならないが，ボーム力学から古典的な運動方程式は導くことができない．ボーム力学は古典力学から類推

---

[35] ハミルトン・ヤコビは他の古典力学の形式化と同値であり，先導方程式（式（3.44））が原理的に基礎的であるようなボーム力学との対応は確立できていない．

しているに過ぎず，両者の間に導出関係はない．古典力学的な性質を導くことができるようにみえたとしても，それは何らかの形で古典力学的な性質を前提しているのである．つまり，プリミティブ・オントロジーとしてボーム粒子を持つボーム力学は古典的な性質を示すことができない．

同様に，GRW 理論と古典力学の関係を考えよう．ボーム粒子の事例と同様に，GRW 理論が古典力学を導出できるのかを考えると，そもそも GRW 理論は崩壊のプロセスを量子力学に導入したものに過ぎない．つまり，古典的性質を前提せずに量子力学から，古典力学的な挙動全体を導くことはできない．崩壊した後の挙動も結局はシュレーディンガー方程式に従うのみであり，崩壊解釈自体も古典力学的な運動方程式と対応するものではない．その意味で，GRWm と GRWf のいずれの理論でも，それら単独で，古典力学的な性質を導くことはできない．したがって，ボーム粒子と同様に閃光，および物質密度が古典力学的軌道を示す根拠はどこにもない．プリミティブ・オントロジーを伴う解釈は古典的な性質を導出できず，その要請である全ての対象の構成要素であるという条件を満たせない．にもかかわらず，プリミティブ・オントロジーはその定義より古典力学も説明しなければならない．

このような主張に対しては，量子力学と古典力学の間には導出関係があるのではないかとする反論があるかもしれない．例えば，その典型的な事例として，量子力学における物理量の期待値の関係を表現するエーレンフェストの定理が挙げられるかもしれない．確かに，エーレンフェストの定理により，自由粒子の期待値は古典力学の運動方程式に従い，実際に，GRW 理論においても成立することが知られている（Frigg and Hoefer 2007）．しかし，エーレンフェストの定理にせよデコヒーレンスにせよ，既に検討した通り，古典力学的な性質が常に導出できるわけではなく，創発的であると指摘できる．量子力学の形式にプリミティブ・オントロジーを加えた解釈でもこの状況は変わらない．経験的事実についてこれらの解釈は等価である．だが，プリミティブ・オントロジーがこの世界の全ての対象の構成要素であるのであれば，近似的な古典的な性質しか得られないということは問題がある．

つまり，問題の根源は，プリミティブ・オントロジーがこの世界の全ての対

象を説明する構成要素であるという過剰な想定にある．ボーム力学やGRWm，GRWfのようにプリミティブ・オントロジーを前提とする解釈では，古典力学的な性質を導けない[36]．しかし，一般に古典力学の記述をボーム力学やGRW理論のプリミティブ・オントロジーによって与えることはできず，プリミティブ・オントロジーの要請を満たせない．それゆえ，プリミティブ・オントロジーに訴えるアプローチは問題を抱えてしまう．このように議論すれば，ネイのように不必要に過大な存在論の議論（日常的な対象と量子力学の対応）を抱えることがなく，プリミティブ・オントロジーを用いた方法論に対する，簡潔な反論となる．

3-4-5　プリミティブ・オントロジーと創発

　長々とプリミティブ・オントロジーを用いる解釈についてその哲学的な議論を検討してきたが，そもそも本章の関心は古典力学によって支配されているような古典的な領域が量子力学から見て創発であるかどうかを検討することである．特に，解釈問題を解決する方針の解釈が示す描像・世界像において古典的な領域がどのような地位にあるのか，具体的には創発的であるといえるのだろうか．

　まず整理しておくと，ここまでで検討した解釈であるGRW理論とボーム力学は，3次元空間上の実体を基礎的な存在として認めなければならないという立場にある．このような一見すると無意味な（形而上学的な）存在の仮定も，単なる哲学的な要請というよりは経験的な一貫性という解釈にとって重要な動機から得られる要請であると整理できる．GRWでは物質場と閃光がプリミティブ・オントロジーの候補であり，ボーム力学では（もちろん）ボーム粒子である．このような存在があることで，次数の高い次元で記述されている量子力学の要素と，次数の低い次元の日常的な空間上の点との間に対応を与えることができる．例えば，GRWfで言えば，波動関数の頂点は3次元空間上の閃光に対応し

---

[36] より正確には，プリミティブ・オントロジーを要請したとしても，これに加えて何らかの形で古典力学的な性質を要請しなければ，古典的性質は導くことができない．

ている．これは量子力学という理論に対する要請ではなく，それぞれの解釈にとって必要な形而上学的な想定である．ベルが指摘したように量子力学から得られる経験的な側面を描像の中に含めるという方針自体は説得力がある．そのためにベルは局所的可存在の必要性を指摘した．ただ，一方で，マクロな対象（ビリヤードボールなど）の全てをボーム力学やGRW理論が説明できなければならないというのは，説得力に欠く要請であろう．経験的な一貫性とマクロな対象の実在の回復というのは別のことである．プリミティブ・オントロジーを想定したとしても，古典力学的なモデルと量子力学的なモデルの間に対応関係を想定することはできるが，これは一種の規約に過ぎず，その正当化を与えることはできない．なぜなら，プリミティブ・オントロジーが与えることができるのは，量子力学から示すことができる内容に限られているためである．つまり，プリミティブ・オントロジーは量子力学の高次元の記述と，我々の3次元の記述の橋渡しをする役割を果たしているが，古典力学的対象や，日常的な対象（猫やボール）についての性質を導出することができない．

　では，量子力学を修正することで観測問題に取り組んだこれらの二つの解釈において，古典力学的性質は創発だろうか？　まず，低い階層のモデルは量子力学的なモデルであるが，そのモデルは解釈ごとに異なる存在論的実体が仮定されている．対応する高い階層のモデルは，古典力学的なモデルを考えれば良い．両者のモデルで同じ対象系を共有しているのかが問題ではあるが，ここでは質点的なものを考えることにしよう．ただ，これまでに見てきたように，低い階層のモデルから高い階層のモデルが示すような古典力学的な性質そのものは導けない．GRW理論もボーム力学もどちらにせよ，古典力学そのものではなく古典力学に準じた性質が現れるだけである．例えば，ボーム力学における「影」という概念は典型的で，古典力学そのものは導けないので，古典力学に限りなく近い性質なら導けるというのが「影」の議論である．その意味で，3-2節で検討したように，これらの解釈においても準古典性しか現れず，古典力学は創発であるといえるのである．

3-5　多世界解釈

　量子力学の解釈問題について復習すると，量子力学の形式に基づいて，我々の経験や科学的な実践との整合性を検討する問題である．具体的には，重ね合わせ状態を我々が観測しないという事実を説明するために解釈が必要になる．例えば，GRW解釈のような崩壊解釈では，観測のたびに重ね合わせにある複数の状態のうちの一つに崩壊するという描像が与えられる．一方で，この節で検討する多世界解釈は，重ね合わせにあるそれぞれの項に対応する世界に分岐していくと考え，世界の複数性の実在を認める．噛み砕くとこの世界が実際に複数に分岐しており，その分岐それぞれが同じように実在するという主張を認める立場である．多世界解釈はエヴェレット（Everett 1957）の相対状態解釈をもとに確立された解釈であり，現代的にはウォレス（Wallace 2003; 2010; 2012b; 2013）による再構成が代表的だろう．多世界解釈の哲学的課題として，この世界が複数であるとしたときの一貫した存在論と量子力学における確率の解釈がある．存在論の課題としては，世界が多数に分岐するという解釈において，どのような描像が成立しているのかというものである．また，確率については，多世界解釈においては，観測者自身も分岐するために，ボルン・ルールで与えられる確率がどのような意味を持つのかという点が問題になる[37]．本書の関心である創発についていえば，確率についての議論はあまり関連しない．そこで，本書では存在論的課題に注目する．

　ウォレスは多世界解釈の存在論を次のように整理している．

　　我々が科学全般にわたって適用しているのと同じ原理を量子力学に適用すると，準古典的な世界の複数性が基礎的な量子物理学から創発する．これらの世界は，構造であり，量子状態によって例化されているが，にもかかわらずまさしく実在的である（Wallace 2012b, p. 102）．

---

[37] 現代の多世界解釈における確率については中心となる文献を挙げておこう（Tappenden 2011; Sebens and Carroll 2018）．

多世界解釈は世界が分岐していくため，この準古典的な世界にも複数性があり，準古典的な性質もまた実在的であることが述べられている．量子力学から常に古典力学が導出できるわけではないことから，準古典性は二つの理論を結びつけるために重要な性質である．ただ，この主張には，「科学を通じて適用されている原理」の内実や，創発や例化（instantiation）という概念の意味などが十分に説明されていない．また，ここでは言及されていないがウォレスの例化概念はパターン概念と深く関係している．創発やパターンという概念は，これまでの科学哲学においても検討されているものの，その知見が上述の存在論に十分に反映されているとは言い難い．そこで，科学哲学における創発概念やパターン概念の分析をもとに，この存在論的描像を再構成することで，多世界解釈における古典力学と創発について考えていこう．

3-5-1　多世界解釈の存在論

多世界解釈がどのように観測問題を捉え，解消するのかを復習するため，単純化した形でシュレーディンガーの猫を考えてみよう．ある電子の x-スピンが上向きの時には毒瓶が割れ猫は死んでおり，下向きの時には猫が生きているとする．このことは以下のように表現できる．

$$|\Psi\rangle = c_1 |\uparrow_x\rangle_e |\text{dead}\rangle_{\text{cat}} + c_2 |\downarrow_x\rangle_e |\text{alive}\rangle_{\text{cat}} \tag{3.47}$$

ここで，$|\cdot\rangle_e$ は電子の状態を，$|\cdot\rangle_{\text{cat}}$ は猫の状態をそれぞれ表現しているとする[38]．また，$|c_1|^2 + |c_2|^2 = 1$ とした．このとき，$|\Psi\rangle$ という全体系は電子と猫が重ね合わせ状態にあることを示している．しかし，我々は猫が重ね合わせにあることを観測したことはないし，おそらくこれからもないだろう．このような量子力学の記述と我々の経験的な事実の間の不一致を説明するということが，観測問題という課題と捉えられる．

多世界解釈はこの問題に対して，マクロな猫も含めてこの世界が分岐していると考える．箱に入ったこの猫が生きている世界と猫が死んでいる世界という

---

[38] 毒瓶については本質的ではないので，以下の記述では省略されている．

二つの世界に分岐している．この猫を観測する我々自身もそれぞれの世界に分岐しているため，猫が重ね合わせにある状態を観測することはない．このように，重ね合わせが生まれるたびに世界が分岐すると考えるのが多世界解釈である．この解釈の特長は，量子力学の形式に付加的な仮定が必要ではないということにある．例えば，GRW 理論であれば，波動関数の崩壊についての付加的な仮定が加えられ，ボーム力学ではボーム粒子が加えられる．一方で，多世界解釈は量子力学の形式を変更することなく，解釈だけによって重ね合わせに対して整合的な理解を与えることができる．

現代の多世界解釈を展開したウォレスは，前述の通り量子力学の解釈問題を，量子力学の状態空間の解釈の問題に帰着させる（Wallace 2012a; 2022）．その上で，多世界解釈を量子力学の状態空間を古典力学の位相空間のように解釈する立場として整理するのだった．$|\uparrow_x\rangle_e |\text{dead}\rangle_{\text{cat}}$ と $|\downarrow_x\rangle_e |\text{alive}\rangle_{\text{cat}}$ という二つの状態はどちらも同様に実在している．重ね合わせにある二つの状態がどちらも等しく実在的であると主張するために，この世界は分岐していると考える．つまり，猫自身は分岐し，さらにその猫を観測する人間自体もそれぞれの世界に分岐していき，その世界の間には一切の関係がなくなる．それぞれの世界は古典的な対象を含むという意味で，世界は古典的なものでもあるはずである．

このような多世界解釈には，以下のような存在論的な問題が生じていると指摘される．多世界解釈における世界は量子的なものである一方で，この分岐に対応する世界は古典的なものでもある．また，古典力学はこの世界のさまざまな現象を記述するために日常的に用いられている．しかし，量子力学と古典力学は異なっており，量子力学的な実在が基礎的であるとする多世界解釈において，古典力学にどのような存在論的な地位を与えればよいのかが明確ではない．

この課題に対して，ウォレスはこの古典力学的な性質（古典性）が創発でありパターンであると応じる（Wallace 2013, p. 213）．この古典性と量子力学の関係を考えるために，特に準古典性という概念を導入し，デコヒーレンスを通じてそれぞれの分岐・世界は準古典性を示すと指摘している（Wallace 2010）．準古典性とは量子力学から得られるような近似的な古典的性質を指す．この準古典性が古典性と近似的に一致することから，量子力学と古典力学が結びつけ

134

られ，さらにこの準古典性が実在することをパターン概念や創発概念を通じて
説明している．これが多世界解釈の特徴である．では，ウォレスが提示した多
世界解釈の存在論を修正していくことで，多世界解釈における古典力学の存在
論的地位について創発か否かを検討する[39]．

3-5-2 古典的領域と創発的なパターン

多世界解釈の存在論を明確にするために，ホーソーンの多世界解釈に対する
反論（Hawthorne 2010）と，それに対するレディマンの再反論（Ladyman 2010）
をまとめよう．ホーソーンは多世界解釈の存在論において（準）古典性を含める
ための方針として，保守的なアプローチとリベラルなアプローチの二つのアプ
ローチがあると指摘する．保守的アプローチでは，量子的領域から日常的な対
象の挙動を説明できるとする．一方，リベラルなアプローチとは，量子力学だ
けでは不十分であるために，古典的・日常的な対象を説明するような対象を仮
定する必要があるとする立場である．リベラルなアプローチは，例えば射影仮
説を仮定する GRW 理論や，古典的なボーム粒子を仮定するボーム力学に対応
する．多世界解釈は保守的な立場を採用することになるが，日常的な対象の振
る舞いは量子力学によっては説明できない．ホーソーンが多世界解釈の課題と
して挙げるのは猫の様相的な挙動である．次の瞬間，猫がどのような振る舞い
をするのか（手を舐めるのか，顔を拭くのかなど）ということを量子力学から説
明することが多世界解釈には必要であるが，これは実質的に不可能である．そ
れゆえ多世界解釈の存在論は妥当ではないとホーソーンは主張する．これに対
して，レディマンはそもそもホーソーンの議論が誤った二分法に依拠している
と指摘する（Ladyman 2010）．例えば，古典的で日常的な対象は，基礎的な領
域の対象が示すパターンであり，基礎的領域から完全に独立ではないが，一方
で，同一（identical）ではないものとする第三の選択肢もある．このアプローチ
がウォレスの採用する方針であり，量子力学という基礎的な領域から完全には
独立ではない派生的な領域として古典性の実在を認めるという方針を取ってい

---

[39] 3-1 節でみたロサラーの議論（Rosaler 2015; 2016; 2019）もこのウォレスの定義に依っている．

るのである[40].

　ウォレスは量子力学には含まれない派生的な対象の存在をパターンとして認めるために，デネット基準を導入する．デネットの名前を冠していることからわかるように，ここでの「パターン」はデネットの「リアル・パターン」の議論が念頭に置かれている（2-4-4 小節を参照）．デネットは意識の実在性を検討するためにリアル・パターンという概念を提示したが，ウォレス（Wallace 2012b）はこのアイディアを，意識に限らず量子力学的な対象以外の（派生的な）対象の実在性の基準へと適用範囲を広げている．この基礎的ではない対象の実在を認めるデネット基準を次のように定義する．

　　　デネット基準：マクロな対象はパターンであり，実在的なものとしてのパターンの存在は，そのパターンを存在論に含めることを認める理論にとっての便利さ――特に，説明力や予測信頼性――に依存している（Wallace 2012b, p. 50）．

つまり，基礎的ではない対象も，その対象がなんらかの科学理論にとって有用であれば，パターンとして実在すると考えることを認めよという基準である．いいかえると，基礎的な領域からは説明できない対象の実在性を有用性に訴えて保証するものである．ウォレスに倣いトラを例として考えよう．野生のトラはこの世界の特定の領域（タイやインドなど）に生息し，その実在性は疑いようがないが，トラの挙動を現代物理学が説明することはできていない．しかし，基礎的な物理学によって説明できないからといって，トラが実在しないというのはナンセンスである．そこでデネット基準に則り，有用性を考えてみると，トラの存在を認めれば生態学の説明に有用である．捕食者としてのトラの存在は他の動物の行動を説明するのに有用だろう．このような基礎的ではない対象の存在を認めるために，ウォレスはパターンという概念を導入し，マクロな古典的な領域の事象はパターンであると主張する．この基準がウォレスの存在論（本書 p. 131）における「原理」に対応している．

　デネット基準をもとに考えると多世界解釈の存在論には（少なくとも）二つの

---

[40]「派生的」（derivative）とは，「基礎的」（fundamental）の対立概念である．

階層がある．まず，一つ目に，より基礎的な領域に量子力学に従う対象や性質によって構成される階層がある．さらに，二つ目として，この基礎的な領域とは異なるレベルで，マクロな派生的対象がパターンとして実在する領域がある．この派生的な対象や性質の実在は，それらが何らかの科学的な有用性を持つときに認められる．派生的な領域のマクロな対象は古典力学に従うことからわかるように，古典力学的な性質や対象は派生的な領域に存在している．この古典的な対象（シュレーディンガーの猫やこれを書いている私，読んでいるあなた）も分岐していくことから，二つの領域は完全に独立ではない．そこで，量子力学と古典力学を結びつけるために，準古典性が用いられる．量子力学から古典的な性質を導こうとしても，結果として得られるのは準古典性（古典性に近似的に一致している性質）である．つまり，基礎的領域から導かれるのは準古典性であり，これが基礎的な領域と派生的な領域を橋渡しするための役割を果たしている．準古典性こそが本質的に実在するものなのだが，我々の認知能力の限界ゆえに古典的なものしか認識できない．準古典性が基礎的領域にあるのであれば，この準古典性もまた実在であると認める必要がある．一方で，派生的な性質であったとしても，その有用性からデネット基準を満たしている．では，このデネット基準を受けいれた上で，創発やパターンといった概念との関係はどのようになっているのだろうか．以下で，創発とパターンのそれぞれについてのウォレスの立場を整理し，それぞれについて準古典性・古典性を評価する．

3-5-3　創発と例化

　ウォレスは創発について例化という概念をもとに検討していることから，まずその内容を整理し，古典性と創発・例化の関係を明らかにする．ウォレスの主張を整理していくことで準古典性の役割についても明らかになる．その上で，古典性と準古典性が創発であるか否かを検討していこう．

　「例化」という概念は次のように導入されている．

　　　二つの理論 A と B が存在し，A の過程の部分集合 D が与えられた時，ド

メインDにおいてAがBを例化しているのは，以下の時，かつその時に限る．Aの可能な過程からBの過程への（比較的単純な）写像 ρ が存在し，あるDにおける過程 h がAの制約を満たす時 $\rho(h)$ が（近似的にいえば）Bの制約を満たすようなものである時である（Wallace 2012b, p. 54）．

つまり，理論Aのある状態の軌跡や挙動 h が与えられており，Aから別の理論Bへの写像 ρ が存在し，$\rho(h)$ が理論Bに少なくとも近似的には従う時に，AはBを例化していると呼ぶ．例えば，太陽系（ドメインD）において，量子力学（理論A）は，古典力学（理論B）を例化している．また，コンピューターにおいて固体電子工学が抽象的な計算理論を例化しており，動物行動学はゲーム理論を例化しているとされている[41]．直観的にいえば，ある理論Aが別の理論Bを何らかの形で具現化しているときに，AがBを例化しているという．その上でウォレスは，理論Bが理論Aから創発しているのは，理論Bによって記述されている世界の構造的特徴が，理論Aに従って例化されるときであるとする（Wallace 2013, p. 213）．つまり，古典力学が記述するこの世界の古典力学的な挙動が，量子力学によって例化されているならば，古典力学は量子力学から創発している……というのがウォレスの例化と創発の関係である．

　では，量子力学がどのように古典力学を例化しているのかを見ていこう．すでに説明した通り，十分に局在している波束を考えると，量子的挙動と古典的挙動の間には対応関係がある．この事例では二つの挙動の間に同型写像が存在するとウォレスは主張している（Wallace 2012b, pp. 66–67）．局在した波束の中心が古典力学の空間（配位空間）上の軌道を定義し，その軌道が近似的に古典力学の運動方程式の解になっている．このことは次のように整理されている．

$|\langle x|\psi(t)\rangle|^2 \simeq 0$，ただし，$x \simeq q(t)$ ではない．

$\leftrightarrow$ 波束の中心は $q(t)$ にある．

$\leftrightarrow$ $|\psi(t)\rangle$ は古典的な粒子の挙動 $q(t)$ を例化している． (3.48)

---

[41] ウォレスは「動物学」としているが，ゲーム理論と全く関係ない分野を含むことになるので，ここでは理解のために「動物行動学」としている．

極小波束は近似的に「ハミルトン形式の古典力学の方程式の解」（Wallace 2012b, p. 66）になることから，極小波束 $|\psi(t)\rangle$ の挙動は近似的には古典的な粒子の挙動と一致する．量子力学によって与えられる波束の頂点の挙動は近似的に，古典力学のものと一致していることから，量子力学と古典力学の関係は例化である．ここでは，量子力学から古典力学の性質そのものは導出できていないが，その近似的な性質（準古典性）が導かれている．これをまとめて，準古典性と古典性は量子力学によって例化されており，その意味で創発であるとウォレスは主張している．しかし，準古典性と古典性は別のものである．ロサラー（Rosaler 2016）は準古典性を位置と運動量が近似的に同時に確定的な値を取ることとしているが，一方で，不確定性関係の制約も完全になくなるわけではないことも指摘している．近似的に一致しているということは，実践上，準古典性と古典性を同一視することを許容するだろう．だからこそ，ロサラーは近似的な一致を通じて還元を定義していたのだった．しかし，特に存在論では両者は本質的に区別されるべきものである[42]．

　ウォレスは例化概念を通じて創発を特徴づけているが，例化概念と創発概念は別のものである．例化概念は近似的一致によって特徴づけられている．ウォレス自身が例としてあげている「動物行動学がゲーム理論を例化している」の事例を考えよう．これは，動物行動学はゲーム理論が示すような性質を近似的には示すことができており，そのためこれは例化であると考えられる．ただ，新奇性を創発の特徴として捉える本書の立場に立てば，動物行動学からゲーム理論が創発していると捉えるのは妥当ではない．確かに，ゲーム理論は動物行動学の対象となる現象を説明するようなより抽象的な理論と見ることはできるだろうが，それは第2章で導入した一般化モデルにすぎない．

　また，物理学において創発とされる現象は，その構成要素の総和にはない性質を示す．例えば，臨界現象はくりこみ群を通じてモデルが示さないマクロな普遍的性質の存在を示していることから，創発であると考えられているのだった（Morrison 2012; 2015a）．しかし，このミクロな記述からは本質的に現れな

---

[42] 近似的にしか一致しないにもかかわらず，古典性と準古典性を存在論的に区別しなくていいという主張は，展開する側に論証責任がある．

いような性質は近似的にも一致していないので，例化の定義を満たさない．つまり，例化ではなく創発である例が存在する．もちろん，創発とされているものの中には例化の定義を満たすものもあるだろうが，このことから例化と創発は別の概念である．

しかし，ウォレスの議論に基づいて，量子力学が例化している準古典性や古典性が，同時に創発である可能性はもちろん残されている．上の指摘は例化によって創発を特徴づけるアプローチが妥当ではないことを指摘しているのであって，創発であるかということ自体を問題にしていない．では，準古典性や古典性が創発であるかを検討しよう．

ウォレスが論じるように量子力学から導出されるのは準古典性であって，古典性そのものではない．この準古典性と古典性は近似的に一致してはいるものの，準古典性は古典性そのものではなく，準古典性から古典性は導出されない．「ハミルトン形式の運動方程式に**近似的に従う**」ということと，「ハミルトン形式の運動方程式に**従う**」ということは別のものである．後者から前者は条件を緩めることで導出可能といえるかもしれないが，前者から後者は導出されない．いいかえると，準古典性は量子力学から得られる古典性に似た性質であり，これは古典性そのものではない．この意味で，量子力学・準古典性から見て古典性は新奇な性質と考えられる．一方，準古典性自体は 3-2 節で検討したとおり，量子的な詳細なモデルからは得られない性質であるために創発であるとみなすことができる．以上から，準古典性は量子力学の範囲内で創発であり，古典性は量子力学と古典力学の関係から創発といえる[43]．

3-5-4 パターンとしての実在

多世界解釈における存在論を精緻化するために検討が必要なもう一つの概念は，デネット基準におけるパターン概念である．ウォレス自身はパターンの特徴について次のように整理している（Wallace 2003, pp. 95–96）．

---

[43] 2-4 節と 3-2 節も参照．

i. パターンはある程度の不正確さを許容する. 例えば, トラの毛が一本や二本抜けたところで同じトラと認めることができる.

ii. パターンは通時的でも共時的でもありうる. ある時点での構造のことをパターンと呼ぶこともあり, また, ある対象の挙動がパターンである場合もある.

iii. パターンの通時的な同一性は近似的なものである. ある時点 t_2 のパターン P_2 がまた別のある時点 t_1 におけるパターン P_1 と同じパターンであるということは, 「P_2 は大部分が P_1 によって因果的に決定され, その間の徐々にパターンが変化していく連続的な系列が存在する」ようなものがあるということである.

このパターン概念の特徴は, その同一性について, ある程度のズレや差異を許容するということにある. このようにある程度のノイズを含んだり一種の近似的同一性しか有さないもののある種の科学においては便利であるものを, パターンとしているといいかえてもいいだろう. では, ウォレスのパターン概念を洗練させていこう.

　デネット基準を踏まえると, 多世界解釈の存在論では, より基礎的な理論とは異なる理論でも記述できる対象が, なんらかの意味で科学的に有用であるときに, その実在性がパターンとして認められる. トラの例で考えると, トラはさまざまな部位の組み合わせであり, その部位も多くの細胞からなっている. さらに細胞は分子・原子から構成されている. 例えば, 生物学の範囲に絞って (それでもだいぶ広いが) 細胞レベルの規則性に基づく記述から, トラの挙動を説明することは現状では不可能である. そのため, トラの挙動を説明するために個体という単位で規則性の記述が行われる. このトラの挙動がより基礎的な階層の規則とは異なる規則 (ないし法則) によって説明でき, その説明がトラの理解に役立つ, このことからトラの挙動はデネット基準を満たし, トラという対象は, 単なる細胞の集まりではなく, リアル・パターンであると認められる.

　デネット基準におけるリアル・パターンという概念自体は, デネットの論文 (Dennett 1991) に由来するものであり, 科学哲学的な分析としては, レディマン

とロス（Ladyman and Ross 2007）やスーネとマルティネス（Suñé and Martínez 2021）によって与えられた情報概念に依拠した定義と，ハンフリーズ（Humphreys 2019）による概念的な定義が存在する．これらのパターンについての議論を踏まえて，（準）古典性がパターンとして認められるかを検討しよう．

　まずはデネットのアイディアを整理しよう[44]．デネットはあるデータセットを転送する際に，一つ一つのデータをバラバラに送るようなビットマップ以上に効率的なものが存在するとき，つまり，データの圧縮が可能であるとき，それはパターンであり，実在的（リアル）であると主張する．例えば，以下の構成している文字が同じである二つの異なる文字列を考える（Dennett 1991, p. 34）．

- The frightened cat struggled to get loose.
- Te ser.ioghehnde t srugfcalde go tgtt ohle

この二つの文字列のうち前者は，「怯えた猫は逃げようとした」という意味の文であり，一方で後者は前者と構成要素は同じであるが意味のない文字列である．この二つの文字列は，伝達しようとすると大きな違いが現れる．二つ目の文字列を伝えようとすると，「1文字目にT」，「2文字目にe」，「3文字目にスペース」……といったように，半角スペースをどこに入れるかということも含めて文字を一つずつ指示することでしか伝達できないはずだろう．一方で，前者の文字列は一文字ずつ指定することなく，「『怯えた猫は逃げようとした』を英語で書いた文」という簡潔な形で伝達できる．したがって，上にあげた文字列では前者はリアル・パターンであるが，後者の無意味な文字列はそうではない．このように，リアル・パターンを特徴づける際に情報の伝達効率が重要であることからも，この概念には情報理論的な側面がある．

　このデネットのリアル・パターンという概念における情報の重要性に着目し，レディマンとロスは情報理論をもとに，リアル・パターンの定義を試みている（Ladyman and Ross 2007, pp. 221–226）．まず射影可能性という概念を次のように定義する．ある物理的な計算機 M を考え，射影（projection）$x \rightarrow y$ を「x を

---

[44] そもそも，デネット自身は心の志向的な態度の実在性を保証するためにリアル・パターンという概念を導入した．ただ，心や意識についての論点はここでは重要ではないので省略する．

インプットとして，y をアウトプットとしてもたらす」という操作であるとする．
ある計算が以下の二つの条件を満たすとき，その計算は射影可能（projectable）
であるという．

1. あるスケールでの $x \to y$ という射影を実行可能な物理的な計算機 M がある．
2. また，M は別の射影 $x \to w$ が実行可能である．

あるスケールでの初期状態から終状態への移行を計算することができる機械が
存在すれば，それは射影可能であるといえる．例えば，古典力学が支配するマ
クロな世界において，ある惑星の初期状態から終状態を計算することが可能で
あることから，その惑星の運動は射影可能である．

　このように射影可能性という定義を与えた上で，リアル・パターンを次のよ
うに再定義する．

> 存在するとはパターンとして存在するということである．パターン $x \to y$
> が実在するのは以下の時，かつその時に限る．
> 1. これが射影可能であり，かつ，
> 2. 少なくとも一つのパターン P について情報をもたらすモデルが存在
>   し，そのエンコーディングは P のビットマップのエンコーディング
>   よりも論理的深さが低く，$x \to y$ よりも低い論理的深さの別のリア
>   ル・パターンについての情報を計算するような物理的に可能な機器
>   によって P が射影可能ではない．

ここでの論理的深さ（logical depth）は計算の複雑性の尺度である．第二の条
件は，ビットマップのように逐一データを送るような操作よりも単純な操作に
よってパターンを記述することができ，かつ，このパターンについて計算する
機器の効率が一定以上保証されていることを要請する．単に射影可能であると
いうだけでなく，より効率的に射影を計算することができることが重要な条件
である．このようにリアル・パターンを再定義することで，レディマンとロス
はスケールごとの対象にパターンとしての存在論的な地位を与えている．

第 3 章　量子力学と古典力学の創発　143

　このレディマンとロスによるパターンの定義にはさまざまな反論があるが，中でもスーネとマルティネス（Suñé and Martínez 2021）は問題を指摘するにとどまらず，情報理論を用いてリアル・パターンの再定義を与えている[45]．彼らはアルゴリズム情報理論に訴えて，コルモゴロフ複雑性 K をもとにデネット的なパターンを次のように再構成している[46]．まず，K(S) を S を出力する最も短いプログラムの長さを指し，K(S|T) を T という系列（sequence）が与えられた時に S を出力するための最も短いプログラムの長さを指すとしよう．さらに，この二つの S と T の相互情報量の測度として $I(S:T) \equiv K(S) - K(S|T)$ を定義する．これは S の出力に対して，T が与えられていた時にどの程度短くなるのかを測る測度である．例えば，T と S が無関係であれば 0 であるし，一方で，T によって S の出力が簡単になる場合には $I > 0$ となる．これらの概念をもとにレディマンらのリアル・パターンの定義を次のように再構成している．

　　あるパターン P が実在的であるのは以下の時，かつその時に限る．ある
　　データセット D が存在し，これは以下のようなものである．
　　(i) $I(D:P) > 0$ であり，
　　(ii) $K(D|Q) = 0$ で $K(Q) < K(P)$ であるような Q は存在しない．

第一の条件は圧縮可能性とスーネらが呼ぶ概念で，P が存在すれば D の伝達効率が上がることを意味している．第二の条件は，P 以上に効率的に D を特徴づける全ての情報を伝達できるパターンが存在しないことを要請している．

　しかし，このようにリアル・パターンを定義すると，別の Q という冗長なデータの組もまたリアル・パターンになってしまうと指摘する[47]．そのためにスーネたちは D-不要性（D-dispensability）という概念を以下のように定義する（Suñé and Martínez 2021, p. 4327）．

　　あるパターン Q があるデータセット D についての情報をもたらし，D-

---

[45] スーネらだけでなく，レディマンらの方針はマクアリスター（McAllister 2011）が批判している．具体的には，レディマンらの射影可能性という概念では実在的とは呼べそうにないパターンをリアル・パターンに含んでしまうと指摘する．ただ，マクアリスター自身は，新しい定義を提示しているわけではない．

[46] ここでは形式的な理解は重要ではないので，スーネらの説明に基づき必要な概念を簡単に説明しておく．

[47] 詳細は，スーネらの議論（Suñé and Martínez 2021, pp. 4324–4326）を参照．

不要（D-dispensable）というのは以下の時，かつその時に限る．別のパターン P が存在し，P は以下の条件を満たす．

(i) $K(D|P, Q) = K(D|P)$

(ii) $K(P) < K(Q)$

(i) の条件は，あるデータセット D に対して，Q がもたらす情報はせいぜい P の一部であることを示している．(ii) の条件は Q が P に比べて冗長であることを指す．その上で，リアル・パターンを次のように再定義する（Suñé and Martínez 2021, p. 4327）．

リアル・パターン：あるパターンが実在的であるのは，以下の時，かつその時に限る．少なくとも一つのデータセット D が存在し，P は厳密に D-必要（D-indispensable）である．ただし，厳密に D-必要であるとは，D についての情報を伝達し，D-不要ではない時である．

つまり，リアル・パターンであるようなパターンは，効率的に記述でき，その際に余分な情報を持たないものである．このようにして，彼らは情報理論に基づき，より洗練されたリアル・パターン概念を提示している．情報理論の知見を尊重するこのアプローチでは，情報理論的な意味での情報伝達の最高効率性がリアル・パターンの重要な特徴である．

では，多世界解釈において，この情報理論的なリアル・パターンの定義を古典性や準古典性は満たすだろうか．古典力学的な物体の挙動についてのデータセットの転送は，その初期状態が与えられた古典的な運動方程式を通じて簡単にすることができる．つまり，「時刻 t_1 で位置 x_1」「時刻 t_2 で位置 x_2」といった具合にして，古典力学の物体の軌跡を記述する必要はなく，「時刻 t_0 における初期状態 $\{x, p\}$ で，古典力学の運動方程式に従う」とすれば，その物体の軌跡を伝達することができる．その意味で古典力学はリアル・パターンといえる．一方で，準古典性については，データセット自体は極小波束についてのものであり，シュレーディンガー方程式も準古典的な運動方程式も，どちらもこの波束の挙動をビットマップのように細かい情報の断片に分割することなく，簡単

に説明することができる．その意味で準古典性をパターンとみなすことは問題ない．

ウォレスが多世界解釈の存在論のデネット基準においてパターンが実在する条件として挙げているのは，理論にとっての有用性である．しかし，有用であっても情報理論的なリアル・パターンではないものが存在する．つまり，情報理論的なアプローチでのリアル・パターンと，デネット基準の「リアル」の意味が一致していないのである．実際，コルモゴロフ複雑性を下げないようなパターンであっても有用性を示すものは存在するだろう．ある対象の挙動を簡単に説明するということだけが，科学理論における有用性ではない．例えば，準古典的な運動方程式による記述がより効率的であったとしても，同じ波束を量子力学の規則を通じて説明することはやはり有用であろう．量子力学の法則に従うという事実は，この準古典性が量子力学から現れてきたものであることを保証するという意味で有用である．一方で，量子力学の規則による記述がより効率的であったとしても，やはり準古典性には古典力学と量子力学を橋渡しするという重要な有用性が存在する．準古典性は量子力学という基礎的で実在的な領域から導かれている性質である以上，一定の実在性を担保しなければならない．準古典性が実在的ではないというのは，量子的領域と古典的領域の間を結びつけるものがなくなり，古典力学的な世界が分岐するという存在論と両立しない．つまり，ウォレスのデネット基準に従えば，最高効率であることはパターンの実在性にとって必要ではない．

情報理論的な効率性に訴えるのとは別の，パターン概念を定義するアプローチとして，パターンが持つと期待される性質に訴えるという方針がありえる．ハンフリーズは情報理論の形式的な側面にあまり依存しないよう形で定義を与える．パターンの特徴として，以下の，非ランダム性，自己組織化，生成，安定性を挙げている（Humphreys 2019, pp. 152–157）．

非ランダム性　ある初期条件のもとで現れる終状態をパターンとみなすことができるのは，同じ初期状態からは概ね同じ終状態が現れるときである．同じ初期状態であるにもかかわらず，終状態がランダムであればそれは

パターンとはいえない．ここでのランダムであるとは，初期状態から終状態が全く定まらないという強い意味で用いている．

自己組織化　パターンは，外部からの影響なしでそのパターンを構成するような構造を有している必要がある．例えば，シェリングの分離モデルでは，初期条件と事前に与えられた規則だけから人種間で居住エリアが分かれていくという一定の構造が現れているために，この構造をパターンとみなすことができる．一方で，終状態の直前にある意味で辻褄が合うように介入することで，人種ごとに居住空間が分かれるようにしてしまうのであれば，それはパターンではない．

生成　初期状態が与えられたときに，あるパターンを生じさせる規則・法則・力学が存在しなければならない．

安定性　その構成要素が変化しても，対応するマクロなパターンは安定性を示さなければならない．安定性は再循環的自律性・代替自律性・同値クラス自律性に分類される．まず，再循環的自律性とは，動的なミクロなプロセスを経ても安定的であるということを指す．例えばベナール対流のように，特定の条件下で，繰り返し同じような渦が現れ続けるようなものを指す．代替自律性とは，例えば川の流れや社会性昆虫の巣のように，その構成要素の変化に対する安定性を指す．川の流れを構成する要素は一瞬一瞬で変化していくが，一定期間，同じ流れという構造が現れ続けている．同値クラス自律性は，同種の構成要素の変更に対する安定性である．例えば，「神の見えざる手」がその例である．株の取引は元々は人間同士のやりとりであったが，今ではもっぱらコンピューターによって担われており，その意味で構成要素は変わっている．しかし，構成要素が変わっても，「神の見えざる手」という同じマクロな経済学的挙動を示している．

このようにしてハンフリーズは，情報理論に訴えずパターンを概念的に特徴づけている[48]．確かに，この方針ではあくまでパターンであるか否かが定まるの

[48) このような特徴づけの内実を情報理論を用いて明確にすることは可能かもしれない．

みで，その実在性は保証されない[49]．しかし，前述の通りデネット基準を採用すると，特定の科学において有用であれば実在的であることが認められる．そのため，パターンであるか否かを検討し，その後有用性によって実在性を担保すればよい．トラを例に考えよう．トラは非ランダム性を有している．獲物を目の前にしたトラの振る舞いは，そっと近づいたり，あるいは，空腹ではないから無視したりとある程度の規則性を有している．ある瞬間に空を飛んだり，爆発したりなどということはあり得ない．また，トラの振る舞いはトラを構成するものだけから決まる．トラを操る操り糸のようなものは存在せず，外部系からの影響も内部構造に反映されることでトラの挙動が決定される．その意味で，トラはトラの内部構造のみでその挙動が組織化される．生成については，現状では書き下すことはできていないものの，トラがその構成要素からなんらかの形で組織化され，その挙動を支配するような規則・法則が存在すると考えられる．さらに，安定性については代替自律性を有しているといえる．実際，構成要素が多少変わったところで同じトラであることは認められる[50]．

　では，準古典性はハンフリーズが論じたような意味でパターンであろうか．準古典性は，近似的に古典力学の方程式の解となるような挙動を示すものであった．つまり，ある量子的な初期状態が，近似的にではあるが古典力学の法則に従って，ある特定の範囲内の終状態へと変化することから，非ランダム性と自己組織化，生成の性質は示されている[51]．最後の安定性は特に，代替自律性があるといえる．例えば，準古典的な挙動を示すような量子状態を担う電子が入れ替わったとしても，同様に準古典的性質を示すことは十分にありうる．以上から，準古典性はハンフリーズの四つの基準を満たすようなパターンである．

　実在性を考えるために有用性を考えよう．準古典性の有用性は古典と量子という二つの異なる領域を結びつけるためである．そもそも多世界解釈の存在論の課題は，基礎的な実在は量子的なものだけである一方で，マクロな古典的な対

---

[49] レディマンらの方針では，そもそも「リアル」・パターンなので実在性は前提されている．

[50] ここでの議論は，あくまでパターンとして捉えることが可能であることを示しているのみで，実際にパターンの基準を満たすか否かはより詳細な検討が必要である．

[51] 全ての量子状態が古典的な性質を示す訳ではなく，特定の条件下の量子状態が準古典的な性質を示す．前述の通り，エーレンフェストの定理やデコヒーレンスなどが，準古典的性質が現れる条件や規則を与えている．

象も分岐するという立場に対して，整合的な存在論を与えることにある．その
ために古典力学的な性質と量子力学的な性質の間を結びつけることが必要だっ
た．量子力学から得られるのは準古典性までであり，この準古典性が存在する
ことで初めて古典力学と量子力学に関係を確立することが可能になることから，
少なくとも多世界解釈にとっては有用であるといっていい．したがって，多世
界解釈において，準古典性は実在的なパターンである[52]．

　続けて，古典性について考える．古典力学的な性質は準古典性と近似的に一
致していることから，同様の議論によってパターンの一種としてみなすことが
できるだろう．また，古典力学は，惑星の運動など日常的な対象の力学的な挙
動を説明する際に有用である．そのため，古典力学的な性質は有用性を持つと
いえるだろう．したがって，古典性も実在的なパターンである[53]．

　もちろん，ウォレスの方針自体への批判もある．例えば，そもそも古典的な
対象・挙動がパターンとして実在することは説得的ではないとネイ（Ney 2013）
は指摘する．彼女は，GRW 理論やボーム力学と同様に多世界解釈のように波
動関数が実在するという立場では，古典的な挙動をパターンとしてみなすこと
ができないと主張する．波動関数が実在するのはヒルベルト空間のような高い
次元の空間である一方で，我々の日常的な対象が存在するのは 3 次元空間であ
る．状態空間の間に大きなギャップがある以上，波動関数の配位によってだけ
では日常的な実在を回復できず対応が必要であるというのが彼女の批判である．

　しかし，このネイの反論に対しては，多世界解釈という枠組みのもとで，次

[52) このアイディアは，GRW 理論やボーム力学でも同様に用いることができるという意味で解釈に対して中立
的である．ただし，ウォレス流の多世界解釈では量子力学的なものしか実在しないと考えるため，その他の様々
なものが実在するという主張を行うためにデネット基準が導入されている．GRW 理論やボーム力学では，そも
そも実在に対してそのような強い主張は行っていないのでその必要はない．

53) 創発については説明的役割では実在性が担保されないとしたにもかかわらず，パターンについては説明的
役割を通じて実在性を保証していることは整合的でないように見えるだろう．だた，創発については説明的新奇
性が問題となっており，パターンにおいては説明的有用性を実在の判定基準としている．新奇であったとしても
その有用性を認めることができなければ，その実在性は新奇である以外の説明的な価値によってその実在を保証
する必要がある．例えば，あるモデルを数学的に変換して新しいモデルを作ったときに，その数学的構造には新
奇性があるかもしれない．しかし，このことだけから，単なる数学的構造を実在的であると考えるのは難しい．
いいかえると，新奇な説明的役割だけでは，実在することが保証されない．一方で，パターンについては，その
事象が説明的に有用であり，パターンとしての諸性質を満たしていることで，その実在性が保証されている．還
元が十分に成立している状況で，説明的に新奇ではないが説明に有用な性質や対象はやはり実在的であろう．例
えば，トラの挙動を全て原子に還元できたときにはもはや新奇な性質は存在しない，しかしそれでもトラの挙
動は実在的である．この有用性によって実在を認める姿勢は，量子力学だけが本質的な実在であるとした上で，
完全には還元が成立していない中でも本質的ではない事象の実在性を認めるための立場である．

のように再反論できる．本質的に実在するのは量子的なものだけであり，人間が古典力学的に理解してしまっているに過ぎない．実際は準古典的な性質が現れているだけにもかかわらず，古典的であると誤解しているのである．基礎的な領域に存在するのは準古典性であり，古典性はそれと近似的に一致しているだけの派生的な性質である．そのため，前節で検討したように GRW 理論やボーム力学では本質的な問題であった状態空間の次元に起因する存在論的な課題については，多世界解釈では回避される[54]．

　以上を整理すると次のように主張できる．多世界解釈において，デネット基準を採用すると，準古典性と古典性のどちらも実在性が保証できる．準古典性と古典性のどちらもパターンであり，創発である．ただし，準古典性が基礎的な領域に実在するのに対して，古典性は派生的な領域で実在するものであるという点で違いがある．

3-5-5　多世界解釈と創発

　ここまでを整理して多世界解釈における存在論についてまとめよう．量子力学の多世界解釈は，原則として，この世界の基礎的な実在として量子的なものしか認めない立場である．この立場の特長は，例えば崩壊解釈やボーム力学のようなこれまでに検討した解釈と異なり，量子力学の既存の構造に新しく形式的な仮定を必要としないということにある．しかし，一方で，量子力学が基礎的であるにもかかわらず，派生的な古典的性質を含む世界も分岐するという存在論が提示される．このことから，派生的な古典力学的な対象や性質も量子力学の影響を受けているため，量子力学と古典力学の関係を説明する必要があるのであった．もちろん，マクロな現象全てを量子力学から説明する必要はないが，少なくとも古典力学的な挙動は単なる幻想ではないと主張しなければならない．そのために，ウォレスは量子力学から導出できるような準古典性が創発でありパターンであるとすることで問題に取り組んでいる．

---

[54] GRW 理論とボーム力学における，同様の論点については森田（2019）やモードリン（Maudlin 2019, Ch. 3）を参照．

本節では，その内実を検討してきた．確かに，準古典性は量子力学から導出することができ，近似的に古典力学と一致するため，我々の認知能力の限界に訴えて古典力学的な挙動しか捉えられないと主張することはできる．この準古典的性質はウォレスが指摘するようにパターンであり創発であり，古典性も同様である．ただし，量子力学から得られる準古典性が基礎的な実在であるのに対して，古典性はあくまで古典力学から得られるものである以上，派生的な実在と呼ぶべきである．したがって，多世界解釈の存在論は以下のようになる．

多世界解釈の存在論　基礎的ではない対象も，理論にとって有用であれば実在として認めるというデネット基準を量子力学に適用すると，準古典的な多数の世界，古典的な多数の世界のどちらもパターンとして実在する．ここでのパターンとは非ランダム性・自己組織化・生成・安定性という4つの基準を満たすものである．このとき，準古典的な世界も古典的な世界も創発でありパターンである．ただし，準古典的な世界は本質的な実在であるのに対して，古典的な世界は派生的な実在である．

このように考えることで古典的な実在や対象がある程度は量子的な領域から自律的に存在していることが保証される．加えて，準古典性は古典性と量子性を結びつける重要な役割を果たしていることがわかることから実在的である．

　曖昧であったウォレスの主張を洗練させることで，多世界解釈においても，古典力学は創発であるといえることを示してきた．これだけであれば，3-2 節で議論したような議論の延長上にしかない．違うのは，多世界解釈では，創発的なものが実在すると主張することで，より明確に階層的な存在論を提示しているといえることだろう．つまり，量子的，準古典的な領域があり，その上でさらに創発する古典力学的な領域があるのである．例えば，存在論のスケール相対性（Ladyman and Ross 2007）のような，世界に一種の階層を認めつつ，相互の階層が完全には独立ではないというような描像とこのアイディアは親和性が高い．このようにして，パターンを通じて一貫した存在論を提示する立場を，GRW 理論やボーム力学のプリミティブ・オントロジーと対照させてパターン・オントロジーと呼ぶことにする．

3-5-6 プリミティブ・オントロジーとパターン・オントロジー

　本章では解釈における古典力学的な対象の存在論的地位について検討した.特に,プリミティブ・オントロジーを想定する GRW 理論とボーム力学,パターン・オントロジーを通じて古典的対象の実在を担保しようとする多世界解釈について検討した.どの解釈にしても量子力学から,古典力学的な性質を厳密に導出することが難しいという意味では,エーレンフェストの定理やデコヒーレンスの事例と同様に古典力学は創発であるといえるだろう.

　しかし,存在論という観点から見ると二つは決定的に違う. GRW 理論やボーム力学ではプリミティブ・オントロジーという新しい存在論的なカテゴリーを足すことで,経験的な一致との対応関係を得ようとしてきた.しかし,このプリミティブ・オントロジーはこの世界のあらゆるものの基礎的な構成要素の候補であるにもかかわらず,古典力学的な性質について近似的なものしか与えることができない.その意味では,プリミティブ・オントロジーを前提とするこれらの二つの解釈の存在論は整合的ではない.このことは,近似的に一致するということと一致するということを区別することの哲学的な重要性を示しているといえるだろう.一方で,多世界解釈では,古典力学的な性質は創発的パターンとして,その存在論的な地位を保証することができる.いうなれば,古典力学と量子力学の関係に関する存在論的な整合性としては,パターン・オントロジーの方が問題点が小さいといえる.

3-6　まとめ

　本章では,古典力学と量子力学の関係について,解釈とは独立の理論的な議論と,存在論的な解釈に関わる議論を検討してきた.理論的な側面として特に検討したのが,エーレンフェストの定理とデコヒーレンスの事例である.エーレンフェストの定理は古典力学的な性質を量子力学から示すために用いられている定理である.この定理から導かれるのは,波束の中心が近似的に古典力学的

な挙動を示すということであった．このように近似的な一致が与えられることから，モデル間還元の意味で，量子力学と古典力学の間には還元関係が成立する．その一方で，これらの事例ではあくまで近似的に古典力学的な性質が導出されるだけであり，古典力学的な性質そのものが現れているわけではない．その意味で，古典力学の質点のモデルは，準古典的なモデルが導出できない古典力学的な性質を示していると考えることができることから，創発の事例となりうる．この点は第5章で再度，検討しよう．

　この近似的な一致と厳密な一致を区別するということは，特に解釈の描像を理解するためには重要である．量子力学の解釈の目的の一つは，経験と量子力学の記述の関係を明らかにすることにある．我々の日常的な経験は古典力学によって支配されていることから，量子力学と古典力学の関係を確立する必要がある．量子力学からは準古典的な性質しか導出できないという事実を踏まえると，多世界解釈のパターン・オントロジーは少なくとも存在論的には一貫性のある描像を提示することができるが，GRW理論やボーム力学のようなプリミティブ・オントロジーは問題を抱えることになる．

　このように，モデル間の関係として創発を定義した上で，量子力学と古典力学の関係について検討すると，この事例が創発であると考えることができる．このことから得られる哲学的な特徴は以下の二点である．

1. 存在論的な観点における近似的一致と厳密な一致の区別の重要性
2. 三つのモデルに基づく創発

　量子力学の解釈問題における存在論的な側面に着目すると，一致と近似的な一致を区別することは重要である．つまり，量子力学が示す描像にどのように古典力学的な性質を組み込むのかということを考える際には，近似的な一致に過ぎないということと，厳密に古典力学の性質が導出できるということとは区別されなければならない．もし，古典力学的な性質が厳密に導出できるのであれば，量子力学の解釈（存在論）の中に古典力学的な性質や事象を自然と組み込むことができるだろう．しかし，近似的な一致しか得られないのであれば，古典力学の存在論的な地位について何らかの議論が必要になるのである．例えば，

多世界解釈であれば，近似的一致しか得られないのは，本来的に実在する準古典性に対して，人間の認知能力の限界から古典性しか認識できないと捉えることになる．近似的な一致と厳密な一致を区別することで，準古典性の役割を明確にし，その創発的な特徴を指摘することができる．

　最後にモデル間の関係としてみると，創発と還元を含意する理論間の関係は三つのモデルの関係として捉えるのが適切ではないかということである．もちろん，創発は二つのモデルの間の関係として捉えているため，基本的にはモデル間の二項関係ではあるが，これを理論間の関係に拡張するとより基礎的な量子力学的なモデル，そこから得られる準古典的な性質を示すモデルがあり，この準古典力学的なモデルと古典力学的なモデルが比較されて創発か否かが検討されてきたと見ることができる．このように考えると，理論間関係としての創発は中間的なモデルが重要なのではないだろうか．つまり，量子力学と古典力学の二つのモデルが検討されているのではなく，量子力学から得られる古典力学との比較のために重要となる準古典的なモデルという三つ目のモデルが存在している．この中間的なモデルこそが，二つの理論・領域を結びつけるために本質的なのである．この点をより明らかにしていくために，次章の熱統計力学の事例を検討していこう．

第4章

統計力学と熱力学の創発

　熱力学と統計力学の関係は，量子力学とはまた別の物理学の哲学の重要なテーマである．実際，第2章で整理したネーゲル的還元・GNS式還元においても熱力学と統計力学は重要な事例の一つであると考えられている．統計力学自体が，マクロな熱的現象をミクロな構成要素の振る舞いに訴えて説明するという還元主義的な立場を通じて確立されたものであり，この流れは自然だろう．その一方で，熱力学と統計力学の関係は還元ではないと主張されることもある．例えば，バターマン（Batterman 2002）は相転移が熱力学と統計力学が還元関係にあるという主張の反例であると指摘してきた．相転移とは，水が液体から固体に変わるように，ある相から別の相へと変化する現象を指す．この相転移は熱力学の代表的なテーマであり，確かにミクロな構成要素に基づく統計力学においても相転移を説明することはできる．このように還元の事例であるように見える一方で，還元が成り立っていないように見える特徴がある．第一に，統計力学において相転移を説明するためにはある種の極限を取る必要があるということである．特に熱力学的極限と呼ばれる粒子数Nや体積Vに関する極限を考えることで統計力学において相転移を説明することができるが，そもそもこの世界は有限であり粒子数Nが無限であるということは受容できない．つまり，ありえない仮定をおくことでしか統計力学が熱力学的な現象を説明できないのであれば，還元が成立しておらず，創発であると見るべきだという主張になる．第二に，相転移や臨界現象は熱力学的関数の示す特異性（不連続性）によって説明される．しかし，熱力学的現象を統計力学的に説明する際に用いる分配関数は解析的であり，特異性は現れない．そのため，二つの理論の記述にはギャップがあるといえる．これに対して，カレンダー（Callender 2001）は

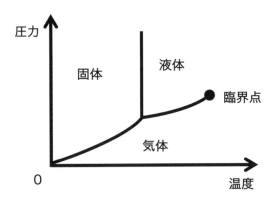

図 4.1 水の相図のイメージ．

認識論的還元は可能であり，熱力学の統計力学への還元にとって相転移はさほど深刻な事例ではないと指摘してきた．これに対する更なる反論としてバング（Bangu 2009）は相転移の事例ではやはり還元は成り立たないと主張しており，熱力学と統計力学の関係については当初の見込みのようには還元の事例と安易には決定できないと考えられている．

現代の相転移に関する科学哲学の研究では，主に臨界現象が検討課題になっている．臨界現象について簡単に説明する．まず，温度や磁場などのパラメーターと相の関係を表現したものは相図と呼ばれ，相図はどの点で相転移が生じるかを表現することができる．例えば図 4.1 は水についての相図である．相図上では液体と気体を区切る線がなくなってしまうことがある．例えば水の場合，圧力と温度を上げていくことで，気相と液相の境界線が途切れる点（両者の区別がなくなる点）が存在し，これが臨界点である．より正確には，連続相転移が生じる転移点が臨界点と呼ばれる．この臨界点付近で観測される現象を臨界現象と呼ぶ．臨界現象は第 2 章で紹介したように物理学において重要な普遍性と呼ばれる性質を示す．臨界現象はくりこみ群という手法で検討され，創発の事例であるとされてきた．実際，モリソン（Morrison 2012; 2015a）はくりこみ群が詳細を無視するプロセスを含むことから創発であると指摘している．一方で，ロイトリンガー（Reutlinger 2017）はくりこみ群は弱い意味での還元主義を否

定するものではないと反論する．詳細を無視するとは言っても，完全に省略しているわけではないため還元が失敗しているとは言えないためである．

　熱力学と統計力学の関係に関連したまた別の哲学的な問題としては，不可逆性や時間の向きに関する非対称性が知られている．これも伝統的な問題であり，特に哲学の中では時間の哲学の重要な問題である．熱力学を知らずとも，「覆水盆に返らず」や「Spilled milk」のような慣用句が文化を超えて用いられていることからもわかるように，我々が日常的に経験する多くの事象は不可逆・時間非対称的である．一方で，統計力学や量子力学などのより基礎的な理論は可逆・時間対称的であるという．もし，熱力学が統計力学に還元されるのであれば，この関係も説明されることが必要であろう．統計力学と熱力学の関係を確立する方法として「ギブス的アプローチ」（Gibbsian Approach）が展開されている（後述）．この手法では粗視化というプロセスを通じて，不可逆性が説明される．くりこみ群の事例で，臨界現象が創発であることの重要な根拠として粗視化が挙げられることを考えると，不可逆性もまた創発的と呼ぶべきではないだろうか．本章では，これらの事例をモデル間創発の定義を通じて分析していく．

4-1　相転移と創発

　相転移と創発についてのこれまでの議論を整理していこう．まず，相転移について簡単に説明するが，主に，相転移についての前提知識のない読者に向けて行う．つまり，本書の議論を追う上で最低限の説明を与える[1]．その上で，なぜ，相転移を創発とみなすことができるのか，あるいは創発ではないのかという点についてのこれまでの議論を整理していく．

---

[1] そのため，物理学や数学についてかなり省略している．相転移について理解することを目標とするならば，物理学の教科書を参照してほしい．

4-1-1 一次相転移と連続相転移

創発と還元で問題になる相転移は，主に一次相転移と連続相転移である[2]．熱力学では系の状態を記述する関数として，ヘルムホルツの自由エネルギー $F = U - ST$ が存在する．ここで，U は内部エネルギー，S はエントロピー，T は温度である．ここで $F(T, V)$ を例にとると，この自由エネルギーが温度 T や体積 V の関数として解析的ではない領域があるとき，その領域では系が相転移を起こしたという．特に，転移点で熱力学的関数が 1 階偏微分係数を持たないとき，その相転移を一次相転移と呼び，それ以外の相転移を連続相転移と呼ぶ．

磁性を例にとり一次相転移を説明しよう．磁性体とは磁性を帯びることのできるものを指し，例えば，鉄のような金属を考えればいい．鉄はそれ自体では磁石ではないが，鉄の近くに磁石を近づけると鉄は磁石のように他の金属や磁石とくっつく．このように磁石でないものが，磁石になるという現象も相転移の一例である．磁性体の磁石の度合いは磁化 m によって記述され，磁場 h がかかることで $m < 0$ だったものが，$m > 0$ となる．磁化が負から正に変化するとき，それは連続的ではなく不連続的に変化する．大雑把に言えば，負から正へとジャンプアップするのである．このことは熱力学的関数で表現され，このような熱力学的関数の示す不連続性が一次相転移の特徴である．

では，この一次相転移をミクロな構成要素から説明するにはどうすればいいだろうか．我々が日常的に触れることができる物質は多数の粒子から構成される．この多数の粒子からなる粒子集団の統計的な振る舞いから，熱力学の現象を説明するのが統計力学である．統計力学が用いるのは分配関数と呼ばれるもので，概略だけ述べると，物理系の全ての可能な状態を合計したもので，その系の温度やエネルギーなどの特性を計算するためのものである．つまり，分配関数を使うことで，対象系の熱力学的な性質を知ることができる．先に言及した熱力学的なヘルムホルツの自由エネルギー F と，統計力学の分配関数 Z の間には，$Z = \exp[-F/k_B T]$ という関係が成り立つ．k_B はボルツマン定数と呼ば

---

[2] 以下の記述は，熱力学の教科書（清水 2007）を中心に，物理学の哲学の教科書（Palacios 2022）を踏まえつつ整理している．そのため，物理学の説明としては網羅的ではないが，創発と還元について理解する上では十分だろう．

れるものである．熱力学の関数と統計力学の関数が結びつけられたので，一次相転移もうまく記述できそうに思える．しかし，有限系の範囲では，この分配関数を微分しても一次相転移を特徴づけるような不連続性が現れない（分配関数は解析的であるため）．したがって，微分したときに現れる不連続性によって記述される相転移が統計力学では記述できない．ただし，この問題は熱力学的極限を取ることで解消される．熱力学的極限とは，粒子の密度を一定に保ちながら，粒子の数 N と体積 V を無限に大きくする操作である．つまり，$N \to \infty$，$V \to \infty$，$N/V =$（一定）という理想化を行うことで，統計力学の分配関数でも一次相転移は説明できる．このようにして，物理学の実践においては問題が解決しているが，哲学的には問題がある．この世界は有限の粒子から構成されているにもかかわらず，無限個の粒子を考えなければならないということは，統計力学は相転移を説明できていないのではないだろうか．つまり，一次相転移は熱力学が統計力学に還元できないことを示唆し，ミクロな構成要素だけでは理解できない創発的な現象であると理解するべきなのではないだろうか．

相転移は一次だけではなく，連続相転移があり，これもまた創発であるという議論がある．これについては4-2節で扱うので，その議論の骨格だけ提示しておこう．連続相転移が生じる転移点を臨界点と呼ぶのだった．この臨界点付近の現象を臨界現象と呼び，その理論的枠組みはすでに言及したくりこみ群である．臨界現象には普遍性という重要な性質がある．転移温度などは物質によって異なるが，臨界指数という物理量は系の詳細によらず異なる物質の間で一致する．より正確には，系の対称性や空間の次元にしか依存しない．このことから，連続相転移，特に臨界現象はミクロな構成要素から自律的であるために，創発的であると考えられてきた．

4-1-2　なぜ相転移が創発なのか

相転移が創発の事例とされているのは以下の二つの理由によるものであった．

1. 熱力学的極限によって与えられる熱力学的関数の特異性を用いて相転移は

説明されるが，統計力学における基礎となる分配関数は解析的であり有限の範囲内では特異性が現れないこと．

2. 熱力学的極限によって，有限であるはずの事物の無限系を考えなければならないこと．

いずれも，相転移という現象を統計力学によって記述する際に特異あるいは新奇な性質が現れると整理できる．そのため，これは創発，少なくとも還元ではないとされる．

このような議論に対して，カレンダーは「熱力学を深刻に捉えすぎている」と批判する（Callender 2001）．カレンダーは熱力学が統計力学に還元できないとする議論は大きく三つの論点（第二法則，平衡状態，相転移）についての誤解に基づいていると主張する．ここでは相転移についての議論をみていこう．

まず，統計力学において，相転移を次のように特徴づける．

> 相転移が生じるのは，熱力学的極限（粒子数 N と体積 V の極限を V/N を固定して取る）において，自由エネルギーが非解析的な点を持つとき，つまり，テイラー展開できないときである（Callender 2001, p. 548）．

統計力学の分配関数中には，N が明確には出てきていないが，ボルツマン定数 k_B は粒子数 N に依存する．相転移を統計力学の範囲内で説明するためには，粒子数と体積の比率を変えずに，粒子数と体積の極限を取る必要があるということである．しかし繰り返しになるがこの世界は有限であるために，無限に大きい数の粒子や体積に訴えた説明と，この有限の世界の現象の間には一種のギャップがあるようにみえるというのが，相転移が創発であるとする主張の骨子である．

さらに続けて，このように相転移を創発とみなす議論を次のような 4 つの命題のステップに再構成する．

1. 実在する系は有限な N を有している．
2. 実在する系は相転移を示す．
3. 分配関数 Z が特異性を示すときに相転移は生じる．
4. 相転移は，Z を通して古典ないし量子統計力学によって支配または記述さ

れる.

その上で，相転移の創発を主張する議論を次のように整理する.

> 相転移が創発であるという結論は（多かれ少なかれ）1〜3 を肯定し，4 の否定を結論することに従って得られる．有限な N の統計力学は不完全であり，相転移を説明することができない；それゆえ，相転移はある意味で創発である（Callender 2001, p. 549）.

相転移が創発であると主張する立場では，有限の範囲の統計力学では相転移が説明できないという意味で，4 が否定されている．このように相転移を創発であるとする主張を整理したカレンダーは，熱力学を真剣に受け取りすぎであると批判する．つまり，熱力学において数学的な特異性を通じて相転移が説明されるからといって，統計力学でも同様に数学的特異性で相転移を捉える必要はなく，このようなスタンスは熱力学を尊重し過ぎているという．このカレンダーの反論自体も，どの程度深刻に捉えるかという点は議論の余地があるだろう．実際，そのような統計力学は可能なのかということに加えて，もし可能であったとしても熱力学的な説明と整合性を取る必要はあるのではないだろうか[3].

　バターマン（Batterman 2011）は相転移だけでなく，臨界現象，量子ホール効果や超伝導といった統計物理学・物性物理学の事例は，特異性や発散という数学的特徴を示すことから創発であると主張している．第 2 章で説明した通り，バターマンは還元と創発は両立しないという立場をとる．この立場では，ミクロな基礎的理論である統計力学によって相転移が説明できなければ，その事例は創発といえる．つまり，相転移はカレンダーも指摘するように統計力学に還元できるという可能性も指摘されているものの，実際には無限の理想化が必要であることから，還元が成り立たないとするのがバターマンの主張である．これに加えて，具体的には，さまざまな種類の液体が臨界点付近で共通して示す性質（普遍性）を特徴づけるような臨界指数についての説明が検討されている．この説明に用いられるのがくりこみ群の手法，および，熱力学的極限である．

---

[3] カレンダーに対する反論としては，例えばバング（Bangu 2009; 2011; 2015）を参照.

このような手法を用いて説明される普遍性が，ミクロな構成要素の諸性質に対して安定的であるため，いいかえるとミクロな構成要素の初期条件やパラメーターに対して鈍感（insensitive）であるため，臨界現象は還元不可能で創発であると指摘されている．つまり，「臨界現象は創発である」という主張が，主に二つの根拠を持っている．一つは臨界現象の説明に熱力学的極限のような無限の理想化を含むこと，もう一つは，臨界現象はくりこみ群による説明が示すように系の詳細からある程度，自律的であることである．

　このように相転移・臨界現象は創発的な側面があり，ミクロな構成要素に着目したモデルにはない側面があるということは否めない．では，相転移は熱力学と統計力学の間の還元不可能性を示していると考えるべきだろうか．これに反対する立場，つまり相転移は還元可能であるとする立場も知られている（Reutlinger 2017; Saatsi and Reutlinger 2018; Palacios 2019）．中でも，パラシオス（Palacios 2019; 2022）は独自の還元の定義を与えることで，相転移を還元の事例と捉えることができると論じている．

　まずパラシオスは還元について幾つかの種類に分類し，臨界現象はその中の一つの定義（極限還元 Limiting reduction）の基準を満たしていると主張する[4]．

> **極限還元**：Q^l を T_l の適当な物理量とし，Q^h を T_h の適当な物理量とする．(i) $\lim_{x \to \infty} Q^l_x = Q^h$（ここでの x は T_l にあらわれているパラメーターを表現している），かつ，(ii) 極限の操作が物理的に意味を持つとき，かつそのときに限り，T_h の物理量 Q^h が対応する T_l の物理量 Q^l に極限還元される（Palacios 2019, p. 625）．

この極限還元の第一の条件は，極限をとることで二つの理論間で，物理量の間に対応関係が与えられるということである．第二の条件が物理的に意味を持つのは，数学的極限の利用が正当化されているときで，その正当化の方法として特定の一つのものを想定しているわけではない．この正当化の基準の具体例の一つとして挙げられているのはランズマンがバターフィールド基準と呼ぶもの

---

[4] ここでの極限還元も，そもそもパラシオスが Reduction$^*_2$ と呼ぶ現代の物理学の還元を定式化したものの一例となっている．

である（Landsman 2013）．数学的極限が数学的に便利であり経験的に十分であるとして正当化されるのは，極限における値が，極限に近いが有限な x_0 における値と近似的に一致する時（$\lim_{x \to \infty} Q_x \approx Q_{x_0}$）である．このとき，この極限は物理的に意味を持つ．x という物理量の極限という理想化を行ったときの系の挙動と，x_0 という非常に大きいが無限ではない物理量を含む系の示す挙動が近似的に一致するときに，$x \to \infty$ という操作は物理的に意味を持つといえる[5]．

　パラシオスは例えばバターマン（Batterman 2018）とは異なり，特にくりこみ群を用いた連続相転移の説明が上述の定義を満たすような還元の事例であると主張している．そもそも還元ではないとするバターマンの主張の背景の一つには，極限が説明に不可欠であることが挙げられている．熱力学的極限においてある性質（発散）が現れ，この性質なしでは相転移が説明できない．この性質が生じる状況で，実際に物理量を計算するためにはくりこみ群が必要であり，このくりこみ群がマクロな現象の詳細から鈍感さを保証しているために，相転移はミクロな詳細に還元されないということであった．

　この連続相転移の事例には 2 種類の極限が現れている．まず，一つ目が粒子数を大きくするような熱力学的極限 $N \to \infty$ であり，もう一つが臨界現象を説明するための固定点を導くためにくりこみ群変換を繰り返す $n \to \infty$ の極限である（n はくりこみ群変換を行う回数）．このとき，極限還元が成り立つには，有限な統計力学 SM と，$N = \infty$ で $n = \infty$ であるような SM^∞ のそれぞれの物理量の間に対応関係があればよい．つまり，二つの極限におけるくりこみ群変換を通じて得られる固定点を通じて得られる結果と，有限な操作の範囲内で現れる固定点結果が近似的にでも一致していれば，この極限の操作によって得られる知識が実際の系に対応づけられて，極限還元が成立する．一見したとこ

---

[5] なぜ，このようなことを考えなければいけないのかというと，極限にある系を考えることがこの世界の対象を考えることにつながるのかは自明ではないからである．そもそもこの世界のどんな対象も有限であるにもかかわらず粒子の数が無限に大きいと考えたり，定数なのだから値が変化しないはずの自然定数が 0 になると考えることは，物理学ではありふれたことであり，この操作が物理学においてどのように正当化されているかということは哲学的な問題である．例えば，粒子の数を無限だと考えるような理想化を行ったとして，何らかの物理的な現象を説明したとしよう．その現象を構成する粒子の数は有限であるはずなので，この理想化は現実の系を直ちに反映しているわけではない．つまり，我々の基礎的な理論が不完全であるために極限を考えざるを得ないのか，あるいは，我々の計算能力の問題で極限を考えざるを得ないのかなど，いくつか論点がある．いずれにせよ，極限を考えるということの物理的な意味の哲学的な検討は重要な課題である．

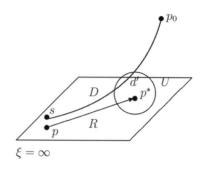

図 4.2 くりこみ群変換によって，p から p^* が得られる．s は p に非常に近い点である．この s にくりこみ群変換を行うと p_0 という全く別の状態へと遷移するが，その過程で固定点 p^* の近傍を通過している（Palacios 2019, p. 635）．U, R, D については本文を参照．

ろ，この還元主義の課題は，実現困難であるように思える．固定点を K と表現することにすると，$N \to \infty$ としたときに，有限な $n = n_0$ で得られる固定点 $\lim_{N \to \infty} K_{N,n_0}^{\mathrm{SM}}$ は自明なものしか得られないため，$n \to \infty$ によって得られる固定点 $K_{N,n}^{\mathrm{SM}}$ と同じだけの説明力を持たない．

しかし，この問題はくりこみ群における位相的な（トポロジカル）側面に着目することで解消されるとパラシオスは主張する（図 4.2）．極限をとるような通常のくりこみ群変換によって得られる固定点を p^* とする．この p^* へと流れ込む点の集合を臨界面と呼び，その中の点の一つを p としよう．また，p から p^* への軌道を R とする．p に極めて近いが，臨界面上にはない点を s として，この s に対してくりこみ群変換を繰り返すことで得られる固定点を p_0 とした時，s から p_0 に至る過程を D と呼ぶ．いま，p^*，つまり，極限において現れる望ましい固定点の近傍 U に着目すると，D はその U 内を通過していることがわかる．この U 内を通過している部分を d と呼ぶと，d は近似的に固定点 p^* と一致しており，いわば有効固定点（effective fixed point）と呼べるのである．この有効固定点を得るためのくりこみ群変換は有限回 n_0 であることから，有限の系の有限回のくりこみ群変換によって与えられる固定点が，極限系での固定点に近似的に一致する．つまり，

$$K_{N_0,n_0}^{\mathrm{SM}} \approx \lim_{n \to \infty} \lim_{N \to \infty} K_{N,n}^{\mathrm{SM}} \tag{4.1}$$

である．したがって，極限を取る操作は物理的に意味があるものである．以上から，臨界現象は極限還元の定義を満たしている．

この議論は，2-3 節と 3-1 節で紹介したロサラーのモデル間還元と同様のアプローチであることがわかるだろう．つまり，基礎的な理論である統計力学のモデルにおいてある種の操作を行うことで，近似的にであれ二つの理論の間に対応関係があるとすれば還元であるというのがパラシオスの議論である．ロサラーも同様にして，古典力学と量子力学のモデルの間に近似的一致があれば還元と主張する．彼らのように，近似的一致によって還元と捉えるような立場を**近似的還元**と呼ぶことにしよう．

この議論の教訓は，極限を用いたとしても，それが有限な系と近似的な一致が現れる以上，直ちに，臨界現象は還元の失敗の事例にはなっていないということである．粒子数 N が小さいような系では相転移を説明することができないことは事実ではあるが，とはいえ，十分に大きい系で説明することができる以上，熱力学は統計力学に還元できるというのがパラシオスの主張である．本書では，創発と還元が両立するという立場に立つため，パラシオスの極限還元が成立することは臨界現象が創発である可能性を否定しない．彼女自身も「個々のモデルを特徴づける特定のミクロな詳細とは臨界的挙動は大部分が独立であり，相転移の統計力学的な説明は，転移の基礎にあるミクロなメカニズムの完全な情報を我々に与えていない」（Palacios 2019, p. 638）ことは認めている．確かに，この議論を通じて臨界現象について，還元であり創発ではないと主張するのは難しいだろう．くりこみ群変換が粗視化を含む以上，ミクロな構造に対して臨界現象は独立性が保証されている．加えて，そもそも，ここで実現されているのは，現実的な有限な系と理想化された無限な系の間の近似的な一致関係であり，臨界現象に対してよりよい説明を与えているのは無限な系の方である．つまり，ミクロな現実的に世界を記述していると考えられる（有限の）統計力学的記述だけでは，熱力学的な現象が十分に説明できないという状況は変わっていない．

パラシオスのように相転移や臨界現象が還元であると主張することは可能であろう．しかし，一方で，相転移を創発であると主張している根拠である普遍性（ミクロな構造が異なる複数の系が，同じ性質を示すこと）の存在を否定するものではない．また，バターフィールドが提示したように創発と還元は両立する．次節で，臨界現象と創発の関係を考えるが，以下の議論は基本的に還元の否定が成立しないということを含意していないということは注意しておこう．

4-2　普遍性とスケーリング則

そもそも，相転移や臨界現象を分析する手法としては，例えば平均場理論・平均場近似が挙げられる．これは大雑把にいえば，水のような物質の構成要素である分子を一つずつ考えるのではなく，その平均をとることで考える理論である．しかし，平均場理論では十分に説明できない要素があった．この問題を解決した上で，臨界現象を説明するのがくりこみ群である[6]．このくりこみ群の概略を掴むために，2次元イジング・モデルと呼ばれる格子模型を考える（図4.3 参照）．これは，正方形の格子が多数集まって構成された格子であり，格子の結節点に粒子が存在し，その粒子はその結節点の上に固定されていると考えるモデルである．ただし，この粒子は上向きスピンか下向きスピンのどちらかの物理量だけをとる．このようなシンプルなモデルにおいて，格子の中の1つの最小の正方形（つまり，粒子の間に別の粒子がない部分）を成しているような4つの粒子を取り出し，4つの粒子のスピンについて多数決をとる．このとき，4つのうち3つの粒子が上向きスピンであることがわかると，この4つの粒子からなる正方形は大雑把に見れば上向きのスピンを表現していると考えられる．その上で，4つの粒子をまとめて1つの上向きスピンの粒子で書き換える．このような操作を**粗視化**という[7]．さて，このモデルは多数の正方形の格

---

[6] ここでのくりこみ群は統計物理学におけるくりこみ群であり，朝永やファインマン，シュウィンガーらによって提案された場の量子論におけるくりこみ群については考えない．場の量子論におけるくりこみ群の哲学的な論点については，バターフィールドらによるサーヴェイが参考になる（Butterfield and Bouatta 2015）．

[7] もちろん，粗視化はこれだけではない．

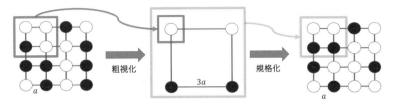

図 4.3 くりこみ群の直観的な理解．ここでは，白い丸がスピンが上向きの状態にある粒子，黒い丸がスピンが下向きの状態にある粒子を表している．

子からなるため，今考えている正方形の隣にも同様に 4 つの粒子からなる小さな正方形が存在する．この正方形でも同様に多数決をとることで，これについてもやはり大雑把に上向きか下向きかが定まる．これを次々と繰り返して行きたいのだが，この粗視化を一度行ったモデルを見てみると，もとの長さ（スケール）と比べて，粒子と粒子の長さが離れてしまっている．そのため，もとの縮尺に戻すためにこの長さをもとの長さに戻す操作（規格化，スケール変換）を行う．そうすると，元々の格子と同じ密度の格子が出来上がる．粒子の数が無限個あれば，このような規格化を通じても格子全体の大きさは変わらない．大雑把にいうと，この一連の操作がくりこみ群変換であり，くりこみ群変換を繰り返し行うことで臨界現象を説明することができる[8]．くりこみ群という手法には，粗視化（詳細を無視するプロセス）が含まれていること，また，実際に現象を説明する際には極限が用いられることから，モリソンやバターマンなどはくりこみ群が創発の事例になると指摘してきた．まずは，くりこみ群という手法の理論的な構造を紹介しておこう．

4-2-1 くりこみ群の理論的コア

統計物理学におけるくりこみ群の手法について高橋・西森 (2017, pp. 171–173) は大きく三つのプロセスに分けている．

1. くりこみ群変換

---

[8] これは実空間くりこみ群と呼ばれるくりこみ群であり，他にも運動量空間のくりこみ群などが知られている．

(a) 自由度の部分的消去：粗視化を特徴づけるスケール変換パラメータ $b > 1$ を導入して自由度の消去を行う．長さの最小スケール a が ba，波数の最大スケール Λ が Λ/b になる．

(b) スケール変換：空間座標 r と波数 k に対してスケール変換 $r \to r' = r/b$，$k \to k' = bk$ を行い，スケールをもとのものに揃える．

(c) 結合定数の変化則：(a)，(b) のくりこみ群変換の結果，分配関数に現れる結合定数 K は

$$K \to K' = \mathcal{R}_b(K) \tag{4.2}$$

と変化する．

2. くりこみ群の流れと固定点の発見

(a) 相図：変換（式 (4.2)）を用いてパラメーター空間上におけるくりこみ群の流れを描くことで相図が決まる．この変換が無現小であるとき，それぞれの点でベクトルが定義できる．このベクトル全体は，結合定数の変化の軌跡を表現しており，そのためくりこみ群の流れと呼ばれる．

(b) 固定点：固定点を見つける．固定点は次の式を満たす相図上の点である．

$$K^* = \mathcal{R}_b(K^*) \tag{4.3}$$

3. スケーリング解析：最後にスケーリング解析によって臨界指数を決定する．

(a) 変換行列：固定点 K^* から少しだけ離れた点とその点からのくりこみ群の流れを考える．このとき変換行列 $\hat{T}^{(b)}$ を次のように定める．

$$K_\alpha = K^*_\alpha + \delta K_\alpha \to K'_\alpha = K^*_\alpha + \delta K'_\alpha = K^*_\alpha + \sum_\beta (\hat{T}^{(b)})_{\alpha\beta} \delta K_\beta. \tag{4.4}$$

(b) スケーリング変数・次元：この変換行列 $\hat{T}^{(b)}$ を対角化し，スケーリング次元とスケーリング変数を決定する．変換行列を

$$\hat{T}^{(b)} = b^{\hat{X}} \tag{4.5}$$

とおくと，行列 $\hat{X}$ の固有値がスケーリング次元 x_μ を決定し，右固有ベクトル R_μ が $\delta K_\alpha = \sum_\mu g_\mu (R_\mu)_\alpha$ を通じてスケーリング変数 g_μ を決定する．

(c) 臨界指数：固定点近傍における物理量 f は，

$$f(K^*; g_1, g_2, g_3, \cdots) = b^{-x_f} f(K^*; b^{x_1} g_1, b^{x_2} g_2, b^{x_3} g_3, \cdots) \qquad (4.6)$$

によって定まる．

このような理論的構造を持つのがくりこみ群である．最小限，本書の議論に関わることだけを整理しておく．まず，粗視化やスケール変換を通じて，くりこみ群変換 $\mathcal{R}_b$ を与える．続けて，このくりこみ群変換を元に，相図を描き，固定点を与える．固定点 x^* は $\mathcal{R}_b(x^*) = x^*$ を満たす．つまり，変換をくりかえすことで，くりこみ群変換では変化しないような点を指す．最後に，この固定点の解析を通じて，臨界指数と呼ばれる臨界現象を特徴づける値を与える[9]．

　哲学者による説明として，ウー（Wu 2021）の整理を挙げておこう．彼女はくりこみ群の方法を，粗視化・リスケール（Rescale）・再規格化（Renormalize）という三つのプロセスからなると指摘している．それぞれ，対象系をあるスケールで粗視化し，解像度を戻して，最後に変数を調整するというのに対応し，この一連の操作をくりこみ群の特徴としている．これは高橋・西森らの図式では2 までのプロセスに対応する．細かい操作はここでは重要ではない．とりあえず，本書ではくりこみ群の手法が粗視化を伴っているという点が重要である．

4-2-2　くりこみ群は創発を含意するか

　くりこみ群は創発を含意すると捉えられてきた．これは，くりこみ群の手法には粗視化のプロセスが含まれていることと，極限が用いられていることに由来する．粗視化を含むプロセスがなければ臨界現象が説明できないのだとすれば，臨界現象は構成要素にはない新奇な性質であると考えられ，それゆえに創発

---

[9] 詳細は統計力学の教科書（高橋・西森 2017; Goldenfeld 1992; Luscombe 2021 など）を参照.

の事例であるということでもある．また，極限を用いなければならないのであれば，やはり何らかの意味で還元的な説明が失敗しているということになると考える立場もある．この小節では，「くりこみ群という手法が創発を含意する」という主張を整理していこう．

バターマン（Batterman 2010b）はギブスが，熱力学と統計力学にある反還元主義の先駆的な立場であると考える[10]．ギブスは統計力学による熱力学的現象の説明が複数ある（ミクロカノニカル・アンサンブルとカノニカル・アンサンブル）ことから，熱力学を統計力学に認識論的に還元することは困難であろうと考えていた．異なる種類のアンサンブルが，異なる結果を引き起こすのであれば，確かにミクロな物理学である統計力学に熱力学は還元できないと考えられるだろう．バターマンによれば，ギブスのこの不安は有限な系を考えていたから生じる問題であり，熱力学的極限を取ることで相転移や臨界現象以外の事例で，熱力学は統計力学に還元できると指摘する．さらに，相転移や臨界現象においてもくりこみ群を用いれば，アンサンブルの違いは大きな問題にはならないと指摘し，熱力学的な性質（物理量）が同じ普遍クラス[11]に存在することを示すことができると論じる．その意味で，ギブスの心配は杞憂であり，熱力学的極限やくりこみ群という手法を通じて，熱力学の物理量と統計力学の記述の間に対応関係を認めることはできると整理している[12]．

モリソン（Morrison 2012; 2015a）はくりこみ群が創発，特に存在論的な創発を含意すると主張する．ここでの存在論的創発は，理論や説明に関してだけでなく全体系が構成要素の総和とは本質的に異なっているようなものを指している．彼女が指摘するのは，固定点の持つ普遍性についての説明的な役割はミクロな構成要素によって与えることができないということである．くりこみ群における固定点は粗視化という詳細を無視する過程を含んでいる以上，普遍性は

---

[10] ギブス自身の実際のアイディアについては稲葉（2021）を参照．

[11] 同じ臨界指数を共有する系の集合（class）．

[12] バターマンもパラシオスと同様に対応関係があることは認めているが，くりこみ群の事例をはじめとする熱力学と統計力学の関係は還元ではなく創発であると主張していたのだった（Batterman 2002）．第2章でも整理した通り，相転移や臨界現象において現れる特異性の存在が，これらの現象が創発であることを示していると考えるのがバターマンの還元・創発の図式の肝であった．より一般化して言えば，相転移や臨界現象の説明における数学的に表現できる特徴を通じて，これらの事例が単に還元不可能というだけではなく創発であるということが明らかになるということである．

ミクロな構成要素から（少なくとも部分的には）独立しているはずである．つまり，くりこみ群を通じて，同じ普遍クラスに属しているさまざまな対象系に共通する性質が，その系のミクロな構成要素の変化に影響されないことが保証されている．このことからモリソンはくりこみ群は創発を含意すると主張している．

> くりこみ群によって与えられる体系だった取り扱いによって，創発的な「普遍的」現象に関連する物理的な過程を十分に表すための熱力学的極限や相関長の発散といった抽象的な数学の背景を，我々は知ることができるようになった（Morrison 2015b, p. 112）．

彼女がここで述べているのは，くりこみ群という手法が説明のための便利な手法であるだけではなく，普遍クラスに共通する物理的性質がそのミクロな構成要素の挙動からは説明できないことを示しているということである．その意味で，臨界現象をはじめとする普遍性はミクロな構成要素から独立であるということが示されていることから，存在論的創発であると考えている[13]．

　このように，くりこみ群が創発を含意していると考えられている主な要因は粗視化や極限の存在である．しかし前述の通りその見解が一般に認められているわけではない．パラシオスとは異なる反論として，ロイトリンガーとサーツィによるものがある（Reutlinger 2017; Saatsi and Reutlinger 2018）．彼らはバターマンやモリソンらの主張の基礎にある，くりこみ群の事例が提示する反還元主義的課題（Antireductionism Challenge）を次のように整理している．

> 臨界現象についてのくりこみ群による説明に関連する固定点が，(a) 説明に不可欠であり，同時に，(b) 還元主義と両立することがどのように

---

[13]　モリソンはくりこみ群が協同現象の説明を与えていることからも，普遍性の創発性は将来的に解消されるものではないだろうと主張している．とはいえ，将来的に構成要素から臨界現象が説明できるようになることもあるだろう．その場合には，くりこみ群には簡便さのような説明的な有用性が認められるのみ，あるいは，そもそも苦肉の策に過ぎなかったと考えられてしまい，臨界現象をはじめとする普遍性はもはや創発の事例とは言えなくなるだろう．しかし，そのような物理学は現状では想像がつかず，そもそも物理学の哲学の問題ですらない．また，そのような可能性を想定したとしても還元や創発について理解が深まるわけでもない．このような可能性を想定することは，「万能の神」を想定して，その神であれば素粒子から万物を説明できると主張していることと大差がないようにみえる．

可能であるのかを還元主義者は示すべきである.

粗視化を含むくりこみ群変換を通じて得られる固定点が臨界現象の説明に不可欠であることから，固定点を通じて説明される現象は存在論的創発であり，そのため，還元主義者は何らかの説明が必要になっているということが問題の本質であると捉えている[14]．つまり，臨界現象が創発であるという議論が，固定点は単なる理解のための道具ではなく，何らかの実在を表現している（ないし，実在と対応している）と考える立場にモリソンやバターマンは依拠していると指摘する．ここでの創発は，還元と両立しないものとして捉えられている.

この整理から見てとれるのは，サーツィら（Saatsi and Reutlinger 2018）がくりこみ群と創発の議論を，実在論論争ではよく知られた不可欠性論法（indispensable argument）の亜種として捉えているということである[15]．不可欠性論法は，パトナム＝クワイン論法（Putnum-Quine Argument）とも呼ばれ，実在論を否定する議論として知られている．大雑把にいうと，不可欠性論法は次のような構成になっている.

前提1 科学的実在論によれば，科学において不可欠なもの（電子など）は実在する.

前提2 物理学において数学は不可欠なものである.

結論 数学は（電子などと同じように）実在する.

この議論が正しいのであれば，例えば量子力学におけるヒルベルト空間や統計力学における分配関数といった数学的な対象が，電子のような対象と同様に実在することになってしまう．このように数学的対象それ自体が物理的対象と同じ意味で実在することを認める立場は説得力がないだろう[16]．不可欠性論法の

---

14) ここでの存在論的創発は，新奇性や頑健性が我々の知識の問題ではなく，人間とは全く独立に生じているとする立場とすれば十分である.

15) 不可欠性論法と科学哲学，特に数学的説明の関係については例えば以下の文献を参照（Bueno and French 2018; Pincok 2012; Räz 2018）.

16) 例えば電子それ自体をグラウンドに転がっているサッカーボールと同じように観測することは難しいのかもしれない．しかし，霧箱の実験や二重スリット実験によって，電子の痕跡を観測することは可能であった．一方で，ヒルベルト空間や分配関数それ自体を，たとえ間接的にでも観測するというのは，あまり現実的な話ではない.

教訓は，あるものが説明に不可欠であることと，それが実在することの間に必然的な関係はないということである．

　サーツィらの議論に話を戻すと，彼らはこの不可欠性論法の教訓をもとに，固定点が実在と何ら関係ない可能性は十分にあると主張する．つまり，固定点を道具主義的に捉えることは可能であり，固定点が不可欠であったとしてもそれは説明のために過ぎない．また，粗視化や極限を用いた説明は科学における説明ではありふれたものであり，構成要素をもとに説明することが可能である以上，還元的な説明の一種として捉えることができる．こうしたことから，くりこみ群は創発ではないと主張している．

　メノンとカレンダー（Menon and Callender 2013）は，くりこみ群が創発であると主張する立場の背景にある無限の理想化の不可欠性について検討している．特に，「無限の系での挙動を考えること」と「有限な系を無限な系とみなすこと」は区別されるべきであると指摘する．この区別自体はバターフィールド（Butterfield 2011a; 2011b）でも指摘されている．彼らの議論で特に重要なのは，無限に大きい対象系などを想定せずとも，有限の範囲での理論的構造を通じて同様の説明力を示すことができるということを示したことにある．つまり，くりこみ群という理論的構造では「極限をとるという操作」は必要だが，無限が臨界現象において必要不可欠な理想化であるとは限らない．

　次のような事例を考えよう．ある実数関数 $g_N(x)$ の系列を考え，N を自然数とする．$x \leq -1/N$ のとき $g_N(x) = -1$ であり，$x \geq 1/N$ のとき $g_N(x) = 1$ であり，$-1/N \leq x \leq 1/N$ のとき $g_N(x)$ は連続的に変化する．この系列の極限 $g_\infty(x)$ では，$x = 0$ で不連続である．ここで，以下のようなまた別の関数の系列 f_N を考える．

$$f_N(x) \equiv \begin{cases} 0 & (g_N(x) \text{ は } x \text{ で連続}) \\ 1 & (g_N(x) \text{ は } x \text{ で不連続}). \end{cases}$$

定義から，N が有限の範囲内であれば，$g_N(x)$ はあらゆる点で連続なので，f_N は 0 である．一方で，$x = 0$ のとき $f_\infty(x) = 1$ である．一見，ここに特別なことはないように見えるが，関数 f がどのように作られているかを知らなければ，

この極限での振る舞いは新奇で不思議に見えるだろう．$N = \infty$ では，$x = 0$ の
ときだけ急に異なる値を取るような関数になっている．

その上で，これに仮想的な物理的な意味を与えてみよう．$f_N(x)$ は何らかの物
理量を表しており，N は物理系の何らかのパラメーターを表現している．$f_N(x)$
の値が 1 であるのは，$N = \infty$ のときである．N が有限であると考えると，こ
の時は「$f_N = 1$ を説明することができない」という意味で還元できない．一方
で，二つの関数 f と g の関係を認識していれば，極限における f_N の振る舞い
は有限の範囲内でも g によって説明できる．このように考えることで，一般に，
数学的極限の存在は還元不可能性を直ちに意味しないと指摘する．特異な性質
が一見したところ現れていたとしても，その背景を考えることで十分に説明的
に還元することは可能なのである．

相転移と創発の議論も同様の図式で理解できるとメノンらは指摘している．
イジング・モデルにおいて，$g_N(x)$ を磁化と考えると，ここでの N は粒子数，x
は磁場である．有限な系においては，x が負から正へと変化しても g の変化は
連続である．一方で，無限の系では不連続になるだろう．f は磁化 g のある特
徴を反映しているものと考えられる．$f_N(x)$ 単独では，N を大きくしていくこ
と（$N = \infty$）で得られる $f_\infty(x) = 1$ を説明することができない．g に関する情
報がないままでは，f はある段階で急に，それまでとは異なる挙動を示すよう
に見える．この不連続性（つまり，特異性）が相転移を特徴づけている．しか
し，f が g に基づいていることがわかっていれば，g をもとに f がどのように
して特異性を示しているのかは十分に説明できる．以上から，数学的極限を用
いることで，新奇な性質が現れたとしても，それは還元不可能であることを必
ずしも意味せず，創発を含意しない．

このように見ていくと極限を取ることで特異性が現れるという側面によって，
熱力学と統計力学の間に創発が存在すること，あるいは，還元不可能であるこ
とを指摘する方針には，さまざまな問題点がある．ここまでの議論は還元が成
立するか否かという点についての議論であったが，バターフィールドが指摘し
たように還元が成立したとしても創発であることはありうる．事実，粗視化を
通じて新奇な性質は現れ，これは詳細に系を記述するモデルでは説明すること

ができていなかった．この状況をモデル間創発の観点から捉え直していこう．

4-3 普遍性と創発

　ここまで，くりこみ群が創発であるとする主張の根拠は，極限によって特異性が現れていることと，粗視化のプロセスが含まれていることという二点があることをみた．一方で，くりこみ群は創発ではなく還元の事例であるとする立場では，極限を用いることと創発であることの間に本質的な関係がないという議論に基づいている．しかし，粗視化については十分に検討されているとはいいがたい．そこで，粗視化は臨界現象が創発であることを示すのかということを検討する必要がある．

　くりこみ群の方法における粗視化の理論的基礎は，カダノフ（Kadanoff 1966）によって与えられたスケーリング則である．そこで，スケーリング則によって説明がなされた臨界指数間の関係式の一つであるラッシュブルック（不）等式（Rushbrooke (in)equality）に着目して，この事例がモデル間創発と言えるのかどうかを検討しよう．歴史的には，ラッシュブルック等式は，そもそも経験的に知られたものであったという経緯がある．しかし，熱力学の理論的構造からは不等式しか得られず，その時点での統計力学のミクロなモデルでは説明できなかった．この課題を解決するために，統計力学とスケーリング則を組み合わせることで初めて説明が可能になった．この事例は粗視化を評価し熱力学と統計力学の関係を検討する上で，格好の事例であると言えよう．

4-3-1 ラッシュブルック（不）等式の導出

　1960年ごろまでに，多様な物質に共通して現れる性質であるラッシュブルック等式が成立することが，実験や数値計算の結果わかっていた（Essam and Fisher 1963）．しかし，熱力学からはラッシュブルック不等式しか導くことができず，一方で統計力学においても，イジング・モデルなどの詳細なモデルを通じては不

等式すら示すことができず，スケーリング仮説を前提しなければラッシュブルック等式が示されなかった．このスケーリング仮説の正当化はカダノフによって与えられた．彼は粗視化というプロセスを前提することで，仮説の正当化を与え，統計力学のモデルからラッシュブルック等式を示すことに成功した．ここでは，以上のことを説明していくが，形式的なので，もちろん内容について理解している人や，あるいは，そもそもこういう形式的な表現に不案内な人は，ここまでの内容を理解しておけばとりあえず十分である．以下で，高橋・西森（2017）に依拠しながら，もう少しだけ具体的に見ていこう[17]．

臨界指数 α, β, γ は，臨界点付近の特異性を表現している．まずは，これらの臨界指数を定義するが，その準備としていくつか物理量を導入しておこう．c を比熱（$c \sim C/V$ として，C は熱容量，V は体積）とし，T は温度，T_c を転移温度（相転移が起こる温度）としよう．この上で，臨界指数 α, β, γ の定義を紹介する．α は磁場 $h = 0$ で $T \sim T_c$ であるという関係を通じて，次のように定義される．

$$c \sim \frac{1}{|T - T_c|^{\alpha}}. \tag{4.7}$$

β は磁化 m を用いて，

$$m \sim (T_c - T)^{\beta} \tag{4.8}$$

である．同様に，磁化率 χ を用いて γ は，

$$\chi \sim \frac{1}{|T - T_c|^{\gamma}} \tag{4.9}$$

と定義される．ただし，この $\sim$ は比例関係を表し，ここでは比例係数は省略している．これらは，臨界点での物理量についての指数なので，臨界指数と呼ばれる．

ラッシュブルック（Rushbrooke 1963）は，熱力学の範囲内で

$$\alpha + 2\beta + \gamma \geq 2 \tag{4.10}$$

---

[17] より詳しい導出は付録 1（p. 233）を参照．

が成り立つことを示した. しかし, 一方で,

$$\alpha + 2\beta + \gamma = 2 \tag{4.11}$$

が成り立っていることが, その当時の実験や数値計算を通じて経験的に知られていた. また, 統計力学において, 個々の構成要素が念頭におかれたモデルでは十分に説明することができていなかった. その問題を解決し, この等式 (4.11) を統計力学によって示したのがカダノフ (Kadanoff 1966) である.

まずはラッシュブルックによる熱力学からのラッシュブルック不等式の導出を紹介する. C_h を磁場 h を固定したときの熱容量として, C_M を磁化 M を固定したときの熱容量とする. 熱力学によれば,

$$C_h - C_M = T\frac{\left(\frac{\partial M}{\partial T}\right)_h^2}{\left(\frac{\partial M}{\partial h}\right)_T} \tag{4.12}$$

を満たす. さて, 上で見たように α は C_h によって定義され, 比熱は正であることから,

$$C_h \geq T\frac{\left(\frac{\partial M}{\partial T}\right)_h^2}{\left(\frac{\partial M}{\partial h}\right)_T}. \tag{4.13}$$

同様にして, $\partial M/\partial T$ が m に関係し, $\partial M/\partial h$ が χ に関連することから, 臨界指数 β,γ の定義を踏まえると, $T \leq T_c$ のとき, A と B を適当な定数として,

$$A(T_c - T)^{-\alpha} \leq B(T_c - T)^{2(\beta-1)+\gamma} \tag{4.14}$$

となる. ここで, $T_c - T \geq 0$ としたので, 式 (4.10) が得られ, これはラッシュブルク不等式と呼ばれる. このようにして, ラッシュブルックが熱力学から示すことができたのは不等式までであった. つまり熱力学だけでは臨界指数間の関係について不等式しか示すことができず, 経験的な事実 (等式) を説明することができない. また, そもそもカダノフらによってスケーリング則による粗視化を通じた説明が得られる以前は, 統計力学のモデルによって説明することはできていなかった.

そこでウィダム (Widom 1965) は統計力学からラッシュブルック等式を導出

178

するために，スケーリング仮説を提示した．これはあるスケーリング関数というものが存在し，その関数を前提すると統計力学から不等式ではなく，求める等式が導かれるというものだった．しかし，これはあくまで仮説であり，なぜスケーリング関数を前提して良いのかという問題が残る．この問題を解決し，スケーリング関数の存在を正当化したのがカダノフ（Kadanoff 1966）である．彼のアイディアがスケーリング則（scaling law）と呼ばれ，粗視化を含む操作を通じてスケーリング関数を導いている．

　臨界指数の関係式の一つであるラッシュブルック等式について着目すると，熱力学の範囲では不等式までしか示すことができなかった．一方で，統計力学においてもスケーリング関数を仮定すること（スケーリング仮説）で，臨界現象についての経験的な事実を示すことができたものの，これはあくまで仮説にとどまっていた．そこで，カダノフが提示したのは粗視化というプロセスを通じて，スケーリング関数が現れることであり，これによって統計力学のモデルから等式を示すことに成功した．換言しておくと，粗視化前の統計力学のモデルではラッシュブルク等式も不等式も示すことができなかった．つまりこの事例は，熱力学では示すことができなかった事実を，粗視化が必要ではあったものの統計力学を通じて示すことができた事例である．

4-3-2　臨界現象と創発

　創発と極限についての関係はメノンらなどの議論で紹介したが，極限を取ることは実際に無限の系を考えることではなく，創発の根拠とはなり得ない．一方で，粗視化の側面については十分に検討されていない．そこで，くりこみ群という理論的図式の背景であり，粗視化を形式的に導入しているスケーリング則の役割を検討することで，臨界現象という事例における粗視化と創発の関係を検討していこう．また，そもそも臨界現象を事例として検討するモチベーションであった熱力学と統計力学の関係も不明確である．前小節で説明した粗視化を理論的に取り扱う図式であるスケーリング則というこの事例を創発という観点から分析すると，何が言えるだろうか？

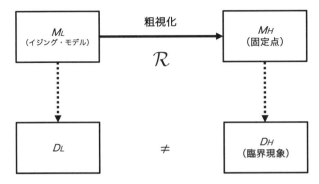

図 4.4 統計力学の範囲内で考えると低い階層のモデルが粗視化される前の統計力学的なモデルであり，粗視化することで高い階層のモデルになる．それぞれのモデルが示すことができる性質（それぞれのモデルのドメイン（D））が一致していない．つまり，低い階層のモデルに対する新奇性が存在するのである．

モデル間の関係から前小節の議論を整理していこう．熱力学のモデルと詳細な統計力学のモデルは示すことができなかった等式をスケーリング則によって変換したモデルでは導出できる．一方で，熱力学からは不等式を導出することができる．このことをモデル間創発という観点から見ると，熱力学は新奇性を示さないといえる．というのも，ラッシュブルック不等式という熱力学のモデルから導出される性質は，ラッシュブルック等式を導出可能な統計力学のモデルからも論理学的な意味で導出可能であるためである[18]．ただ，これでは「導出可能性」の意味が変わっている．このように捉えなくとも，そもそも熱力学の理論上では不等式しか導かれなかったが，経験的には等式であることが知られていた．その意味でも，粗視化によって得られた統計力学のモデルがより正確に現象を説明している．つまり，この事例は，経験的な事実をミクロな構成要素の挙動（統計力学）によって説明しているという意味で，創発というよりは，むしろ還元の事例である．

しかし，このことはスケーリング則，そして粗視化が創発であることを否定するものではない．スケーリング則の説明には二つの統計力学のモデルが登場している．まずは，臨界点付近の系を比較的詳細に記述したモデル（イジング・

[18) 不等式は等式から論理学的には導出可能である．これは条件を弱めているだけだからであり，例えば，$a = b$ が真であれば $a \geq b$ は真であるということからわかるだろう．

モデル）であり，もう一つが粗視化後のモデルである．粗視化前のモデルが低い階層のモデル（M_L）であり，粗視化後のモデルが高い階層のモデル（M_H）である（図 4.4 参照）．両者を比較すると，粗視化前のモデルでは導出できなかった性質が，粗視化後のモデルでは導出できる．その意味で，これは新奇性の基準を満たしている．また，スケーリング則は粗視化を通じて新しいモデルを作っていると考えるべきであろう．さらに，これらのモデルは同じ事象を表現しているという意味で，対象系は共有しているといえる．加えて，頑健性も満たしている．そもそも粗視化は，解像度を下げるプロセスであった．臨界点付近では，異なるパラメーターが付与された複数のイジング・モデルも，このスケーリング則を通じた粗視化によって同じモデル（固定点）に変換される．つまり，高い階層のモデル（粗視化後のモデル）は低い階層のモデル（粗視化前のモデル）のさまざまな初期条件やパラメーターからはある程度，独立であるといえる．以上から，スケーリング則は創発の事例として捉えることもできる．

　スケーリング則（で説明される臨界現象）の事例は還元とみなせる側面と，創発とみなせる側面がある．まず，熱力学のモデルからはラッシュブルック不等式しか導出できないが，スケーリング則を用いることで統計力学的なモデルからラッシュブルック等式が導出可能であるという点では，還元的であるといえるだろう．つまり，熱力学によっては十分に説明できなかった経験的事実を，ミクロな構成要素に着目した統計力学によって説明に成功したという意味でくりこみ群は還元的である．実際，経験的に知られていた事実を構成要素に着目して説明することができるというのは還元の一種であることを否定する人はいまい．一方で，粗視化前のモデルと粗視化後のモデルは創発の事例と考えることができる．統計力学のモデルを粗視化することで初めて臨界現象が説明できることは，創発の条件を満たす．ここでは三つのモデル，熱力学のモデル，粗視化された統計力学のモデル，粗視化される前の統計力学のモデルが現れていると考えることができる．熱力学のモデルと粗視化された統計力学のモデルの間は還元関係と見ることができ，一方で，統計力学のモデル間では創発であるといえる．そのため，この事例は全体として創発的であるといえる．

　以上を整理すると，臨界現象という事例は，熱力学と統計力学という理論間

関係が，還元・創発であることを示しているが，これはモデル間の関係として捉えると量子力学と古典力学の事例と同様の構造を見出すことができる．つまり，理論間関係が三つのモデル間関係に基づくということである．より基礎的なレベルの統計力学のモデルがあり，一方で現象論的なレベルの熱力学のモデルがあり，これらを結びつける第三項として粗視化された統計力学のモデルがある．この粗視化された統計力学のモデルに対応する領域は，統計力学と熱力学を結びつける役割を果たす中間的な領域である．この中間的なモデルの存在が，創発と還元の両方を示唆している．一方で，くりこみ群が創発であると主張する根拠は粗視化の役割であるが，そもそも粗視化は一般に創発を含意するのだろうか．粗視化が重要な役割を果たす熱統計力学のまた別の事例は不可逆性の事例である．続けて次節では不可逆性についても考えていこう．

4-4　不可逆性と粗視化

　創発や還元に加えて，熱統計力学の哲学の代表的なトピックは不可逆性である．伝統的には時間の矢の問題として知られ，熱統計力学の代表的な論点と言えるだろう．熱力学によって説明されるようなマクロ現象は不可逆であり，時間発展について非対称的である．覆水は盆に返らないし，ミルクは地面にこぼれたらもう飲めない．一方で，統計力学の構成要素であるミクロな粒子の挙動は可逆であるという．そのため，この事例も，一種の還元の失敗を含意しているように考えることができる[19]．還元が成り立たないことが創発を直ちに含意するわけではないことは前述の通りだが，創発の候補として検討に値することは認められるだろう．加えて，不可逆性を説明するための一つの手段として，粗視化（いわゆる，ギブス的アプローチ）が知られている．これまでに議論してきた通り，くりこみ群の粗視化は創発を議論するための重要な特徴であった

---

[19] もちろん，この点については「現時点で」ということであって，現在でも還元しようとするアプローチは知られている．その哲学的検討については例えばロバートソン（Robertson 2022）を参照．そのため将来的には還元される可能性も十分にある．

ことから，粗視化と創発の関係を考えることは意味がありそうである．

4-4-1 不可逆性の対処法

　不可逆にまつわる物理学の哲学にとっての問題をテ・ブルート（te Vrgut 2021, p. 138）は次の 5 つに分類している．

1. 熱力学における不可逆性の源泉：統計力学を考えず，純粋にマクロな理論のレベルに着目して不可逆性の源泉は何かという問題である．不可逆性にとって最も基礎的な法則は何かという問題ともいえる．
2. 平衡状態とエントロピーの定義：時間の不可逆性は「なぜ系は平衡状態に近づくのか」「なぜエントロピーは増大するのか」といった問いと関連しているが，この平衡状態やエントロピーが何を指すかということ次第で答えが変わる．
3. 粗視化の正当化：粗視化は，平衡状態へと変化することを説明するために用いられる手法であるが，その正当化が必要である．
4. 平衡状態への不可逆な接近：初期条件として非平衡状態を想定すると，不可逆に平衡状態へと変化することの物理学的な説明についての問いである．
5. 時間の矢：4 つ目の問いの答えがなぜ，過去へ適用できないのかという問題である．つまり，現在から未来へエントロピーが増大することを説明することができたとしても，それが現在から過去というプロセスではなぜエントロピーが増大しないのかを説明しなければならない．

これらをさらに分類すると，1 つ目の論点は，熱力学の範囲内だけで議論をするもの，5 つ目の論点は現在や過去といった時間の概念に直接関係する問いである．真ん中の 3 つの論点は熱統計力学の哲学の問題と整理することができるだろう．本書で本質的なのは，特に 3 番目の問題ではあるが，1 つ目の問題と 5 つ目の問題は物理学の哲学で代表的な話題なので簡単に説明しておく．

　第 1 の問題の背景には，熱力学の範囲内で時間の不可逆性がどのように説明できるのかという問題意識がある．不可逆性は熱力学の第 2 法則と同一視され

ることがよくある．大雑把にいうと，熱力学の第2法則はエントロピーが時間発展を通じて増大することを示す法則であり，この法則はマクロな現象は不可逆であることを示している．熱力学の第2法則をどのように定式化するのかということについても議論はあるが，より深刻なのは第2法則自体は不可逆性を全て説明する訳ではないということである．ブラウンとウフィンク（Brown and Uffink 2001）は不可逆性という概念について，時間反転に対して非対称であること（つまり，時間反転に対して不変ではないこと）と，A から B という状態の変化を元に戻すことができないという意味での回復不可能であることとは区別されるべきであると指摘した．その上で，熱力学の第2法則が与えるのは回復不可能性だけであり，そもそも時間反転に対する非対称性は別の方法で与えられなければならないと指摘している．その上で，時間反転に対する非対称性を与えるために提案されるのが，熱力学の第1法則と第0法則よりも基礎的である熱力学の第マイナス1法則である[20]．熱力学の第マイナス1法則は，

> 有限の固定された体積における任意の初期状態にある孤立系は，自発的に平衡状態に至る（Brown and Uffink 2001, p.528）

という平衡状態原理と彼らが呼ぶ主張を指す．さらにこの主張は以下の三つの主張に分解できる．（A）孤立系の平衡状態が存在する．（B）任意の孤立系は体積が一定であれば，ある一つの平衡状態になる．（C）非平衡状態から平衡状態に自発的に至る．これら三つの主張の中で，時間の非対称性が現れるのは（A）の主張，つまり孤立系の平衡状態の存在に依存している．孤立系の平衡状態の特徴は，その性質が時間発展に対して一定であるということにあり，時間の変化に対して変化しないような状態（平衡状態）の存在が熱力学における時間の非対称性の根源であると，ブラウンとウフィンクは主張している[21]．

---

[20] 第1法則は熱力学における保存則に関わるもので，第0法則は熱の推移に関わるものである．第1法則は熱がエネルギーであることを認め，保存則を守ることを論じるものである．一方で，第0法則とは，もし二つの系（AとB）が，それぞれ第三の系（C）と熱力学的平衡状態にあるのであれば，AとBも互いに熱力学的平衡状態にあるという法則である．

[21] このような指摘に対してミルヴォルドは，第マイナス1法則は他の熱力学の法則とは異なると指摘する（Myrvold 2020）．ミルヴォルドは熱力学を「熱と仕事についての科学」と特徴づけ，エネルギーを熱と仕事に区別することこそが熱力学の本質と捉える．この見方に立つと，第マイナス1法則はこの区別に関わるものではなく，何らかの別の理論的な地位を占めるものであると考えられる．その上で，この原理は熱力学の前提で

5番目の問題は，現在の状態から未来の状態の予測と，現在の状態から過去の状態への遡及（retrodiction）が同じではないのはなぜかという問題である．統計力学の基礎的な方程式自体が時間発展に対して対称であるならば，初期状態から過去を予測したときにも非平衡状態が自然と平衡状態に至らなければならない．しかし，平衡状態が自ずと非平衡状態になるということがないために，付加的な仮説が必要である．この問題を解消するための方針の一つがアルバート（Albert 2000）の過去仮説（Past Hypothesis）である．過去仮説は，「宇宙の初期状態におけるエントロピーは極めて低い」とする仮説である．この仮説を受け入れると，初期状態のエントロピーが極めて低いために宇宙全体として過去から現在に向けて非平衡状態から平衡状態へと遷移していることになる．この初期状態に対応するのがいわゆるビッグ・バンであり，初期状態のエントロピーが極めて低いという仮説から自ずと非対称性が現れるという仮説である．

ただ，これは問題の先送りにしかなっていないだろう．つまり，なぜ宇宙の初期状態がそのような非対称性を生じさせるような状態にあるのかということを説明しなければ，非対称性がなぜ存在するのかを説明することができていないのではないだろうか．また，宇宙全体にこのような仮定を置いたとして，このことがより日常的なスケールでの非対称性（覆水盆に返らず）の説明になるのかということは議論の余地がある．例えば，宇宙全体の時間から見ればごく短い範囲内ではあるが，人間からは十分に長く感じる期間では，時間反転対称性が現れてもよいのではないかということは検討するに値する課題である．

時間の不可逆性についての問題の中で，本章のテーマと関連しそうなのは3番目の問題「粗視化の正当化」なのは明らかだろう．臨界現象が創発であるという議論において本質的だったのは粗視化というプロセスであった．不可逆性の議論において，粗視化を採用する方針はギブス的アプローチと呼ばれている．次小節では，このギブス的アプローチについての哲学的分析を紹介していこう．

あって法則ではないと論じている．

4-4-2　不可逆性は創発か

まずは，ギブス的アプローチ，つまり不可逆性を説明するために粗視化（coarse-graining）に訴える方法論に対する代表的な反論としてリッダーボス（Ridderbos 2002）の議論を紹介しよう．これを踏まえて，ロバートソン（Robertson 2020）による再反論を紹介することで，粗視化に関する哲学的な問題を紹介する．その上で創発かどうかを検討していこう．

テ・ブルートがあげた3つ目の問題は，粗視化は統計力学から熱力学的な性質を説明するために便利な手法であるものの，これが十分に正当化されているのかということであった．代表的な反論は粗視化が主観的ないし人間中心的すぎるため，粗視化という手法を通じて，この世界の客観的な性質を明らかにすることができないのではないかというものがある．粗視化は解像度を下げることなので，粗視化して得られる確率分布やそれに基づくエントロピーは粗視化前の正しい確率分布とは異なっている．つまり，正しい記述を主観的に歪曲するのが粗視化であると捉えることができる．確かに，粗視化の解像度次第では，ある観察者にとって一様である分布も，より精緻に捉えることで一様ではないように見えるかもしれない[22]．粗視化が，ある特定の性質を導くために正確な記述を歪める手法であることから適切な手法ではないと捉えると，くりこみ群はもちろん，例えば空気抵抗を無視するといったような現実では起こらない理想化についても同様に適切ではないことになってしまう．これはあまり魅力的な選択肢ではない．このような理想化は自然科学ではありふれたものであり，単に「本来の記述を歪曲している」ということだけから，内容を批判するのは不適当だろう．つまり，粗視化が主観的であるということは批判としてあまり実質的ではない．

リッダーボス（Ridderbos 2002）は粗視化に訴える方針の問題点は，このような主観性ではなく，粗視化を用いることの正当化が十分ではないことにあると指摘する．まず，彼が批判している「粗視化の正当化」は，以下の2種類の

[22) ここでは粗視化が影響を及ぼすのはあるアンサンブルについてのみで，その時間発展には影響を及ぼさないものだけを考える．

主張に基づいていると整理される.

- 粗視化された平衡状態も, 粗視化されていない精緻な (fine-grained) 平衡状態も, マクロな観察のレベルでは区別できないため, 二つを同一視してもよい.
- ある系を粗視化された平衡状態であるとみることができれば, 粗視化されたエントロピーを使用してもよい.

一つ目の主張は, ミクロな物理量を直接観測することはできず, 観測できる物理量は有限の解像度のもとでしか与えることができないという立場に基づいている. この立場の上で, マクロなレベルで区別できないのだから, 粗視化前と粗視化後を同一視してよいという主張である. しかし, 特定の実験 (スピンエコー実験) では, 粗視化によって与えられる準平衡状態と, 精緻な平衡状態を区別することが可能であるとリッダーボスは指摘する. つまり, 観測結果が変わらないのであれば粗視化の有無は問題ではないという正当化を採用すると, 観測結果が異なる事例があることから, この正当化は認められない. とはいえ, 常に識別可能性が成り立つわけではないので, 粗視化が正当化できる事例もあるということは認めている[23]. しかし, 二つ目の主張にはより大きな問題がある.

　二つ目の主張はそもそも十分ではない. 粗視化のアプローチでは, 準平衡分布 (quasi-equilibrium distribution) に対して, 平衡状態のギブスエントロピーと同一視される粗視化されたエントロピーを割り当てている[24]. このアプローチでは二つのことが行われている. (1) ある系が粗視化された平衡状態にあると主張することと, (2) 粗視化されたエントロピーをその系に使用することである. ある系を粗視化された平衡状態であると考えることは, その精緻な平衡状態と粗視化された平衡状態の間でマクロな物理量について区別できないのであれば妥当だろう. 実際, 一般には我々はミクロな平衡状態の全てを観測することができない以上, 二つが識別不可能であれば, 同一視することは認められる. しかし, 準平衡分布に対応する粗視化されたエントロピーの値と, 精緻な平

---

[23] 正確には, この議論は粗視化に適用範囲があるということしか述べることができていない.

[24] 「準平衡」とは「真なる平衡」 (true equilibrium) の対語である. 準平衡分布とは, 一様で精緻な分布としての「真なる分布」の対語である (Ridderbos 2002, p. 73, n. 6).

衡分布のエントロピーの値を置き換えることが正当化されるのは、二つの平衡状態が同一であるときだけである（Ridderbos 2002, p. 77）. なぜなら、エントロピーはそれぞれの分布ごとに与えられるものであり、準平衡分布と平衡分布が同一でなければエントロピーの値も異なるはずだからである. つまり、ある系を粗視化された平衡状態とみなすことの正当化は、あくまでも、粗視化された平衡分布と精緻な平衡分布を観測から区別できないことによって、そのように「みなす」ことが許されているに過ぎず、同一であることを保証するものではない. さらに、この二つの平衡状態が同一であるとすることが力学の定理であるリウヴィルの定理から不可能であると指摘して、

> 熱的に孤立した系の熱力学的エントロピーがなぜ減少しないのかのミクロな力学的な言葉での説明を与える代わりに、系に対する力学的な制約を破るようなメカニズムを用いることに粗視化のアプローチは頼る. そして、もちろん、この方法は、統計力学の目的、つまり、ミクロ力学的に熱力学を基礎づけるという目的に真っ向から反するものである（Ridderbos 2002, p. 77）

と主張している. つまり、粗視化を正当化すると、力学的な定理に反することになり、これは統計力学から熱力学を基礎づけるというそもそものモチベーションに反するものになるというのが、リッダーボスの指摘である[25].

リッダーボスは正当化が不十分であることは指摘するものの、粗視化によって不可逆性が現れるということ自体を否定しているわけではない. そこでロバートソン（Robertson 2020）は別の方針を提示することで、粗視化の正当化を与えようとする. 彼女は特に ZZW 図式（Zwanzig 1960; Zeh 2007a; Wallace 2011a）と不可逆性を大まかに次のように整理して、粗視化について検討する.

まず、粗視化射影演算子として $\hat{P}$ を確率密度関数空間上に定義する. この空間上の密度関数 ρ に $\hat{P}$ を作用させることで、不可逆性に関連する密度関数 ρ_r と関連しない密度関数 ρ_{ir} に密度関数は分けることができるものとする. つまり、

---

[25] 最後の部分については彼自身が十分な議論を展開していない.

$$\hat{P}\rho = \rho_r, \qquad (1 - \hat{P})\rho = \rho_{ir}. \tag{4.15}$$

要するに，この ρ_r が不可逆性を示す．ρ_r が与えられたときに，エントロピー S は次のように定義される．

$$S[\rho_r] = S[\hat{P}(\rho)] := -k_B \int \hat{P}\rho(q, p) \ln \hat{P}\rho(q, p) d^{3N}q d^{3N}p \tag{4.16}$$

このようなエントロピーを持つ粗視化された密度関数 ρ_r は

$$\frac{dS[\rho_r]}{dt} \geq 0 \tag{4.17}$$

となり，時間発展に従ってエントロピーが増大することから，時間の非対称性が現れる．これが ZZW 図式の大枠である．

ロバートソンは ZZW 図式に対する反論として，粗視化に訴えて現れる非対称性は錯覚であるというものを検討している．粗視化は真なる密度関数 ρ を歪めるものであり，その結果として現れた性質が正しいものであるわけがないということである．これに対して，彼女は 2 種類の再反論を提示する．まず，非対称性は錯覚どころか，頑健なものであるということである．密度関数 $\rho(t)$ は，どの時点で粗視化したとしても，時間の非対称性を示す $\rho_r(t)$ が得られる．その意味で，粗視化によって得られる時間の非対称性は頑健であり，この頑健で安定的な性質が幻想であるという指摘は説得力がないのではないかというものである．第二の反論は，ZZW 図式における粗視化はガリレイ的理想化ではないということである．ガリレイ的理想化とは，対象となる事象を追跡しやすいようにするために行われる理想化であり，ワイスバーグ（Weisberg 2013 [2017]）はガリレイ的理想化は将来的には脱理想化（de-idealize）されることが期待されるような理想化であるとしている．しかし，この事例では真なる密度関数 ρ はすでに与えられていて，粗視化はこの真なる密度関数の中から不可逆性とは無関係な要素を除外している．つまり，詳細は現象の理解を妨げるものに過ぎず，その意味でガリレイ的理想化ではない．このことから，粗視化を通じて得られる不可逆性は単なる幻想ではなく，実際にこの世界の実在を捉えていると考えられる．

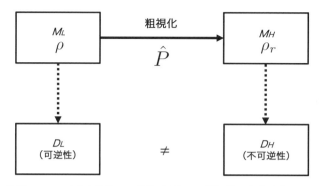

図 4.5 低い階層のモデルは密度関数 ρ で特徴づけられ，粗視化の演算子 $\hat{P}$ によって ρ_r が得られ，これが高い階層のモデルを特徴づけている．それぞれのモデルが記述しているこの世界（ドメイン）を比較すると，低い階層のモデルでは可逆性が現れるが，高い階層のモデルからは不可逆性が現れている．

このようにロバートソンは密度関数の時間発展のどの段階で粗視化を行っても，結局は不可逆性が現れることから，不可逆性は初期状態によらない頑健な性質であると主張する．加えて，この粗視化の操作がガリレイ的理想化ではないことを指摘している．不可逆性を示すための理想化である粗視化は，我々が正しい記述を知らないために行われているだけでいずれ不要になることが期待されているような操作ではない．むしろ，系の詳細が不可逆性を示すことを妨げているからこそ行っているのである．粗視化は単に系を歪曲しているというだけではなく，不可逆性を示すために必要な手順とみなせる．この特徴は，2-4-1 小節で論じたミニマル・モデルの議論と同様である[26]．

では，不可逆性は創発を含意するだろうか．低い階層のモデルは ρ によって表現されているものとして，高い階層のモデルは粗視化演算子 $\hat{P}$ によって与えられる ρ_r である．まず，低い階層のモデルからは不可逆性を示すことができない．このモデルから不必要な要素を除外する粗視化演算子を用いて，粗視化された高い階層のモデルを得ることができる．この高い階層のモデルからは不可逆性を示すことができる．したがって，新奇性の条件を満たしている．また，これら二つのモデルは粗視化によって結びついており，両者は同じ対象系の異な

---

[26] ただ，このことで粗視化の正当化が十分になされているのかということは議論の余地がある．

る記述になっている．以上から，不可逆性は創発であると結論できる（図 4.5）．

4-4-3　創発ではない粗視化

　本章で見た二つの粗視化の手法に関する事例（くりこみ群と不可逆性）では，どちらも低い階層のモデルからは示すことができない重要な物理的な性質が現れ，創発であることを指摘してきた．このことから，粗視化は創発と密接に関連しているようにも見えるかもしれない．しかし，粗視化は直ちに創発を含意するわけではない．粗視化を用いているが，創発のように新奇な物理的性質を含意しないような事例として，古典力学における初等的な剛体の例を考えよう．

　剛体は物理学における粗視化としては最も初等的な事例である．古典力学の教科書では質点という，大きさのない点という理想化された対象を導入した後に，大きさのある剛体という対象の古典力学的な挙動が説明されている．剛体とは，任意の二点間の距離が常に一定であるような物体，つまり，形が変化しない対象を指す．例えば，日常生活ではダイヤモンドは剛体とみなしていいだろう[27]．連続的な剛体も質点という微小な（離散的な）対象から構成されていると考えることで導入される．このとき，二つの記述，連続体としての記述と質点系としての記述の間を接続するのが粗視化である．

　ランダウの教科書シリーズは物理学において代表的な教科書（ランダウ・リフシッツ 1974）の一つである．その古典力学の教科書の中で次のように述べられている．

> 　剛体を離散的な質点の集まりとみなすことがあるが，そのことによって，式の導出がいくらか簡単化される．しかしこのことは，実際には，剛体は力学において，ふつうその内部構造をまったく考慮せずに連続的な物体とみなすことができるという事情とすこしも矛盾するものではない．離散的な点についての和を含む式から連続体に対する式へ移るには，質点の質量を体積要素 dV 内の質量 ρdV におきかえ（ρ は密度），物体の

---

27) ここでの日常的生活にはダイヤモンドを研磨するような生活は含んでいない．また，例えば，スーパーボールは弾むときに潰れるので剛体ではない．

全体積にわたって積分するだけでよい（ランダウ・リフシッツ 1974, p. 120）．

つまり，個々の粒子の質量を，ある体積の質量によって置き換えることは粗視化によって正当化され，そのことを通じて質点系と連続体（剛体）の間の関係を結びつけることができる．いいかえると粗視化を通じて，質点系のモデルを連続体のモデルへと移すことができる．

ランダウ・リフシッツは記述がシンプルなので，ここでは剛体と粗視化についての関係を埋めるために兵頭（2001）の説明に頼ることにする．全体として体積が V で，質量が M の連続体を考えよう．この連続体の点 r における密度を $\rho(r)$ と書くことにする．r の周辺の体積が ΔV となるような狭い部分の質量を ΔM と書くことにする．密度は質量を体積で割ったものとして与えられることから，以下の関係が成り立つ．

$$\rho(\boldsymbol{r}) = \lim_{\Delta V \to 0} \frac{\Delta M}{\Delta V}. \tag{4.18}$$

つまり，ある点 r の密度は，体積を小さくしていくことで得られる．あるいは，$\rho(r)$ が与えられているならば

$$\Delta M \approx \Delta V \rho(\boldsymbol{r}) \tag{4.19}$$

となる．これはあくまでも近似的な関係であり，完全に一致するわけではない．というのも，$\rho(r)$ は極限を通じて与えられるような値であるからである．厳密には，V を極めて小さくしていくと，その部分（粒子）は量子力学に従うことになってしまう．つまり，ΔV が非常に小さければ，量子的な効果が現れ，式 (4.18) は成り立たない．古典力学の範囲では，$\Delta V \to 0$ という極限を途中で止めることで，密度 $\rho(r)$ が連続であるようにすることができる．つまり，対象系を体積が ΔV_i であるような小さい範囲の領域から構成されていると考えれば，密度 ρ は連続であり続けることができ，系を連続体としてみなすことが可能である．この連続であるような $\rho(r)$ を質点系から導出するプロセスが粗視化である．

古典力学において，質量 m_i $(i = 1, \cdots, n)$ の n 個の質点からなる系の質量は，

$$M = \sum_{i=1}^{n} m_i, \tag{4.20}$$

である．他方で，質量が M であるような系を n 個の部分に分割し，それぞれの体積を ΔM_i とすると，この系の質量は

$$M = \sum_{i=1}^{n} \Delta M_i \tag{4.21}$$

と表せる．ΔM_i の中の点 r_i において，密度関数である式 (4.18) が与えられているとき，全体の質量は以下のように与えることができる．

$$M = \lim_{n \to \infty} \sum_{i=1}^{n} \rho(r_i) \Delta V_i = \int \rho(r) dV. \tag{4.22}$$

式 (4.20) と式 (4.22) は同じ対象についての異なる記述である．これらを比べると，粗視化が成り立つとき，つまり，密度 ρ が連続であることが保証されているときには，次のような変換が可能になり，質点系の記述と連続体としての記述を結びつけることができる．

$$\Delta M_i \to \rho(r) dV, \quad \sum_i \to \int. \tag{4.23}$$

このようにして，粗視化は離散な質点系の記述と連続体としての記述を結びつけることができる．この関係を基に，剛体のさまざまな性質を導くことができる．

この文脈で，剛体は創発だろうか？ つまり，粗視化というプロセスがあるからといって，剛体を創発とみなせるだろうか？ 剛体が興味深い性質を示すとしても，質点系からの粗視化によって現れるから創発であると考えることはあまり説得力がないだろう．というのも，ここまでに紹介した整理だけでは，質点の集まりと連続体はある系をどのように記述するのかという違いに過ぎない[28]．実際，この粗視化は創発を含意しない．本書での創発の定義に合わせる

---

28) もちろん，対照されるクラスが量子的なものであるとすれば，剛体の事例は創発の事例となる．これは前章で考えたような量子力学と古典力学の関係として捉えれば十分である．また，ここでの議論はあくまで古典力学の初等的な事例としての剛体についてのもので，剛体一般について創発であることを否定するものではない．むしろ，流体や弾性体については創発と考えることの方が説得的であろう．流体や弾性体などの連続体については，

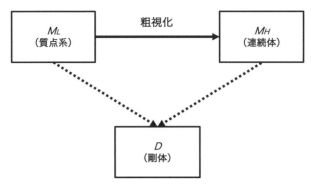

図 4.6 　質点の集まりとして記述するのが低い階層のモデル，連続体として記述するのが高い階層のモデルである．これらのモデルは剛体について異なる方法で記述しているが，それぞれのモデルが示す性質は同じである．このことから，これはせいぜい認識論的創発である．

と，まず低い階層のモデルは質点として剛体を記述しているモデルであり，高い階層のモデルは連続体として記述するモデルである．このモデル間はくりこみ群や不可逆性の事例と同様に粗視化というプロセスによって結びつけられる．この剛体の示す古典力学的な性質が低い階層のモデルから導出不可能であれば，創発の基準を満たす．しかし，先ほどの引用においてランダウらが「式の導出が簡単化される」と述べているように，質点系による記述は連続体としての記述と同様に剛体の古典力学的な性質を示すことができる．つまり，剛体の事例は創発を含意せず，粗視化は必ずしも創発を含意しないのである．

　ただ，このことは剛体が創発である可能性を否定しない．確かに，連続体としての剛体は存在論的には創発ではないといえるだろう．新しい存在論的なカテゴリーが現れているのではなく，あくまで，記述の仕方が変わっているだけである．もう少しラフにいいかえると，この世界に新しい種類の物体が産まれたようには感じられない．しかし，このことは認識論の上では，つまり我々の理解の上では新しい記述を与えているかもしれない．少なくとも，粗視化によって単に元の記述が不正確になったものが与えられているだけではなく，離散的な点の集まりから，連続的な物体へと新しい描像は与えられているのである．その意味で，この事例は**認識論的創発**の事例である．単に，不正確な記述を与

今後の課題としたいが，現時点での議論については例えば以下の文献を参照（Batterman 2021; Wilson 2021）．

194

えているものと，少なくとも我々にとっては新しい種類の記述になっているものを区別するために，ここでは認識論的創発というカテゴリーを導入している．モデル間創発のアイディアでは，新奇な性質が現れるかどうかが重要であった．つまり，存在論的創発となるのはそのような性質が現れるときであり，記述の仕方の変更にとどまる場合には認識論的創発と区別できる（De Haro 2019）．

4-4-4　粗視化と創発

　粗視化の一部（くりこみ群と不可逆性）は創発を含意するような事例になっていた．粗視化は対象の記述を変更し，その結果として得られた粗視化されたモデルの中には，元のモデルにはない本質的に新しい性質が存在するため創発を含意しているといえる．一方で，剛体は古典力学的性質として，質点系という低い階層のモデルから導出できる性質しか現れない．そのため，これは創発ではないと指摘した．しかし，剛体の事例は，離散的なものから連続的なものが現れるという意味では新奇な記述が与えられているといえるだろう．その意味で剛体の事例は認識論的創発なのである．つまり，2種類の粗視化の区別がここに存在している．一つは存在論的創発をもたらし，もう一つは単なる不正確な記述を与えるか，せいぜい認識論的創発にすぎない．

　粗視化は理想化の一種と言っていいだろう．実際，詳細を無視するという操作は，例えば摩擦のない平面を考えるのと同様に，実際の状態から要素を減らしていることとなる．では，このくりこみ群や不可逆性のような創発を含意しうるような粗視化と，剛体の事例のような粗視化はどのように区別できるだろうか．まずは，トップ＝ダウン，つまり，科学哲学の一般的な理想化の議論をもとに粗視化を分析してみよう．

　物理学の哲学における理想化の分類としてはノートン（Norton 2012）によるものが代表的である．ノートンは理想化と近似化について次のように区別している（Norton 2012, p. 209）．

近似化　対象系を不正確に記述することであり，命題的なものである．

理想化　対象系とは異なる現実的ないし仮想的な系のことであり，その系の性
　　　　質には対象系のある側面の不正確な記述を与えるようなものもある.

ノートン自身が述べるように，この区別は定義ではなく，彼自身の議論のため
の区別であることは注意しておく．簡単にいうと，近似は新しい系を生じさせ
るわけではないが，理想化は新しい系を生じさせるものである．この区別が重
要になるのは極限を取るような操作である．極限を取ることで，ある性質の極
限を考えることになるが，それは系の極限と一致するとは限らない．次のよう
な事例を考えてみよう.

　まずは性質の極限と系の極限が一致するケースを考えよう．半径 1 の球を考
え，この球を半分に割り底面の半径が 1 で長さ a の円筒を差し込むようにこの球
を引き伸ばす．そうすると二つに割った半球の間に長さ a の円筒が挟まった薬
のカプセルのようなものが考えられるだろう．a を $a = 1, a = 2, a = 3, a = 4, \cdots$
と伸ばしていくと，最終的には両端の半球の影響は無視できるようになるので，
ただの円筒であると考えることができる．つまり，極限においては，半径 1 の
長さが無限の円筒になる．極限を取る前のこの図形の表面積は $2\pi a + 4\pi$ であ
り，体積は $\pi a + 4\pi/3$ である．表面積と体積の比率 $(2\pi a + 4\pi)/(\pi a + 4\pi/3)$ は，
極限 $a \to \infty$ では 2 となる．これは，極限の系の性質と一致している．したがっ
て，$a \to \infty$ のような操作によって得られる無限な円筒は，ノートンの定義でい
うと細長いカプセルの理想化であると考えることができる.

　今度は球を無限に大きくしていくようなケースを考えよう．つまり，球の半
径を r として，$r = 1, 2, 3, \cdots$ のように無限に大きくしていく．ここで球の表面
積と体積はそれぞれ，$4\pi r^2$ と $4\pi r^3/3$ である．この表面積と体積の比は $3/r$ にな
ることは直ちにわかるだろう．ここで r が大きくなり，極限まで大きくなると
この比率は 0 になる．この事例では，性質の極限は存在するが，系の極限は存
在しない．素朴には無限に大きな球が系の極限になりそうである．しかし，球
は球面上の全ての点が中心から等距離にあるような点の集合である．無限に大
きい球は中心からの距離が無限に大きい点から構成されているはずである．だ
がしかし，空間内の距離は有限であるはずなので，そのような系は存在しない.

したがって，ここでの性質の極限（表面積と体積の比率が 0）というのは，無限に大きな球の性質ではないと論じている．そのため，この事例は非常に大きい球の不正確な記述であり，球の近似の例になる．

では，極限における性質も極限における系も存在するが，これらが一致しないことはあるだろうか．まずは半径 1 の球を考える．この球を一方向にだけ引き伸ばすことで楕円体を作ることにしよう．このときの楕円体の長半径を a として，a を大きくしていこう．この a を無限に大きくしていくと，最初の例のように半径 1 の円筒が現れる．楕円体の体積は $4\pi a/3$ であり，表面積は $\pi^2 a$ である．そのため，表面積と体積の比率は $(\pi^2 a)/(4\pi a/3) = 3\pi/4$ なので，a が大きくなっても変わらない．一方で，最初の例で見た通り無限長の円筒の表面積は $2\pi a$ であり，体積が πa であることから，表面積と体積の比率は 2 となる．つまり，極限を取る操作で得られる性質が，系の極限とは一致しない．したがって，この球を引き伸ばす操作は，非常に長い楕円体の理想化ではなく近似化である．

このような理想化と近似化の区別を通じて，粗視化を区別することができるだろうか．ノートンは相転移の事例におけるくりこみ群は近似化であると主張する．粗視化の前も後も同じ対象系について考えており，新しい系を考えているわけではない．くりこみ群は粗視化された性質（普遍性）を考えているのであって，粗視化された系を考えているわけではない．そのため，理想化ではなく近似化と呼べる．ZZW 図式においても同様に，同じ対象系を異なる密度関数で表現しているだけで，系としては同じものを表現している．つまり，粗視化を通じて得られた系の歪んだ記述である粗視化された密度関数を通じて，不可逆性が現れているだけで，本質的に新しい系は現れていない．その意味で，ZZW 図式も近似化である．さらに，やはり剛体についても粗視化は行っているものの，適切に低い階層のモデル群を選べば新しい系を考えているわけではない．同じ剛体について質点の集合としての記述と，連続体としての記述を結びつけるものであり，新しい系を考えているわけではない．そのためやはり，これも理想化ではなく近似化であろう．さらにノートンは，一般に，粗視化は近似化であると論じている．粗視化は我々に新しい性質を導くことを可能にするものの，単に系を不正確に記述するのみで新しい系を考えるわけではない．例えば

グレースケールでの印刷は粗視化になっているだろうが，これは元のデータの不正確な記述でしかない．したがって，ノートンの理想化・近似化についての議論だけでは粗視化を区別できなさそうである．

また，別の一般的な理想化の議論はワイスバーグ（Weisberg 2013 [2017]）によるものであろう．ワイスバーグは理想化をガリレイ的理想化，ミニマリスト的理想化と多重モデルによる理想化に分類している．ここでは，ガリレイ的理想化とミニマリスト的理想化の区別が粗視化の区別として利用できるか否かを検討すれば十分である[29]．この二つの理想化はどちらもあるモデルから要素を減らすことで別のモデルを導くようなものである．ガリレイ的理想化は単純化という目的のために行われる理想化である．例えば，摩擦のない平面は，抽象化された事象の古典力学的な挙動を理解するために便利な理想化であろう．ワイスバーグは，この種の理想化はプラグマティックな目的のために行われるものであり，究極的には脱理想化し正確な表現による記述が期待されるような理想化であると整理している．一方で，ミニマリスト的理想化は，現象にとって本質的な要因を強調するような理想化である．例えば，イジング・モデルは強磁性体にとって重要な要素だけを記述したモデルであり，かつ，現実の系から比較すれば高度に抽象化されたモデルであると言っていいだろう．このようにして導入されたモデルは現象の本質的な要素を掴むために用いられるのである．

しかし，ワイスバーグの理想化の分類によっても粗視化は区別できない．ZZW図式を例にとると，ロバートソン（Robertson 2020）が，この事例における粗視化はガリレイ的ではないと論じている．不可逆性の事例では，粗視化された密度関数は不可逆性の説明のために不可欠である．一方でガリレイ的理想化は単純化のためにしか用いられず，いずれは脱理想化されることが期待されている．しかし，少なくともZZW図式の範囲内では脱理想化は期待されていないし，単に単純化のために用いられているとは言えないためガリレイ的理想化で

---

[29] 粗視化の事例においても複数のモデルが用いられているが，これは多重モデルによる理想化の事例ではない．多重モデルによる理想化は現在検討しているような事例よりも複雑な事象（例えば，気候変動）を理解するために複数のモデルを総合的に用いるものである．ここで検討しているような事例はより単純であることから，この理想化については検討する必要はない．ただし，これは「一般に」粗視化と多重モデルによる理想化が無関係であるということを主張するものではない．

はない．彼女のこの議論は，スケーリング則の事例にも応用できるだろう．というのも，この事例でも，粗視化は普遍性を説明するために必要である．その意味で，どちらも不必要な要素を抽象するという理想化になっており，どちらもミニマリスト的理想化と言っていいだろう．

では，古典力学の事例（剛体）はこれとは異なる種類の理想化，つまりガリレイ的理想化だろうか．実際に，ランダウは粗視化は剛体についての方程式の導出を簡単化することができると述べており，その意味ではガリレイ的理想化に見えるだろう．しかし，粗視化を経て得られる剛体のモデルは，剛体にとって重要な要素を反映したものであると考えられる．実際，簡単化のために粗視化を行うと述べた直後に，「剛体は力学において，ふつうその内部構造をまったく考慮せずに連続的な物体とみなすことができる」（p. 120）と述べられている．いいかえると，粗視化された記述は剛体の本質的な特徴を捉えていると考えることができる．質点系による記述と粗視化によって得られる連続体としての記述はどちらにも同様の説明的役割があり，両者を単なるガリレイ的理想化とは言えない．このようにワイスバーグによる理想化の定義を通じても，粗視化の種類を分類することは困難である．

上記のような一般的な定義を応用するという方針では，二つの粗視化を区別することが困難である．そこでボトム＝アップで，上で検討した事例（くりこみ群・不可逆・剛体）をもとに次のように粗視化を区別しよう．一つは実質的な粗視化（substantial coarse-graining），もう一つは単なる粗視化（mere coarse-graining）である（Morita 2023）．

実質的な粗視化　粗視化する前のモデルでは示すことができなかった性質を導出することを可能にするような粗視化である．

単なる粗視化　オリジナルのモデルの不正確な記述を与えるものであり，粗視化されたモデルは元のモデルと比べて新しい性質を示さない粗視化である．

くりこみ群の事例と不可逆性の事例は実質的な粗視化になっており，剛体の事例は単なる粗視化である．

実質的な粗視化は，低い階層にはないこの世界の現象を高い階層のモデルが

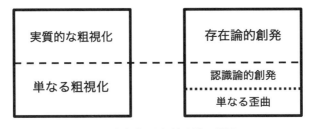

図 4.7 粗視化の区別と創発の関係.

示すことを可能にしている．つまり，この世界に現れる性質という点で新奇な性質が高い階層からのみ現れている．またこの性質は低い階層のモデルから現れることが本来は期待されるものであろう．というのも，低い階層のモデルは詳細なミクロなモデル，ないし，真なる密度関数であることから，本来であれば普遍性も不可逆性もこれらの低い階層のモデルから示されることが還元主義的には期待されている．他方，単なる粗視化は，この世界の物理的な性質について，低い階層のモデルと高い階層のモデルとでは同じ内容を説明する．そのため前述の通り，剛体は本書で定義するような創発の事例ではない．それは，この世界の側にある新奇な事象が現れているわけではないためである．また，この区別の下では，実質的な粗視化は存在論的創発を含意している．

しかし，単なる粗視化でも認識論的な側面では新奇性があると考えることができる．粗視化を通じて離散的な記述から連続的な記述を与えることができる．質点の集まりとしての剛体と，連続体としての剛体という二つの記述の仕方を与えることができる．つまり，同一の対象について，異なる記述を与えることができ，その意味で粗視化は認識論的な創発を含意しうるといえるだろう．ただし，これは粗視化は認識論的創発と存在論的創発のどちらかを含意するということではない．くりこみ群変換 $\mathcal{R}$ を考えると，これを繰り返し作用させることで固定点が得られる．例えば，$\mathcal{R}$ を $n (\geq 2)$ 回作用させることで固定点に到達するようなモデルがあったとして，一回だけ変換したとしてもそのモデルは単に不正確な記述が与えられただけであろう．一方で，この操作を一回だけ作用させたとしてもそれは粗視化の一種である．例えば，2次元イジング・モデルのような格子模型を考えて，それを一回だけ粗視化したと考えると，また別

の格子模型が得られるだけであり，認識論的な記述のレベルでも新奇性は現れ
ないのである．つまり，単なる粗視化は認識論的創発を含意することもあるが，
ただ単に不完全な記述をもたらすだけであることもある（図 4.7 を参照）．

4-5　まとめ

　本章では熱統計力学の事例について検討してきた．熱統計力学を創発である
と考える根拠の一つには相転移の事例があるが，本書ではさらに一般的な普遍
性・くりこみ群という概念に着目した．くりこみ群という枠組みは創発を含意
すると考えられてきたことから，この事例を創発であると考える立場を見ると，
粗視化が重要な役割を果たしていることがわかる．この粗視化というプロセス
に着目するために，特にスケーリング則に着目し，粗視化前のモデルと粗視化
後のモデルの間に創発が成り立つことを指摘した．さらにこれを熱力学と統計
力学の関係として捉えると，全体としては創発が成り立つが，粗視化後のモデ
ルと熱力学的なモデルの間には還元関係が成り立つことが指摘できる．

　加えて，粗視化が直ちに創発を含意するかということを検討するために，物
理学の哲学において蓄積が多い不可逆性の議論と物理学の中で特に初等的な事
例である剛体の事例を検討した．この結果として，粗視化それ自体が創発を含
意しているのではなく，粗視化を通じて新奇な物理的性質が現れているか否か
が重要であるということを指摘した．

　このような熱統計力学の検討から得られる哲学的教訓は以下の通りである．

1. 三つのモデルに基づく理論間創発・還元
2. 存在論的創発の条件としての，新奇な性質の存在
3. 認識論的創発と存在論的創発の区別とその関係

一点目は，前章でも指摘した点であるが，熱統計力学の事例ではより明確に三
種類のモデルが現れているということである．臨界現象における普遍性の事例
であるラッシュブルック等式の事例で考えた通り，熱力学的なモデルでは不等

式しか得られず，さらに，統計力学的な詳細なモデルではそもそも不等式すら導出できなかった．この二つのモデルを結びつけるために粗視化というプロセスがあり，粗視化を通じて得られたモデルは等式を導出することができる．熱統計力学の観点からすると三つのモデルの関係から，理論間の関係が与えられていると考えることができるのである．

　さらに，粗視化と創発の関係について検討することで，存在論的な創発の条件が，新奇な対象ではなく新奇な性質の存在であることが指摘できる．剛体の事例を考えると新奇な対象が現れていると捉えることもできる．実際，離散的な点の集合が，連続的なものになっているため，この連続的な対象は新奇であろう．しかし，これは新しい存在論的なものが現れているわけではなく，単に記述の仕方を変更したに過ぎない．一方で，臨界現象や不可逆性は低い階層のミクロなモデルが提示する世界にはない，高い階層に現れる新しい性質であると考えられる．このようにこの世界に新しい性質が現れるときに初めて，存在論的に創発したと考えるべきであり，単に対象が現れただけでは存在論的創発とは呼べない．

　また，ここでの議論が示唆するのは，存在論が科学理論を通じて与えられているということである．理論的な図式によって何が示されるのかということを踏まえ，二つの領域を比較することで何が存在論的な創発であるのかを示すことができるのであった．つまり，認識論についての議論に基づいて存在論的な議論が可能になっているのである．その意味で，認識論は存在論に先行している．ここまでに検討してきた，二つの理論間関係は何をもたらすのだろうか．次章で哲学の観点から検討していくことにしよう．

第5章

創発が存在するこの世界について

　本書はくりこみ群を事例とするミニマル・モデルというアイディアの特徴からモデル間の関係として創発を定義した．新奇性や頑健性という概念を通じて定義し，この定義をもとに量子力学と古典力学の関係と，統計力学と熱力学の関係という二つの理論間関係を検討してきた．この章では，まず，二つの理論間関係の検討を総合することで何が明らかになるのかということを考える．先回りしておくと，理論間関係の背後には三つのモデル間の関係が存在するということによって，両者の類似点と相違点が明らかになる．繰り返し述べているように本書で与えた創発の定義は，物理学の事例に依拠したあくまで暫定的なものである．ただ，この暫定的な定義に則ることで，事例を比較することができる．続けて，これまでの哲学の伝統の中で創発と紐づけられてきた多重実現や下方因果という概念の現代的な理解から，本書の定義を振り返る．最後に，創発をモデル間の関係として定義した結果として示されるこの世界の描像を考えよう．

5-1　三つのモデルと理論間関係

　前章までで二つの事例を検討してきた．量子力学と古典力学の関係と，熱力学と統計力学の関係である．どちらもモデル間の関係として事例を捉えることで，古典性と普遍性（ラッシュブルック等式）という二つの性質が創発であることをみてきた．二つの事例のどちらにおいても中間的なモデルが二つの理論を結びつける上で重要な役割を果たしている．つまり，理論の二項関係は三種

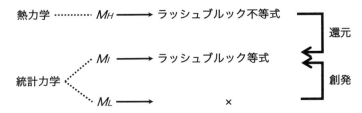

図 5.1　ラッシュブルック等式に関して言えば，熱力学的モデルと中間的な統計力学的なモデルの間には還元が成り立つが，統計力学のモデル間は創発になる．

類のモデルによって構成されている．このような共通点が明らかになると同時に，理論間関係が三つのモデルに基づくと理解することで，量子力学と古典力学の関係と熱力学と統計力学の関係という二つの理論間関係の差異を明確にすることができるということを，この節では論じていく．

まず，熱力学と統計力学の事例をモデルの関係として捉えると，一つの熱力学のモデルと二つの統計力学のモデルの関係として捉えることができる（図 5.1）．熱力学的なモデル（M_H）が存在し，そのモデルが示すことができるのが，ラッシュブルック不等式である．これは経験的な事実を説明するという観点では不十分であった．一方で，統計力学の詳細なモデル M_L では，この不等式さえ示すことができなかった．つまり，詳細な低い階層のモデルでは期待された性質を示すことができなかったのである．そのため，スケーリング則という粗視化を含む理論的枠組みが考案され，これを通じて，得られた中間的なモデル（M_I）によってラッシュブルック等式という普遍性が示され，統計力学のモデルによって経験的事実とも整合的なより良い説明を与えることができた．このことから，熱力学と統計力学の理論間関係は三つのモデルの関係によって与えられていると考えることができるのである．

同様の構造は量子力学と古典力学の関係についてもみて取れる（図 5.2）．まず，古典力学的なモデルが高い階層のモデル（M_H）として存在し，これは（いうまでもないが）古典的性質を示す．一方で，量子力学的なモデルは，一般に古典的性質それ自体を示すことができない．そのため，局在した波束を考えることになり，その波束の頂点が準古典性を示す．ここでは，頂点以外の要素は無

第 5 章 創発が存在するこの世界について 205

図 5.2 古典性については，量子力学のモデル間で創発と言えるという点では熱統計力学の事例と類似している．しかし，古典力学のモデルと量子力学の中間的なモデルの間に成り立つのは近似的還元にとどまる．

視されているということが重要である．今，波束について二種類のモデルが存在しており，一つ目に低い階層のモデル（M_L）として，この波束を正確に表現したモデルが存在する．このモデルは古典的な性質を導くことができない．そこで，このモデルから波束の頂点以外の要素を無視したモデルを考えると，この中間的な階層のモデル（M_I）は準古典性を示すことができる．準古典性は古典性と近似的に一致するために，ロサラー（Rosaler 2015; 2016; 2019）やパラシオス（Palacios 2019; 2022）が与えた近似的還元の定義を満たす．同時に，この性質は，波束の詳細な記述と比較すると新奇であると考えることができる．また，さらに細かく見れば，準古典性と古典性の間の関係は創発でもあると言える．準古典性自体は，古典性そのものではないわけで，その意味で新奇性がある．つまり，準古典性を示す M_I と古典性を示す M_H の間には還元と創発の両方の関係が両立していると言えるのである．

このことから，これらの事例で，どちらも二つの理論が同様に三つのモデルを通じて結びついていると考えられる．このアイディアで特徴的なのは中間的なモデルの存在である．この中間的なモデルの性格を考えてみよう．粗視化を通じて得られた熱統計力学の事例における中間的なモデルについては，すでに検討した通りである[1]．では，準古典的なモデルも同様だと考えることができるだろうか．粗視化の事例と同様にして，理想化の哲学的な分類を振り返ろう．まずは，ノートン流の定義（Norton 2012）では，その操作を通じて新しい対象

---

[1] ノートン流の立場では近似化で，ワイスバーグ流ではミニマリスト的理想化であった．

系が現れれば理想化，そうでなければ近似化であった（本書 p. 194）．準古典的なモデルは，波束を大雑把に記述したに過ぎず新しい対象系は現れていない．この意味で，ノートンによるところの近似化であるとみなすことができる．同様にワイスバーグの理想化の分類（Weisberg 2013 [2017]）では，ガリレイ的理想化とミニマリスト的理想化に区別されるのであった．ガリレイ的理想化は，正確な記述が不明であるが故に導入されているが，研究の進展によっていずれ不要になることが期待されている理想化を指す．一方で，ミニマリスト的理想化は現象にとって本質的な要素を抽出する理想化を指す．その意味では，正確なモデルである量子力学的なモデルは与えられていることから，ガリレイ的理想化ではなくミニマリスト的理想化と捉えるべきである．まとめると，中間的なモデルは，より低い階層のモデルからのミニマリスト的理想化によって得られるものであり，また，ノートン流の意味での近似化によって得られるものである．

　さらに，この中間的なモデルの示す特徴的な性質として，二つのレベルの理論の性質をどちらも反映していることが挙げられる．準古典的モデルにしても，粗視化された統計力学のモデルにしても，その記述は基本的に低い階層の理論（それぞれ量子力学と統計力学）の概念や方法によって行われている．一方で，そのモデルが示す性質は高い階層の理論の性質との対応が与えられる．このような意味で中間的なモデルは二つの階層の理論の両方の側面を反映している．二つの理論の特徴を反映しているからこそ，中間的なモデルを通じて，理論間の関係が確立できるともいえよう．二つの理論を結びつけるという点に着目すれば，これはネーゲル的還元の橋渡し法則と類似しているように見えるかもしれないが，その性質は異なる．橋渡し法則は高い階層の理論と低い階層の理論で用いられる概念の間に対応関係を与えるものであった．中間的なモデルは，高い階層と低い階層を結びつけてはいるが，それは橋渡し法則を前提することで成り立っている．つまり，概念間の対応を前提することで，中間的なモデルは高い階層のモデルと低い階層のモデルの間の対応を実現している．

　続けて，三つのモデル間の関係から理論間関係を捉えたときの両者の違いについて考えてみよう．熱統計力学の事例で考えると，熱力学のモデルでは不完

全な形でしか示されなかったのに対して，中間的な統計力学的なモデルでは完全な形で示すことができている．より良い説明を基礎的な構造に着目したモデルによってより正確に現象を捉えているという意味で，これは還元とみなすことができるのであった．量子力学と古典力学についても，高い階層のモデルと中間的なレベルのモデルの間に還元が成り立つが，これは熱統計力学の事例のような「より正確に捉えている」という意味ではない．古典力学の性質に近似的に一致する性質を導くことができるという意味である．つまり，熱統計力学の事例に比べれば弱い意味での還元しか成り立っていないのである．

　この相違は，統計力学と量子力学それぞれが本来，どのような理論であるかということの違いが反映されていると考えられる．統計力学は熱力学の対象となる現象を説明することを目的としている．むしろ，熱力学と整合的であることが統計力学には不可欠である[2]．しかし，量子力学は古典力学では説明できない現象を説明するために提案され，発展してきた理論である．つまり，量子力学は古典力学の事象を説明する必要はない[3]．そのため，両者の間で中間的なモデルに期待されている役割が異なる．統計力学の場合には，熱力学のモデルと同等以上の説明力が期待される．一方で，量子力学の場合には近似的な一致があれば十分に古典力学との対応が取れているとみなすことができる[4]．

5-2　創発概念と伝統的な概念

　創発についての伝統的な哲学的考察の中で検討・展開されてきた多重実現と下方因果は第2章で簡単に整理した通り，創発とは本質的な関係はないとされてきた．確かに，かつての定義での多重実現や下方因果は科学的な創発の事例を分析する際には，あまり有用ではなかったのかもしれない．しかし，現代では，これらの概念が更新されている．先述したように，多重実現と普遍性は類

---

[2] これは歴史的経緯に関するものであって，もちろん，このような見方がひっくり返ることは当然あるだろう．
[3] より正確には古典性は量子力学にとって重要な被説明項ではない．
[4] 量子力学と古典力学の関係を与える，ロサラーの局所的還元は記述的な定義だった．

似した概念であり，自律性という概念によって多重実現の議論は検証されている．また，下方因果は「因果」という側面についてはあまり重視されていないが，高い階層から低い階層への「下方」の側面では科学的な事例が検討されている．

5-2-1 自律性と多重実現

自律性は創発という概念と密接に関連しているというのは自然な類推だろう．本書で検討した創発の例を考えてみても，「熱力学によって記述されるようなマクロで熱的な創発現象は，統計力学によって記述されるようなミクロな構成要素に関わるある程度の変化に対して鈍感・自律的である」という主張を全面的に否定するのは現実的ではない．実際，ある部屋に満ちている空気から粒子の数が一つ増えても一つ減っても，マクロな熱的現象に変化はないだろうと考えられる．では，そもそも自律性とはどのような意味の概念であろうか．バターマンは自律性という概念が多重実現の問題と深く関連していると述べている（Batterman 2021）．このことを理解するために，まずは多重実現に関連する「杭とボード」に関わるパトナムとソーバーのやり取りをまとめよう．

「杭とボード」の事例は多重実現について考えるためにパトナム（Putnum 1975）が設定し，ソーバー（Sober 1999）が検討したものである．二つの穴の空いた木製ボードを考える．片方の穴は一辺 1 cm の正方形であり，もう一方は直径 1 cm の円形だとする．一辺 0.9 cm の正方形の杭は，正方形の穴にははまるが，円形の穴にははまらない．これはなぜだろうか？　この問いに対しては穴と杭のマクロな幾何学的性質によって説明され，穴や杭を構成する原子や素粒子のミクロな構造からは説明できないとパトナムは主張する．杭や穴の構成要素に着目した，例えば量子力学的な記述はこの事象の説明には不必要であるというのがパトナムの指摘である．その意味でこの事例はマクロな事実のミクロな状態に対する自律性を示していると論じられる．

ただ，個々の杭と穴の関係は，究極的には量子力学やミクロな物理学で説明できるのではないだろうか．穴と杭を構成する原子についての運動方程式を立

てて計算すればよい．もちろん，現実的ではなさそうだが，そういう運動方程式を立てて，その解を求めることができるような計算機が存在すれば，なんとかはなりそうであり，パトナムに対して反論ができそうである．

実際，ソーバー（Sober 1999）はパトナムの議論が妥当ではないと指摘している．まずソーバーはパトナムの議論を再構成し，「杭とボード」の議論は還元主義に対する反論になっていると指摘する．この事例で批判の対象となっている還元主義は次のような立場として再構成できる．

1. 高い階層の科学が説明することができるあらゆる個々の事象は，低い階層の科学によってもまた説明することができる．
2. 高い階層の科学のあらゆる法則は，低い階層の科学における法則によって説明することができる．

ここでの「できる」とは，「実際にできる」という意味ではなく，「原理的にできる」ということである．現時点では科学は完成しておらず，物理学は意識や生命の全てについて説明することができるわけでは到底ない．しかし，それでも究極的には説明が可能であるというのが，パトナムが批判している（とソーバーがみなしている）還元主義である．

杭とボードの事例では，正方形の穴には杭がはまるが，円形の穴にははまらないということをミクロな構造から説明できるのか否かということが論点となる．ソーバーは，パトナムに反論するために，異なる素材からなる杭とボードの系を考える．一つ目は杭とボードが鉄製である場合，もう一方は杭とボードがアルミからなる場合である．この二つの事例の違いの一つには，鉄製の場合は杭とボードの間には磁力が発生し，アルミ製の場合には発生しないということがある．このようなミクロな詳細を踏まえて，二つの事例を説明することができるかもしれない．しかし，その場合，この二つの事例で同じ理由で杭が穴にはまることを説明できない．かたや，パトナムが指摘するように杭がボードにはまるかはまらないかについては，このようなミクロな構造は不要である．マクロな説明は異なる系に対する統一的な説明であり，ミクロな構造に着目するのは非統一的な説明であるといえるだろう．その上で，ソーバーは，この 2 種

類の説明のうち，どちらが優れているのかということを決める客観的な指標は存在しないと指摘している．つまり，ミクロとマクロのどちらに着目した説明が求められているのかということは，プラグマティックにしか定まらない．例えば，量子力学の演習の一環としてこの事例を考えているときには，ミクロな説明が望ましいだろう．他方で，円と正方形の幾何学的な関係を理解するためにこの事例を考えるときには，マクロな説明が求められているはずである．そのため，この杭とボードの関係がミクロから自律的であるとは限らないし，究極的には還元主義に対する反論にはならないのではないかというのがソーバーの指摘である．

　このような議論の推移を踏まえて，バターマンは，杭とボードの事例が還元主義の批判となりうるのは，高い階層の説明が低い階層の説明に対して自律的であるためであり，これは多重実現の事例になっていると指摘する．ミクロには全く異なる構成要素が，マクロには同じ物体を構成するような現象を多重実現と呼ぶのであった[5]．この多重実現の問題は，バターマンによれば次のような自律性の問題 (AUT) を提示していると理解される．

　　(AUT) ある（典型的には）ミクロなスケールでは異質な系が，どのようにしてマクロなスケールでは同じ挙動のパターンを示すのか？（Batterman 2021, p. 31）

この観点から捉え直すと，パトナムとソーバーが論じてきたのは，杭とボードが異なる種類の金属からできていたとしても同じような性質を示すということを，ミクロな構造に訴えた記述によって説明することができるのかという問題である．もしできるのであれば，マクロな高い階層の説明には自律性はない．一方で，できないのであれば自律性があるということになる．

　完全な物理学が存在したとして，(AUT) に答えることができるだろうか？鉄製のボードに対応した鉄製の杭 A が量子力学によって完全に記述することができるとすると，鉄製のボードの穴にどのようにはまるのかということもシュ

---

[5] ここでは大きさの大小で多重実現を説明したが，前述の通り，ものの大きさとは違う階層性として，例えば「貨幣」のような事例でも考えることができる．

レーディンガー方程式から導出できるということになるはずである．一方で，アルミ製のボードに対応した杭Bを考えると，これもまた同じように量子力学的に記述できるとすれば，アルミ製の穴へのはまりかたもまた記述できる．このような説明が可能であれば，多重実現（ミクロに異質な系が，マクロに同様の挙動を示す）をミクロな記述によって説明できていると主張でき，自律性はないことになる．しかし，この説明では「Aが穴にはまる」ことと「Bが穴にはまる」ことの間になんの関係もないため，「四角い杭は四角い穴ならはまる」というマクロな事実を説明することはできていない．**(AUT)** の問いで求められているのは，マクロな再起的な事象に対する説明である．しかし，このことを量子力学的なミクロな記述からは行えないというのがバターマンの指摘である[6]．

　臨界現象のような普遍性に関する哲学的問題の一つがまさしくこの **(AUT)** である．普遍性とは，ミクロには異なる系が，臨界現象というマクロな現象としては同じパターンを示すような事象を指す概念であった．くりこみ群は詳細を無視するプロセスを含むことで，ミクロには異なる系がマクロには同じ性質を示すことに成功している．その意味で，普遍性は自律性の代表的な事例である．

　バターマン（Batterman 2021）は，他の事例として鉄の梁を曲げることを説明する際に用いられている連続体の方程式（ナビエ＝コーシー方程式）を挙げている．

$$(\lambda + \mu)\nabla(\nabla + \boldsymbol{u}) + \rho\nabla^2\boldsymbol{u} + \boldsymbol{f} = 0 \tag{5.1}$$

歴史的には，原子の構造に基づく正当化が与えられるよりも前に，この方程式は知られていた．$\boldsymbol{u}$ は変位ベクトル，ρ は物質の密度，$\boldsymbol{f}$ は物質にかかる力を表現している．λ と μ はラメ定数と呼ばれ，その物質がどのように曲がったり伸びたりするのかを特徴づけている．この方程式では物質のミクロな構造について，少なくとも見た目の上では，考慮されていないことがわかるだろう．ただ，実際に物質の特徴をこの方程式に当てはめて，例えば ρ を決定しようとし

---

[6] このバターマンの指摘が正しいかどうかは議論の余地があろう．例えば，現状では説明できない幾何学的な側面も含めて説明できるような基礎的な理論が誕生するかもしれない．

た際には，その物質の原子レベルや，それよりも少し大きいスケールにあたる微細なメゾスケールの構造の性質が反映されているはずだ．しかし，一見同じように見える鉄の梁も，微細に見れば異なる性質を有していることはあるだろう．その差異を無視するために，「均質化」という手法によってミクロな構造とマクロな方程式の間の関係が与えられていることをバターマンは指摘している．均質化というミクロの詳細をある程度無視するプロセスによって λ などラメ定数の有効的な値を得ることができる．つまり，均質化という手法を通じて微細な違いを無視して異なる鉄の梁も同様の挙動を示すことが保証されている．したがって，この事例では (AUT) への解答を均質化という手法が与えていると考えられる．

バターマンが提示した梁の事例が示すように，低い階層の理論だけに訴えて高い階層の事象の説明を与えるという試みは現時点では失敗しているものが存在する．さらに，くりこみ群（粗視化）や均質化など低い階層の諸要素が相対的に無関係であることを示すための方法論が存在する．この方法論によって物理学は高い階層の事象が持つ自律性の説明を与えているというのが彼の議論である．しかし，バターマンはそもそも自律性とは何かということを特徴づけていない．もちろん創発と同様に完全な定義は不可能かもしれないが，自律性を定義しようという試みは知られている．

科学哲学の代表的な課題である（それゆえに複雑な）科学的説明や因果論についての議論の中で，自律性という概念をウッドワードが論じている（Woodward 2018）．ウッドワードは現象に対するより高い階層での説明が，単に我々人類の認知能力の限界や人類の持つ道具（理論や実験機器，計算機など）に由来する現実的な理由だけで認められているわけではないということを示そうとしている．では，高い階層の説明はなぜ受け入れられるのだろうか．それは，高い階層の説明が自律的であるためであるというのがウッドワードの主張になる．

そもそもウッドワードもより低い階層の説明の方が望ましいということは認めている[7]．つまり，方法論的に還元主義をとること自体は否定しない．さら

[7) 思い返すと第 1 章で説明したアンダーソンもそうであった．方法論的還元主義が科学的方法の一つであることを否定するのは現実的ではない．

に，究極的には，素粒子のような物理学が提示するこの世界のあらゆるものの構成要素とそれを支配する法則によって，万物が説明できる可能性も否定しないだろう．しかし，くどくて申し訳ないのだが，「説明が**存在する**」ことと，「説明が**提示されている**」ということは区別されなければならない．物理学の理論による人の心の動きの説明は，現時点では我々には未知であるが，将来的には可能になるということを否定することはできない．しかし，だからといって物理学の基礎的な理論や法則に訴えないような説明が，副次的にしか，あるいは，プラグマティックにしか認められないということはこのことだけからは導けない．基礎的なレベルの説明がまだ提示されていないため，我々の認知能力とは無関係に高い階層の説明に価値がある可能性が残される．例えば，素粒子物理学では説明を提示することはできないが，心理学や神経科学の理論によって人の意識の説明は提示することができる．このとき，心理学による説明は単に我々の認知能力のために認められている説明ではなく，何らかの（素粒子物理学では捉えられない）本質的な要素を捉えた説明である可能性は残る．このように説明が存在するのか，提示されているのかということの区別は重要である．

　認知的な限界という要因を取り除いても，高い階層の説明が基礎的な説明に対して優れている点が存在し，それによって高い階層の説明に自律性があることにあるとウッドワードは論じている．ウッドワードはまず，自律性を次のように特徴づけている．

> [高い階層の説明がもつ]自律性とは，高い階層の変項が被説明項 E と関連し，低い階層ないしより洗練された理論に関連する変項は，高い階層の変項の値が与えられたときに，条件付きで E と無関係であるという意味である（Woodward 2018, p. 255, [ ]内は引用者）．

高い階層の説明が存在し，かつ，低い階層の変項が部分的に無関係であることが示されたときに，自律性があるというのがウッドワードの自律性の特徴づけである．例えば，気体の挙動を被説明項 E とすると，高い階層の変項に対応するのは例えば温度のような熱力学的な変数であり，さらに低い階層の変項は気体を構成する粒子の状態を特徴づけるようなミクロな物理量（例えば，個々の粒

子の運動量など）を指す．気体の挙動はその温度と関連していることは明らかである．一方で，ある温度の気体が与えられた時にその状態を実現しているような粒子集団の状態は多数あるだろうが，これらの状態の違いは気体という巨視的な現象の挙動とはある程度は無関係であり，自律的であるといえる[8]．

　別の事例として挙げられているのは「的が赤色であるために鳩が突いた」という現象である．前提として，「的がスカーレットであるために鳩が突いた」という説明では，過剰に限定的であることが認められているとする．つまり，赤系統であることが重要なのであって，スカーレットや薄い赤い色のように限定的な説明が適切ではないということになる．このとき，被説明項 E は「鳩が的を突いた」ということになり，高い階層の変項は { 赤，赤ではない } になる．一方で，低い階層の説明は例えば，RGB カラーモデルを用いた説明や，赤色をスカーレットやクリムゾンなど詳細に区別したような説明になる．このとき，変項が RGB カラーモデルであれば，R，G，B がそれぞれ 0 から 255 までの整数の値を取るものになる．しかし，このケースでは R の値が 255 でも 254 でも本質的な違いはないはずである．大まかに赤い色であれば現象の説明になる以上は，低い階層の変項は特定の範囲内では無関係であると考えることができる．つまり，「鳩の振る舞い」は低い階層の的の色の性質に対して自律的である．

　高い階層による説明が自律性を示すとき，以下の二点を押さえておきたい．第一に，低い階層の，つまり，より基礎的な説明よりも高い階層の説明がより優れているということではない．低い階層による説明が存在したとしても，高い階層の説明は少なくとも同程度の価値があるということを示しているだけである．第二に，この高い階層の説明はプラグマティックな（現実的な）要因だけで正当化されているわけではない．我々の認知能力の限界というプラグマティックな要因は，可能な高い階層の説明を限定する機能は果たすが，その中から一つ選ぶ際には我々の認知能力以外の要因が重要になっているとウッドワードは指摘する．ウッドワード自身が基準として提示するのは，因果的なパターンを反映しているか否かという基準であるが，これはやや込み入った議論になるた

[8) ただ，この理屈では気体の挙動が温度からもある程度自律的なので上手い議論ではない．

めここでは立ち入らない[9]．最終的にウッドワードはこのような議論を通じて，実際に高い階層の説明が基礎的な説明よりも優れているか否かを検討するという研究の方針自体を批判している[10]．

ロバートソン（Robertson 2021）はウッドワードの自律性をさらに展開し，一般化された自律性（generalized autonomy）というアイディアを提示する．ここでの「一般化」とは法則の自律性，因果的な自律性，力学的な自律性など様々な自律性を扱うことができるという意味である．まず，ロバートソンは，上述のウッドワードの自律性の定義を，低い階層の説明における変項をスクリーン・オフできるときに自律性があるという定義であるとみなしている．その上で，マクロな事実 A が一般化された自律性を示すのは，A と無条件に関連するミクロな事実 a が存在し，別のマクロな事実 B によって a がスクリーン・オフされ，基礎となっている a が条件付きで無関係であることが示されたときであると再定義している．

これではよくわからないのでもう少しパラフレーズしていこう．まず，無条件に関連するミクロな事実 a があることが前提となっているのは，全く無関係のミクロな要素との関係を排除するためである．例えば，グラウンドのサッカーボールを A とすると，タイに生息するある野生のトラ T やその T を構成している粒子 t に対して，当然 A の挙動は自律的であるだろう．しかし，この事例はほとんど無意味なので，そのような事例を除外するという意味がある．その上で，明らかにマクロな事象に影響を与えているように思えるミクロな要素が，特定の条件のもとでは無関係になっているということが，意味のある自律性である．特に，粗視化によって不可逆性が現れるという事例は，まさしく意味のある力学的自律性である．ミクロな密度関数の一部が，マクロには現れる時間の不可逆性にとって無関係であるということが ZZW 図式では示されているのだった．

自律性の内実を明らかにするためにロバートソンはウッドワードの鳩の事例

---

[9] 正確にいうならば，この点を深めるためには因果論についての整理が必要であり，そのような労力をかけても得られるものがあまり多くない．

[10] むしろ考えるべきは，高い階層の説明を可能にするのは，世界のどのような特徴なのかということであると結論づけている．

を次のように整理する.「鳩が的を突いた」というとき,的の色が赤っぽいこと
の詳細を表現した変数(RGB の値)を R とする. $P(突く)$ を「鳩が的を突く確
率」としよう.色の詳細な変数 R は無条件に,鳩の挙動と関連している.この
ことは,確率を用いて以下のように表現できる. $P(A)$ を「事象 A が生じる確
率」とし, $P(A|B)$ を「事象 B が生じるという条件のもとで,事象 A が生じる
確率(条件付き確率)」を表すものとしよう.すると,

$$P(突く \mid R) > P(突く) \tag{5.2}$$

となる.つまり,「的の RGB の値が赤に近い特定値であるときに,鳩が的を突
く確率」が,特に条件なしで「鳩が的を突く確率」よりも大きいのであれば,こ
の「的の性質」は「鳩の挙動」と関連しているといえるということである.し
かし,RGB の細かな変数などを指定しなくとも,的が赤系統の色であるという
条件さえあれば十分である.このことは次のように表現できる.

$$P(突く \mid R, 赤) = P(突く \mid 赤). \tag{5.3}$$

この図式が示すように, R を省略しても差し支えないということから, R は特
定の条件下で無関係であるといえ,これは因果的な自律性の事例になっている.

では,このような自律性は創発を含意するだろうか? 高い階層のモデルが
低い階層のモデルに対して自律性を示せば創発だろうか? 例えば,流体力学
の対象となるような事象がある種の連続体として表現される事例を考えよう.
連続体としてナビエ=ストークス方程式によって時間発展が与えられるような
モデルは,確かに,流体の構成要素である分子や原子によって記述するモデル
には説明できないような性質を示すことができるだろう.その意味で,これは
創発の条件を満たしており,かつ,自律的でもあるだろう.しかし,自律性が
あることと創発であることは別の問題である.

つまり,自律性は創発の十分条件ではない.実際,自律性を示すが創発では
ない例は存在する.例えば,粗視化と創発の議論を思い出そう.粗視化はミク
ロな詳細をある程度無視するような操作であるから,これは高い階層の事象の
自律性を与える手法である.しかし,既に論じたように,粗視化は創発を必ず

しも含意しない．剛体の例を思い出すと，質点の詳細な変数を省略して，連続体としての剛体の性質を示していることから，自律性があると言えるが，せいぜい認識論的創発しか含意しない．単なる粗視化は創発を含意するとは限らないが，自律性は示す．低い階層から自律的であることは創発の重要な側面ではあるが，自律的であるからと言って創発であるとは言えない．したがって，自律性は創発の十分条件ではない．

このことは創発にとって多重実現が重要ではないことを示している．さらに，創発の条件としての頑健性条件は外してよいということになる．ただ，無条件に外すと任意の二つのモデルを比較することで創発であるということになってしまう．そのために必要なのは，二つのモデルが対象系を共有しているという条件である．自律性・多重実現が示すような低い階層のモデルと高い階層のモデルの間の対応関係が多対一であることが創発にとって必要がないということである．もちろん，自律性を示すことはあるだろうが，それが創発を含意しているわけではない．このように結論すると，そもそも本書で定義したモデル間の関係としての創発と齟齬をきたしてしまう．ただ，これは概念的には不要ということを指摘したに過ぎない．本書で与えた定義は事例をもとにしている以上，その事例の特徴が反映されるのは避けられない．また，実質的に創発の事例を検討した際には，そのほとんどが頑健性・自律性を示すと考えられる．つまり，概念上は独立だが，実質的には創発の事例には頑健性が現れるだろう．

5-2-2　下方因果再訪

第 2 章で少し検討した通り，下方因果は創発概念と結びつけられてきたが，物理学の哲学ではあまり顧みられていない．それは特に心や意識という非物質的なものが，その基礎にあたる脳，あるいはそれを構成する原子のような物理的なものに作用するということは説得力に欠けるということに起因するのだろう．しかし，近年，下方因果という概念の再評価が行われており，物理学者であるジョージ・エリスによってその重要性が示唆されている（Ellis 2020; Ellis and Drossel 2019; Ellis and Gabriel 2021）．宇宙論を専門とするエリスは下方因

果のようなある意味でスケールや階層を跨ぐ効果の哲学的な重要性を指摘し，大きく分けて二種類の下方因果の存在を指摘する[11]．第一に，物理的に（空間的に）大きなスケールに存在するものが，より小さなスケールに影響を及ぼすという事例，第二に，抽象的なアルゴリズムや法律などが，具体的な事物であるコンピューターや個人の挙動を決めるという事例である．エリスらが指摘する下方因果は因果効力のような形而上学的なものではなく，ある種の階層性を想定したときに高い階層の事象がその構成要素であるような低い階層の事象の挙動を制約しているという考え方として下方因果を捉えている．この方針であれば，形而上学的な議論に終始することもないだろうし，物理学における創発と関連させてもよさそうである[12]．

　高い階層が低い階層に何らかの制約を与えるという意味での二種類の下方因果について，エリスは次のような例を挙げている．一つは，高い階層の構造が低い階層の対象の挙動を制約するものであり，走化性がその一例として挙げられている．バクテリアは栄養に向かって運動する性質を持つ．「栄養」という概念は複数の種類の物質を総合して呼ぶようなより抽象度が高い概念である．高い階層に属する「栄養」の存在がバクテリアの物理的な性質（特定の向きに運動する）という低い階層の記述に影響を与えているのだと指摘する．同様に，細胞のネットワークの持つ構造が，各細胞のエネルギーの挙動を制約するような事例も挙げられている．もう一つが，高い階層が低い階層の対象やその変数の値を変更するようなものである．より低い階層（基礎的）であるような中性子が，原子核に結合することで半減期が変わることや，固体の結晶構造がミクロな構成要素のあり方を変えるような事例（超伝導やバンド構造）が挙げられている．本来の意味での下方因果は，特に二つ目の対象や変数を変化させるような高い階層の効果を含むもので，より強い因果的な効力を想定するものである．

---

[11] エリスの因果は反実仮想によって特徴づけられるものと考えれば十分である．つまり，ある A という事象がなかったときに，B という事象が生じなかったとき，そこに因果関係があると考える．因果の必要十分条件として捉える場合には問題があるだろうが，ここでの議論ではその程度のものと考えれば十分である．

[12] 厳密には彼らが検討しているのは，下方因果（downwards causation）ではなく，下方効果（top-down effect）と呼ぶものである．ただ，エリスの議論では，基本的には因果のことを念頭においた記述をしているため，ここでは両者の区別はしないことにする．ただし，実際に，ここで検討されている事例が実際に「因果」であるかどうかということについては検討の余地が残る．

一方で，エリスらが重要性を指摘するのは，挙動を制約しているという意味での下方因果の存在である．

では，モデル間の創発にこのような下方因果は現れているだろうか．古典性について考えよう．高い階層のモデル M_H は，低いないし中間的な階層のモデルにエリスの意味での効果（制約・変数の変更）を与えているだろうか．まず，中間的な階層のモデルと低い階層のモデルの関係を考えると，中間的な階層のモデルの性質が下方に影響を与えているとは言い難い．というのも，準古典性を示すような中間的な階層のモデルは，あくまで近似の一種であり，記述の仕方を変えただけに過ぎない．そのような理想化されたモデルが下方に効果をもたらすとは考えにくい．また，高い階層の古典力学的なモデルは古典力学に，中間的なモデルと低い階層のモデルは量子力学に支配されている．このことを考えると，それぞれは独立に発展しているため，高い階層から低い・中間階層への効果や制約もやはりないように見える．この議論は，普遍性の事例でも同様に展開できるだろう．

しかし，そもそも，ここで比較の対象となっている低い階層のモデルがどのように選ばれているのかを踏まえると，話はそう単純ではなくなる．量子力学と古典力学の関係を事例に考えてみると，そもそも古典力学的な性質を示すのは特定の量子力学的な状態（を表現したモデル）であった．このようなモデルはどのように得られるのだろうか？　ランズマンは「$\hbar \to 0$ や $N \to \infty$ のような極限における量子力学から古典力学が創発するのは，系がある程度古典的な状態であり，古典的なオブザーバブルでモニターできるときである」（Landsman 2007, p. 422）と指摘している．ここで指摘されているのは，そもそも量子力学的な状態のうち，古典力学的な側面を有するものが，近似的に古典的な性質を示しうるということである．ある特定の古典力学的な情報が必要であると考えられるので，その意味で古典力学のモデルが量子力学のモデルに対して制約を与えているのである．つまり，そもそも古典力学に関わる情報による制約を通じて，低い階層のモデルは得られているのである．ここでは，創発の関係にあるとした M_I と M_L を比較しよう．これらの関係は創発であり，準古典性を示すモデルについての情報によって，低い階層のモデルが与えられる．このように

考えると，少なくとも創発について，上位の階層のモデルから下位の階層のモデルへの制約が存在し，これはエリスが指摘するような意味での下方因果とみなせる．

ただし，このことは創発であるということとは別である．つまり，創発ではない事例であっても，このような制約はありうるだろう．例えば，熱統計力学の例で，熱力学のモデルから粗視化された統計力学のモデルへの制約はある．本書の立場では，熱力学が統計力学を正当化していると考えると熱力学が統計力学のモデルを制約していると見て取れる．ただ，この関係は還元関係であるため，ここでの下方効果は還元関係の中に現れている．そのため，下方効果と創発に本質的な関係があるとはいえないのである．

いわゆる因果関係ではないが高い階層から低い階層への制約を与えるものとして，高い階層がもたらす境界条件が考えられる．つまり，高い階層が低い階層の事物の挙動や性質を境界条件を課すことで制約するという事例である．グリーンとバターマン（Green and Batterman 2017）が論じるように，生物学ではそのような効果の存在を指摘できる．例えば，細胞運動や細胞分化といった現象は，その細胞の内部の遺伝子制御などの低い階層の要因だけでなく，その細胞自身やその細胞を部分として持っている組織の物理的な性質という高い階層の要因にも依存している．このようにして，高い階層が低い階層へ境界条件を課す場合があり，これは因果関係ではないかもしれないが，下方効果と呼べるだろう．

バーステン（Bursten 2021）は境界条件の科学哲学上の重要性を示している．彼女の分析は，直接，下方因果に関するものではないが，境界条件自体の特徴を科学哲学の文脈で評価するためにここで整理しておこう．まず，彼女はヘンペルの被覆法則モデルに代表されるように，科学哲学の伝統においては境界条件と初期条件の区別がなされていなかったと指摘する[13]．そのため，境界条件は

---

13) 被覆法則モデルとは，科学的説明の伝統的な捉え方の一つである．前提となる初期条件と普遍法則（全称命題）から，説明を演繹するようなプロセスであると科学的説明を理解するものである．この立場で重視されるのは特に，法則の存在と推論が演繹であるということで，初期条件は検討する対象の状況によって与えられる偶然的なものに過ぎない．さらに，境界条件はそもそも念頭にすら置かれておらず，初期条件の一種として捉えられているとバーステンは指摘する．

初期条件と同様に，被説明項となる事象ごとに定まる偶然的なものであって，事象の本質にとって重要であるとは限らないと考えられてきたという．これは流石に言い過ぎかもしれないが，境界条件の役割について科学哲学では十分に検討されてこなかったということはいえるだろう．

まず，バーステンは境界条件の値を与えることと，境界条件の構造を同定することを区別する．境界条件が与えられたときに，その値を割り当てるのは，初期条件と同様に，問題となっている対象系の性質によるものである．その意味では初期条件と同様の役割しか果たしていない．しかし，「そもそも何を境界条件として考慮するべきか」ということは，考えている系ごとの偶然的な性質ではなく，その現象の本質についての理解に基づくもの，あるいは，これこそが事象の本質であるはずである．バーステンは，波，特に定常波を例として挙げる．定常波は同じ媒質の中を反対方向に進む速度，波長，周期，振幅が同じ二つの波の和として理解できる．頂点が一致する際には，振幅が2倍になる一方で，頂点と谷部分が一致した場合には，振幅は相殺される．結果として，波形が同じ場所で振動しているようにみえる現象である．定常波が現れるためには，少なくとも両端の片方が固定されていなければならない．というのも，もし端の点が固定されておらず，自由に動き回るような状態だったとしたら，波は境界との衝突で散逸してしまう．特に，エネルギー保存則によって，境界と衝突した波が反転することが規定されている．また，媒質が一定の長さにあることも重要である．当然と言えば当然だが，媒質が波長よりも短ければ，定常波は現れないだろう．

これらの境界条件が存在することで初めて，一般的な波の性質ではなく定常波についての理解が与えられる．この事例からは，まず，「変数の値を決定すること」と「構造を特定すること」の区別の重要性が示唆される．目の前の系の端点が固定されているかどうかというのは，偶然的な系に対する事実である．一方で，端点が固定されているという構造を特定した際には，そこで生じる現象が定常波であることがわかる．このことは，偶然ではなく必然的な結果である．そもそも，境界条件を設定することで，定常波という現象のモデルの適用範囲を決定することができるというわけである．さらに，境界条件を設定すること

で，系の端で生じる複雑な現象についての詳細を無視することができるようになる．例えば，端点が固定されていなければ波は散逸するだけであり，定常波というパターンは現れない．このことは境界条件によって，現象が安定的であることを保証することができるということを意味する．加えて，この定常波という現象は，波についての運動方程式だけからでは説明できず，適切な境界条件が課されることで初めて現象が生じている．これも境界条件が定常波という現象の本質に関わることを示唆している．さらに，境界条件はある現象を説明する際に現れる複数のモデルの間の情報のやり取りを可能にするという．

　以上のことを整理して，バーステンは境界条件の持つ四つの説明的役割を次のようにあげている（Bursten 2021, pp. 247–250）.

境界条件はモデルの範囲を設定する．　境界条件を特定することで，支配的な方程式が適用される対象系の集合の中から，特定の部分集合にモデルの範囲を限定することができる．

境界条件は法則のように，対象の挙動についての安定的な記述を可能にする．　モデル化された系の端で何が起きるのかということを特定することで，境界条件は系の内在的な挙動の安定的な記述の生成を可能にする．

境界条件は現象を生成する．　境界条件を物理的な系のモデルに課すことで，運動方程式だけから予測ないし説明できない現象を生成する．

境界条件は多重モデルによる説明を統合する．　異なる理論的背景から与えられた数学的なモデルの間の情報を交換し，複数のモデルを用いた現象の説明を可能にする．

構造を特定するという意味での境界条件の指定は，現象の本質の理解や科学的実践にとって重要な寄与があるというのがバーステンの指摘である．

　このように境界条件は，初期条件のような事象ごとに偶然的に与えられるものとは異なり，事象の本質を与えるものと考えられる．グリーンとバターマンが指摘するように高い階層の構造や性質が低い階層に対して境界条件を課すのであれば，確かにそれはエリス流の意味で下方因果とみなしてもいいだろう．というのも，高い階層によって現象にとって本質的な特徴を指定することがで

き，低い階層の在り方を制約するものだからである．境界条件としての下方因果や，高い階層の構造が低い階層の振る舞いを与えるようなフィードバックとしての下方因果は，事象の理解にとって重要であるといえる．ここで，このような下方因果としての境界条件という理解は強い還元主義では十分に考慮できないということは注意しておこう．高い階層に関わる全ての要素が低い階層によって支配され尽くしていると考えるのであれば，高い階層の構造が低い階層に影響を与えているということをうまく扱うことができないためである．

　下方因果という概念自体は「因果」という形而上学的な側面を導入することから，科学哲学の事例には応用しにくいのではないかという懸念があった．また，実際，そもそも想定されているような完全に独立した階層性（心と身体のような）は現実的ではない．それでも，実際に，階層を跨いで制約を与えるという事例は挙げられる．さらに，その制約の実質として境界条件を課すというような役割も検討されている．このような検討も踏まえて，創発と下方因果についてはさらなる検討が必要である．特に，創発の議論の対象になるような低い階層がどのように選択されているのかという問題と下方因果についての議論は密接に関連していると考えられる．

5-3　この世界はどういう世界か

　最後に，本書で展開してきた創発に関する議論をもとに，これがどのようなこの世界の描像を与えているのかを論じていく．本書で論じた創発の定義に依拠すれば，低い階層と高い階層の存在論が異なっているということが示唆されている．例えば，不可逆性を例にとると，低い階層のモデルが示す世界では可逆であり，一方で高い階層のモデルが示す世界は不可逆である．両者の間の関係は重要ではあるが，現時点では，派生的なモデルであってもそれが提示する性質はある程度独立して存在するといえよう．では，この内容をもう少し具体化していこう．

　科学的モデルとは現象を記述するための認識論的な道具である．関心のある

現象を理解するために，対象それ自体から要素を抽出して得られた対象系を，分野ごとに異なる方法で記述したものがモデルである．その意味では，モデルは我々の認識手法の一つに過ぎない．しかし，それは単なる理解の仕方ではなく，このようなモデルを通じて我々は新しい事象の存在を明らかにしているという点で特別な役割を果たしている．モデル間の関係を見ていくことで，この世界に創発が存在するという描像（＝存在論）が得られる．科学的知見や経験的な事実に先行してある種の存在論が前提され，その上で我々がその前提された存在論を明らかにしているのではない．モデルを通じて初めてこの世界の存在が明らかになるのである．このことを一言で整理するなら，「認識論は存在論に先行する」のである．

このスタンスを否定して，認識とは独立・中立に存在について理解しようとすることは不可能ではないかもしれない．つまり，科学的知識を前提せずに，存在について明らかにしようとすることは可能かもしれない．しかし，もし，このような立場を徹底するのであれば，この世界の構成要素に素粒子があることどころか，陽子・中性子・電子からなる原子ということを想定することもできないだろう．そのような存在論は古代ギリシアの自然哲学者となんら変わらないということになる[14]．

モデルごとに存在論的含意が得られるということは，一つの対象に対して複数の記述が得られるということである．例えば，モリソン（Morrison 2015a）が指摘したように，原子核には相互に排他的な 30 種類以上のモデルが用いられる．それぞれの原子核の描像が異なることから，原子核がどのようなものであるかを説明することができない．あるモデルでは古典的なものとして，別のモデルでは量子的なものとして原子核は記述される．このとき，原子核の本性はどちらなのかを決定することができないという存在論についての決定不全が生じる．つまり，モデルごとに個体のあり方は異なるため，整合的な存在論が確立できないというのがモリソンの指摘である[15]．

---

[14] また，ほとんどの哲学者が学校教育を通じて，なんらかの科学的知識を得ている以上，科学的な知識を完全に忘れ去って議論することはあまり現実的ではない．

[15] この論点については，「両立不可能なモデルの問題（Problem of Incompatible Models, PIM）」と呼ばれ，モデルについての科学哲学では重要なテーマの一つである（Massimi 2022）．

これに対して，そもそも本書で検討したように，モデルから得られるものは，個体それ自体ではなく，個体が示しうる性質・現象の関係についての描像である．存在論的創発であるかどうかということは，その個体が示す性質の有無に依拠しているのであった．例えば，原子核がどのようなものであるかについてはモデルごとに異なるが，それだけではその事象に関する存在論を与えない．つまり，対象の記述の仕方を変えただけでは，存在論的に異なる描像が与えられるというわけではない．このことは，単なる粗視化で，存在論的創発を含意しない事例として検討した剛体を思い返せばよい．剛体の例は，記述の仕方が（つまり，モデルが）変わったとしても，存在論的に新しい対象（もの・実体）が増えるわけではないということを意味している．存在論的な創発になりうるのは，新しい**性質**が現れたときである．究極的には，この世界に物理的実体を持つ全てのものは，物理学が支配するミクロな構成要素（現状では素粒子）から構成されている．それが，剛体や生命のように異なるラベルが付けられた別種の対象として存在していると考えられるのは，その構成要素に着目したモデルにはない新しい性質があるからに他ならないのである．ある実体に対して，様々な記述方法（モデル）があり，そのモデルごとに異なる存在論的描像が提示されうる．そのどれも等しく同じような存在論的地位を持つ．つまり，モデルごとに提示される性質が貼り合わされているのがこの世界全体のあり方であるというのが本書の立場になる．

物理学の哲学において世界の有り様を説明する立場として，レディマンら（Ladyman and Ross 2007）が提示した存在論のスケール相対性というアイディアが知られている．各スケールごとに存在するものの種類が異なるというスケール相対性は，量子力学が他の理論とは異なる存在論を含意するという彼らの立場（いわゆる存在論的構造実在論）にのっとれば，説得力があるものである．実際，物理学においてスケールの違いが重要であることはバターマンやウィルソンの議論でも展開されている（Batterman 2021; Wilson 2021）．スケールごとに存在論が定まるというのは物理学の哲学の範囲では妥当な方針といえるだろう．

しかし，そもそも本質的ではないような，つまり基礎的ではないスケールの理論・モデルを通じて，存在や実在について論じることの妥当性について，特

に哲学の知識を有する人は疑問に思うかもしれない．これについては有効理論についての議論で検討されている．非本質的な理論やモデルが実在を明らかにすることができるという立場は有効実在論（effective realism）として知られている．物理学における「有効 effective」という概念に着目し，ある理論やモデルはそれが有効な範囲内でのみ実在論を取ることができるとする立場である．例えば，有効場理論（effective field thoery，EFT）は高エネルギー領域を無視して，低エネルギー領域の物理量だけ考えるものである．EFT はこれまでに検討してきた特に高い階層のモデルと同様に，真なる記述を歪曲しているという意味で不可避に偽であるが，現象の説明に有用である[16]．では，有効モデル・理論から実在を検討するような，有効実在論は妥当なのだろうか．

ウィリアムス（Williams 2019）は有効理論としての EFT を通じて，実在や存在について検討できるという立場を擁護している[17]．ウィリアムスはまず，科学哲学における実在論的な「理論の解釈」の標準的な説明を以下のように整理する（Williams 2019, pp. 211–212）．

1. 解釈される理論は，あらゆる長さのスケールを含む，あらゆる側面の物理的な世界について真なる網羅的な記述を与えている．
2. 理論は単独で解釈される．例えば，古典物理学の解釈的な問題を考えるときに量子力学に訴えたり，場の量子論における解釈的な問題を短距離の重力効果の不可欠性に訴えたりすることで解決することは許されない．
3. 理論の解釈は，理論に従って法則的に可能な全ての世界の集合から構成される．
4. この可能世界の集合は，対象となっている理論の一般的な構造的特徴によって決定される．この構造的特徴とは，力学法則や，ある種の運動論的制約（例えば，物理的に許される状態の空間の対称性）などが含まれる．理論の経験的な応用についての情報——科学的実践においてその理論がどのように用いられているのか——は，ほとんど無視される．

---

[16] 本書で検討したくりこみ群もまた，有効モデルの重要性を例証しているといえよう．

[17] ここでの EFT は，場の量子論（QFT）のうち，時空間格子上に数学的に厳密に定義され，摂動近似に組み込まれているものを指すものとされている．

5. 物理理論の解釈の目的は，その基礎的な存在論的特徴を同定し，特徴づけ
   ることである．

物理学から存在論を導くことを「理論の解釈」と呼び，上のような立場をウィリ
アムスは「標準的解釈」と呼ぶ．この標準的解釈では，EFT によって存在や実
在について議論することは正当化できない．というのも，EFT は特定のスケー
ルのことしか検討していないために，これは一つ目の特徴に反している．例え
ば，フレイザー（Fraser 2009）は EFT を理論として受け入れて実在論的な解釈
を行うと，物理的な空間が格子構造になってしまい，これは馬鹿げていると主
張する[18]．

　このような標準的解釈に対して，そもそも実在論の探究は「分割統治（divide
and conquer）」であるべきだとウィリアムスは指摘し，「分割」と「統治」とい
う二つの目標を次のように整理する．

分割　経験的成功にとって本質的な部分と余分な部分を区別する．
統治　理論変化などを通じて，安定的で頑健な要素を見つける．

まず，「分割」における「経験的成功」とは現象の予測や説明のことを指す．そ
の予測にとって本質的なものを見出すことが実在論の一つ目の目的である．も
う一つが，変化や変換に対して不変であるような性質を見つけることである[19]．

　EFT はまさしく「分割」の役割を担っているのではないかとウィリアムスは指
摘している．EFT を通じて，現象にとって本質的に重要なものを指摘すること
ができる．つまり，EFT はその適用範囲内では，被説明項にある現象にとって

---

[18] その後，フレイザー（Fraser 2011）はウォレス（Wallace 2011b）と QFT の哲学とは何を行うことかとい
うことの論争を行っている．そこでは，数学的な厳密さが重要であることから代数的場の量子論を基本とするべ
きと主張するフレイザーに対して，ウォレスが慣習的な，つまり物理学科で通常学ばれるような場の量子論につ
いて研究するべきであると主張している．フレイザーの方針は，厳密で真なる理論をもとに哲学的な議論は展
開するべきであるという立場であり，これはおよそ現代でも比較的支配的であると考えられる．ただ，これは
2010 年代の初頭に行われた議論で，後述するように近年ではフレイザー自身も有効理論を通じて実在論的な課
題に取り組む方針を採用している．
[19] これは科学的実在論の伝統的な議論である．歴史的な理論変化によって実在と考えられていたものが実在
しないとわかったものが存在する（エーテルなど）．すると，現時点の科学理論において実在すると考えられて
いるさまざまなものも，将来的に実在しないとわかることになるのではないかといった具合に，実在論に対する
反論が行われている．それに対して，理論変化に対しても構造は実在するという立場（存在論的構造実在論）や
操作できるものは実在するという立場（介入実在論）などが知られている．有効実在論は検討されていないが，
この注であげたような教科書的な実在論の諸々の立場については戸田山（2015）を参照．

何が本質なのかを指摘するのである．これは，標準的解釈では扱えない側面である．なぜなら，標準的解釈では，QFT の全ての要素を考慮するか，あるいは，数学的に基礎的な構造しか検討しないフェティシズム（fetishism of mathematics）に陥るため，EFT が分割に成功していることをうまく捉えることができないのである．さらに，このことは，EFT は QFT では説明できなかったことを説明しているという点で，この世界にある種の階層構造が存在することを示唆している．

　このように，物理学においては有効理論・有効モデルを通じて初めて説明される現象が存在するということから，かつては有効実在論の反論を与えていたフレイザーはヴィッカースとともに（Fraser and Vickers 2022），有効実在論を通じて，量子力学の解釈問題における実在論を検討している．量子力学に対して実在論を採用した際に，波動関数や量子状態の実在論的地位が問題になる．また，これらの解釈は経験的に等価であるために，決定不全に陥るというのが量子力学の実在論の抱える問題である．これに対して，フレイザーたちは，これらの解釈が経験的に等価であることに着目し，むしろ，量子力学の実在論というのはあくまでも，量子力学が示す性質に対して取るものであって，例えば波動関数や波束のようなものに対して取るものではないと主張する．つまり，量子力学という理論が有効なのは，性質の説明・予測に対してまでであって，状態や波動関数の本性については実在論を取る必要がないという．これは有効実在論の考え方に則るものであり，ある理論が有効な範囲内でのみその理論の実在論を取り，必ずしも対象や実体に対する実在論を取る必要がないのである．このように捉えると有効実在論は，本書で論じてきたアイディアと類似していることがわかるだろう．

　レディマンとロレンツェッティ（Ladyman and Lorenzetti 2023）は，有効実在論の問題点を指摘し，その克服のためには存在論的構造実在論が重要であると主張する．その問題とは，有効実在論が人間中心的であるということである．有効性というのは人間にとっての有効性であり，有効理論によって与えられるものが実在するというのは人間中心的なのではないだろうか．そもそも，この世界に存在するものを考えるとき，我々の錯覚にすぎないようなものではなく，

客観的に存在するものが何か，どのように存在するのかということが関心であるはずだろう．その意味で，有効実在論では，客観的な実在に到達できないのではないかと二人は言う．確かに，EFTを例にとると，あるエネルギースケールで線引きするのは人間の都合であるだろう．そのため，有効実在論は実質的にはこの世界の客観的な実在を認めるような立場ではないということになる．実際，有効実在論は反実在論，例えば，構造的経験主義と両立する．そこでレディマンとロレンツェッティは，有効実在論の背景に客観的に存在するものがあると想定することで，有効実在論が補強できると主張している．彼らは存在論的構造実在論を有効実在論に結びつけることで，有効的な性質の背景に客観的な様相構造が存在することを認め，その構造から現れているものが有効理論によって説明される実在であるとした．他ならない存在論的構造実在論が有効実在論と結びつけられるのは，有効実在論がスケール相対性という存在論的構造実在論と同じ存在論的主張を共有していることに由来している．

　ただし，このようにそもそもスケールごとに存在論が定まるという主張自体が物理学中心的であることは指摘に値する．物理学ではスケールごとに法則があるため，スケールごとに実在論を考えるべきであるということは，物理学では自然なものの見方である[20]．ただ，これは「科学の知見をもとに存在論を導く」際に，「科学の基礎は物理法則である」という考え方に依拠している．しかし，この見方は物理学中心的な姿勢であり，この姿勢を一般化するのであれば正当化が必要である．実際，現象の説明に際してスケールを跨いだ記述が存在し，その重要性は否定できない[21]．その意味で，存在論をスケール相対的に見ること自体は，あくまで方針の一つにとどまることは注意しておこう．

　スケールという概念に訴えずとも，有効理論の重要性は，それぞれの理論・モデルごとに世界のありようを与えているという描像を示す．本書で論じた存在論的創発の議論では，モデルは新奇な「性質」を示すか否かが問題だった．つまり，どのような性質・現象が存在するのかという観点から存在論を検討している．このとき，スケール相対性を採用する必然性がない．確かにスケール相

---

[20] 例えばバターマン（Batterman 2013）は「スケールの専制」（Tyranny of scales）と評している．

[21] マルチスケールモデリングは近年の科学哲学の重要なテーマである（Jhun 2021; Morrison 2021）．

対性を支持する事例もあるが，それはモデルがスケールごとに与えられた結果である．もちろん，このモデルに着目するというのは，有効実在論と同様に人間中心主義的であるという批判は逃れられない．これに対して，存在論的構造実在論を採用して，世界の様相構造が背景にあると考えることもできる．ただ，そもそも世界にそのような様相構造があるかどうかということを想定する段階にはないというのが，現時点では妥当な見解だろう．さまざまなモデルを通じて，多様な性質が明らかになり，その貼り合わせによって世界全体が構成されている．認識論が存在論に先行するという主張をする以上は，背景にある客観的な形而上学的構造を検討する段階にないのではないだろうか．

　認識論は存在論に先行する，さらに，モデルが提示する性質こそが存在するという立場は，基礎的ではない事象がこの世界に独立に地位を確立することを可能にする．例えば，デネット（Dennett 1991）やウォレス（Wallace 2012b）が論じたようなパターンやトラといった事象の実在性を認められる．何が存在するのかというのは，我々の認識の仕方に依存する．ライフ・ゲームを見た時に我々は一種の規則性が存在することを認識し，その規則性の中に特別なものを見出したとき，それを「グライダー」と呼び，リアル・パターンとして実在性を認める．グライダーと呼ぶ一連のパターンが実在的なのは規則的であるためだけではない．同種の規則性はセルに着目した記述の中からも見出すことができる．羽のような形を持ち，右下へと移動していくという性質が現実世界のグライダーと類似しているから，そのパターンを「グライダー」として区別しているのである．このグライダー性は，セルに着目しただけの記述では見出すことができない性質である．さらに，そのグライダー性は対象系となるライフ・ゲームの記述の仕方として，俯瞰して捉えるようなモデルによって現れている．モデルが提示する性質が存在するという観点から見れば，グライダー性が存在することを認めることができる．このようにして，パターンがある程度独立した事象として存在することが保証される．

　同じ対象系を記述するモデルを比較したときに，より粗い・派生的なモデルが示す新奇な性質として創発を定義した．このように定義することで，派生的な性質が，基礎的な事象から独立なものであることを保証できる．このことを

踏まえて確立される描像は，世界をさまざまな解像度や記述方法でモデルとして捉え，そのそれぞれが提示する世界像の貼り合わせによって構成される．千切り絵のようにさまざまな色の紙（モデルが提示する存在論）が合わさることでこの世界の描像が与えられる．世界の異なる側面も同じ色・形の折り紙を用いることができる．例えば普遍性のように，全く異なるように見える事象が同じ存在論的な含意を示すこともある．世界全体の中で離れた位置にある場所も同じ色紙なこともある．果たして，結果として現れるこの世界全体は，モザイク模様のように規則正しいものなのか，あるいはマーブル模様のように秩序が崩れたものなのかは，モデルが与える性質という名の多様な色や形の折り紙をちぎって貼ることで明らかになってくるのだろう．

付録 1

スケーリング則の導入

ラッシュブルック (Rushbrooke 1963) は熱力学をもとに不等式 (式 (4.10)) を導出している. 彼の議論を整理していこう. まずは, 次のような熱力学的な関係から始めている.

$$C_h - C_M = T\frac{(\frac{\partial M}{\partial T})_h^2}{(\frac{\partial M}{\partial h})_T}, \tag{1.1}$$

ここでの C_h は磁場 h を固定したときの熱容量であり, C_M は磁化 M を固定したときの熱容量である. C_h と C_M はそれぞれ $C_h = T(\partial S/\partial T)_h$ と $C_M = T(\partial S/\partial T)_M$ と定義されている[1].

この最初の式 (1.1) は熱力学によって導出することができる[2]. まず, S が T と M の関数であり, M が T の関数であることから,

$$\left(\frac{\partial S}{\partial T}\right)_h = \left(\frac{\partial S}{\partial T}\right)_M + \left(\frac{\partial S}{\partial M}\right)_T\left(\frac{\partial M}{\partial T}\right)_h, \tag{1.2}$$

である. そのため,

$$
\begin{aligned}
\left(\frac{\partial M}{\partial h}\right)_T (C_h - C_M) &= T\left(\frac{\partial M}{\partial h}\right)_T\left\{\left(\frac{\partial S}{\partial T}\right)_h - \left(\frac{\partial S}{\partial T}\right)_M\right\} \\
&= T\left(\frac{\partial M}{\partial h}\right)_T\left\{\left(\frac{\partial S}{\partial T}\right)_M + \left(\frac{\partial S}{\partial M}\right)_T\left(\frac{\partial M}{\partial T}\right)_h - \left(\frac{\partial S}{\partial T}\right)_M\right\} \\
&= T\left(\frac{\partial M}{\partial h}\right)_T\left(\frac{\partial S}{\partial M}\right)_T\left(\frac{\partial M}{\partial T}\right)_h
\end{aligned}
$$

---

[1] 西森 (2005, p. 194) は以下のようにしてこれらの熱容量の関係を説明している. 気体では自由エネルギー F が温度 T と体積 V の関数であることに対応して, 磁性体の自由エネルギー F は温度 T と 1 スピンあたりの磁化 m の関数となる. つまり C_h は気体の定圧熱容量に, C_M は定積熱容量に対応する.

[2] 以下の導出については, スタンリー (Stanley 1971) に依る.

である. 一般に,

$$\left(\frac{\partial x}{\partial y}\right)_z \left(\frac{\partial y}{\partial z}\right)_x \left(\frac{\partial z}{\partial x}\right)_y = -1 \tag{1.3}$$

であるから,

$$\left(\frac{\partial M}{\partial h}\right)_T \left(\frac{\partial h}{\partial T}\right)_M \left(\frac{\partial T}{\partial M}\right)_h = -1 \tag{1.4}$$

である.

磁性体におけるマックスウェル関係によって,

$$\left(\frac{\partial S}{\partial M}\right)_T = -\left(\frac{\partial h}{\partial T}\right)_M \tag{1.5}$$

であるから,

$$\left(\frac{\partial M}{\partial h}\right)_T \left(\frac{\partial S}{\partial M}\right)_T \left(\frac{\partial T}{\partial M}\right)_h = 1$$

$$\left(\frac{\partial M}{\partial h}\right)_T \left(\frac{\partial S}{\partial M}\right)_T = \left(\frac{\partial M}{\partial T}\right)_h.$$

したがって,

$$\left(\frac{\partial M}{\partial h}\right)_T (C_h - C_M) = T \left(\frac{\partial M}{\partial T}\right)_h^2. \tag{1.6}$$

ここで, $h \to 0$ で $T \approx T_c$ であるような熱力学的なモデルを考える. このとき α を定義するような C_h について, 熱容量 C が正であることより,

$$C_h \geq T \frac{(\frac{\partial M}{\partial T})_h^2}{(\frac{\partial M}{\partial h})_T}.$$

同様にして, $\frac{\partial M}{\partial T}$ は β を $\frac{\partial M}{\partial h}$ は γ を定義することから, $T \leq T_c$ のとき,

$$A(T_c - T)^{-\alpha} \leq B(T_c - T)^{2(\beta-1)+\gamma}.$$

ただし, A と B は定数である. $T_c - T \geq 0$ であるので, 不等式 (4.10) が導かれた. このように熱力学から導出できるのは不等式であった.

本来求めたいラッシュブルック等式 (4.11) を導出するために, ウィダム (Widom

1965）は以下のスケーリング仮説を提示する．ある 1 変数関数を $f_\pm(x)$, $t = T - T_c$ として，

$$M(t,h) \sim \begin{cases} t^\beta f_+ \left(\frac{h}{t^{\beta\delta}} \right) & (t > 0) \\ (-t)^\beta f_- \left(\frac{h}{(-t)^{\beta\delta}} \right) & (t < 0) \end{cases} \tag{1.7}$$

とする．この 1 変数関数 $f_\pm(x)$ は以下の条件を満たしているとしよう．

$$f_+(0) = 0 \tag{1.8}$$

$$f_-(0) = \text{const.} \tag{1.9}$$

$$f_\pm \sim x^{1/\delta} \quad (x \gg 1), \tag{1.10}$$

このとき，

$$M(t,0) \sim \begin{cases} 0 & (t > 0) \\ (-t)^\beta & (t < 0) \end{cases} \tag{1.11}$$

$$M(0,h) \sim h^{1/\delta} \tag{1.12}$$

となり，磁化 M についていくつかの関係が明らかになり，$f_\pm$ をスケーリング関数と呼ぶ．

このスケーリング関数を用いて，臨界指数についての様々な関係が与えられていく．磁化を磁場で微分したものが磁化率 χ であるから，まずは磁場 h について $h \to 0$ として，

$$\chi \sim |t|^{\beta(1-\delta)} f'_\pm(0). \tag{1.13}$$

$f'_\pm(0)$ が正関数であれば，γ の定義によって

$$\gamma = \beta\delta - \beta. \tag{1.14}$$

磁化は自由エネルギーの磁場微分によって与えられるため，自由エネルギー密度 f は

$$f \sim |t|^{\beta + \beta\delta} \mathcal{F}_\pm \left(\frac{h}{|t|^{\beta\delta}} \right), \tag{1.15}$$

ここでスケーリング関数 $\mathcal{F}_\pm$ は $f_\pm$ を積分することで与えられる関数である．自由エネルギー密度 f の特異部分は $|t|^{2-\alpha}$ なので，$\mathcal{F}_\pm$ が正であれば，

$$\alpha = 2 - \beta - \beta\delta \tag{1.16}$$

であり，直ちに，

$$\alpha + 2\beta + \gamma = 2 \tag{1.17}$$

である．これは目標であったラッシュブルック等式である．

　ウィダムは熱力学では説明できなかった臨界現象を説明することに成功しているが，彼がスケーリング仮説に依拠している点は注意しなければならない．スケーリング関数は仮説であり，そもそもなぜそのような関数を前提していいのかについて正当化が必要である．カダノフは粗視化というプロセスを通じて，スケーリング関数を導き，スケーリング仮説に対する正当化を与えた．具体的には，統計力学のモデルである臨界温度 T_c 付近のイジング・モデルにおいて粗視化を通じて，スケーリング関数を導いている．式（1.15）で明らかなように，自由エネルギー密度 f は転移温度と温度の差 t と磁場 h に依存している．秩序変数のスケールを l とし，a を格子の結節点の間の長さとしよう．まず，臨界点付近で，相関長 ξ は大きくなるので，

$$a \ll l \ll \xi. \tag{1.18}$$

このスケール l を単位として系の長さが測られている．この長さの単位を l から bl $(b > 1)$ とすると，長さのスケール x は x/b に変わる[3]．$\xi \to \xi/b$ となる．$b > 1$ であることから長さの単位を大きくしていくことで，解像度が下がっていく．例えば，100 m 単位での地図と 10000 m 単位の地図では後者の方が解像度

---

[3] 例えば，200 cm を長さ 10 cm の定規によって測ると，20 個の定規で間を埋めることができる．今度は定規の長さを変えて，同じ 200 cm を長さ 20 cm の定規によって測ると，10 個の定規で埋めることができる．長さの単位を変える（10 cm から 20 cm）ことで，長さの大きさ（スケール）が変わっている（20 から 10）が，元々の長さ（200 cm）は変わっていない．ここでは $l = 10$，$b = 2$，$x = 20$ である．

が低いのは明らかだろう．これが粗視化のプロセスである．

　では，自由エネルギー密度 f はどうなっているだろうか．f を特徴づける t と h は粗視化することでどのように振る舞うかわかっていないので，$t \to b^{x_t}t$ と $h \to b^{x_h}h$ と変化するとしておこう．さて，統計力学の基礎的な関数である分配関数 Z はスケール変換に対して不変であることが知られているので，ヘルムホルツ自由エネルギー F は $F = -1/\beta \ln Z$ であるから，βF は不変である．体積 V は変換によって $V \to V/b^d$（d は次元）と変換されるので，

$$\beta F = V\beta f = (b^d V)b^{-d}\beta f \tag{1.19}$$

である．したがって，$f \to b^d f$ である．そのため，

$$f(b^{x_t}t, b^{x_h}h) = b^d f(t, h) \tag{1.20}$$

が成り立たなければならない．つまり，t や h をスケーリング変換を通じて粗視化したときには，自由エネルギー密度関数 f 全体が粗視化されたことになる．

　ここで，$b^{x_t}t$ が定数 t_0 であるように b を調節すると，式（1.20）は

$$f(t, h) = \left(\frac{t}{t_0}\right)^{d/x_t} f\left(t_0, \left(\frac{t_0}{t}\right)^{x_h/x_t} h\right) \tag{1.21}$$

となる．よって，

$$f(t, h) = t^{d/x_t} \mathcal{F}\left(\frac{h}{t^{x_h/x_t}}\right) \tag{1.22}$$

である．これはスケーリング関数（式（1.15））と同じ関係式であり，f の特異部分は $|t|^{2-\alpha}$ なので，

$$\alpha = 2 - \frac{d}{x_t}. \tag{1.23}$$

磁化 M も同様にして，

$$M(t, h) = t^{(d-x_h)/x_t} \mathcal{F}'\left(\frac{h}{t^{x_h/x_t}}\right), \tag{1.24}$$

となるので，臨界指数 β と δ は，

$$\beta = \frac{d - x_h}{x_t} \tag{1.25}$$

$$\delta = \frac{x_h}{d - x_h}. \tag{1.26}$$

磁化 M を磁場 h で微分することで，磁化率は

$$\chi(t, h) = t^{(d - 2x_h/x_t)} \mathcal{F}'' \left(\frac{h}{t^{x_h/x_t}} \right), \tag{1.27}$$

と与えられるので，

$$\gamma = \frac{2x_h - d}{x_t}. \tag{1.28}$$

以上から，

$$\alpha + 2\beta + \gamma = 2 \tag{1.29}$$

これは目標だったラッシュブルック等式である．このようにして，イジング・モデルの粗視化を通じてスケーリング関数を導き，熱力学では示すことができなかった厳密な臨界指数の関係を与えることができた．

付録 2

還元と創発の分類

　創発の定義をもとに還元についても検討してきたが，煩雑な側面も含むことから，その分類については検討してこなかった．本書で検討した範囲で還元と創発の分類について整理しておこう[1]．

還元

　科学哲学における代表的な還元として紹介したのは論理学的な導出可能性に訴えるネーゲル的還元（Nagel 1961）やバターマン（Batterman 2002）のように極限に訴える立場，バターフィルド（Butterfield 2011a; 2011b）の定義的拡張としての還元，また，ロサラー（Rosaler 2015; 2016; 2019）やパラシオス（Palacios 2019; 2022）による極限を含む操作によって得られる近似的一致としての還元（近似的還元），低い階層の理論・モデルがより良い説明を与えるという説明的還元である．これらが両立可能であるかどうかという点も含めて議論の余地がある．例えば，極限を取るという操作で得られる対応関係は近似的一致の一種としてみなすことができる場合もあるだろう．いずれにせよ，還元という概念の定義や特徴づけには複数の立場がありうるのである．

　一方で，特に議論の余地がなく受容されているものとして方法論的還元がある．つまり，事象の理解は，その構成要素の探究によって深まるという立場である．例えば，原子の性質を中性子や陽子に訴えて説明することは自然であろ

---

[1] そのため，ここでの議論は網羅的ではない．本書で検討していない区別としては，例えば通時性と共時性が挙げられる．特に，創発についてはこの区別は主要なテーマの一つである（Humphreys 2019; Sartenaer 2015）．

うし，現時点では課題があるとしてもマクロな世界経済をミクロな個人の振る舞いから説明しようとする試み自体は妥当であろう．このように個々の営みが妥当であるかについての一般論については特に議論することができない．というのも「構成要素によって事象を説明する」という方法論が唯一の科学的方法であると主張しているのなら，議論の余地があるだろうが，方法の一つとして提案されているのであれば否定する理由がない．

　方法論的還元といわゆる物理主義が合わさることでより過激な立場が現れる．物理主義を簡単にいうと，この世界の構成要素は全て物理的なものであるのだから，物理学以外の自然科学は物理学の一種に過ぎないと考えるものである．この立場と方法論的還元が組み合わされば，素粒子物理学のような基礎物理学を除く全ての自然科学は，物理学に取って代わられるということになる．これは第1章で見たアンダーソンが批判した収束的研究である．このような強い方法論的還元の立場は，「事象の理解は，その構成要素の探究によってしか与えられない」となる．ただ，このような立場はあまり説得力がない．人間の営みは，素粒子の性質を探究することで得られる理解ばかりではない．もちろん，原理的には素粒子の性質によって，あらゆる事象が説明できるようになるのかもしれない．ただ，これはあくまで予想であって，十分に根拠のある主張ではない．また，そもそもこの世界の全てを説明できる未知なる基礎的な構成要素とその法則があったとしても，その実質について根拠のある主張を与えることは，現時点では困難である．

　方法という研究のやり方という観点から，この世界の有様に関わる存在論的な還元について考えてみよう．例えば，水分子が水素原子と酸素原子によって構成されていることを否定する人はいないだろうし，今のところ究極的にはこの世界の全ては素粒子によって構成されていると考えられる．構成要素についての還元は，科学的知識をもとに広く成り立つ．この世界の全ての事象が，素粒子，あるいは今後明らかにされるかもしれないような基礎的な構成要素からなっているということは認められる[2]．

---

　2) 特に，そもそもこの世界の最も基礎的な要素が，この世界のあらゆるものの構成要素という意味であればトリビアルな主張である．

ただ，本書で議論してきたように，このような二つの領域の関係を考えるときに実質的なのは対象ではなく性質であった．還元概念についていえば，この世界の事象はより小さい構成要素に存在論的に還元できるが，その事象が示す性質は必ずしも構成要素によって説明できるとは限らない．つまり，このような存在論的な関係というのは，性質間の関係が明らかになることで初めて実質的な意味を持つ．性質間の関係を理解するということは，その性質を導くモデルの関係について認識論的観点から評価する必要がある．

では，認識論的還元はどのような種類があるのかを検討しておこう．これまでに検討してきた還元を整理してみると

- 命題間の導出的還元
- 理論間の導出的還元
- 極限に基づく還元
- 定義的拡張としての還元

ネーゲル自身による還元は理論の命題間の導出関係として定義され，シャフナーはこれを発展させて理論そのものではなく条件を加え，修正された理論の間の関係として還元を捉えている．これらの還元の特徴は，命題間の論理学的な導出関係として定義しているということにある．つまり，理論を命題の集合と捉えて，その命題間の論理学的な関係として導出を捉えるという還元である．このようなネーゲルやシャフナーの還元の定義を命題間の導出的還元と呼ぶことにしよう．一方で，これを修正した GNS は実践に即して，導出を論理学的な意味で捉えずに，理論的に許容される導出として還元を定義している．その意味でより実践的な意味での形式的な理論間の導出的還元と呼べる．例えば，ファインツァイク（Feintzeig 2022）が古典力学と量子力学の間に理論間関係が成り立つために要請している条件は，命題間の導出関係ではないが，理論的な導出関係である．

GNS と同様に，形式的側面に着目しているのがバターマンの定義であるが，これは極限に基づく還元の一つである．物理学の理論間の関係には極限が重要であることから，数学的極限によって図式的に還元を定義するものであった．

理論間の導出的還元とは類似しているが，導出の中でも特に極限に訴えた定義を与えている．そのため，理論間の導出的還元よりも導出の意味が狭くなっており，形式的ではない科学については応用できないという問題があるのは指摘した通りである．このような極限に訴える方針に対して，伝統的な還元や創発，付随といった概念を網羅的に検討したバターフィールドは導出関係ではなく，定義的拡張という概念に訴えて，理論間の還元関係を定理の導出関係として捉え直す．低い階層の理論に適切な定義の集合を加えることで，高い階層の理論の定理が導出できるというものであり，その意味では，ネーゲル的な側面もあるが，理論間というよりは特定のある定理などが導出できることが理論間の還元の条件となっている．二つの理論間の科学的に許容される導出関係としている点では，GNS と類似している．一方で，還元が成立する条件として「定理の導出」を挙げている点で，「理論間」というネーゲル的な幅広い関係からより限定的になっているという意味で，成立条件が明確になっているともいえる．

　このように理論間の還元は，導出という概念の内実を命題間として捉えるか，あるいは，理論的に許容されるような導出と捉えるかという違いがある．つまり，理論の間に何らかの導出関係があれば，理論的還元の候補になりうるだろうが，論理学的な意味での導出なのか，あるいは理論が許容するような意味での導出なのかということによって，その内実は異なる．論理学的に導出可能なのであれば，派生的な理論はせいぜい基礎的な理論に内包されるような理論ということになる[3]．実質的な具体例を挙げることは難しいが，このような導出関係が実際に成り立てば，その還元は絶対的，つまり，どのような状況でも成り立つものと考えられる．ただ，このような事例を満たす具体例があまりないということは，事例を捉えるのに適切な定義ではないだろう．

　これらの理論間還元の条件を比較すると，ネーゲル的な論理学的導出関係に依拠する命題間の還元の条件が最も強く，その基準を満たす例は少ない（おそらく実質的にはほとんどない）．これを洗練した GNS 的還元は導出を理論的な導出に訴えていることから，条件が弱くなっていることがわかる．極限に基づく導出は，理論的な導出の一種としてみることができるが，特に極限という操

---

[3] 科学的な事例ではないが，例えば距離空間が位相空間の一つであるといった意味での内包関係である．

作に依拠しているという意味でその適用範囲は限定的である．極限に基づく還元と比較すると，定義的拡張としての還元はネーゲル的な性格が強く，導出という概念を極限に限定していない．さらに，理論間の還元ではあるが，実際の条件では T_l に適切な語を入れることで，T_h の定理を全て導出できることが必要になっている．その意味では，GNSやバターマンの定義よりも厳しい基準になっているだろう．確かに，定義的拡張としての還元が想定するように，理論がある程度体系化されていて，一つの定理が導出できれば他の知見も芋づる式に導出できるような事例であれば，理論間の還元が成り立つと言ってよさそうだが，やはり，これも適用範囲はだいぶ限定的にならざるを得ない．関連する定理を示すことができるかどうかが定義的拡張としての還元の要請であり，その意味では理論間還元の内実を明確にしたものと言えそうだが，適用範囲が限定的である．

　理論間の関係として還元を捉える方針の問題の一つは，理論という言葉の内実が不明瞭であることが言えそうである．例えば，量子力学と古典力学の関係であれば，ある程度は理論的構造がわかっているため比較検討をすることはできるかもしれない．しかし，他の科学は物理学のような数学的構造を持つとは限らない．また，GNS還元で例に挙げられているように，理想気体の法則が力学的な前提から導かれたとして，熱力学全体が力学に還元されたと言えるのだろうか．GNSで成り立つのは理論間の関係ではなく，特定の状態についての議論に過ぎないという問題を抱える．

　そもそも科学の実践において理論それ自体を対象とすることはあまりない．現実には，ある事象を対象系としたモデルを通じて，分析が行われていることが多いはずである．その点に着目して，モデル間の関係として還元を捉えるのがロサラーの局所的還元である．局所的還元では，二つのモデルの間の近似的な一致を還元の条件とすることで，物理学の事例についての還元を捉えている．これももちろん，物理学の事例を扱っているに過ぎないという反論はあるが，二つのモデル間の比較に着目するという方針は説得力のあるものであろう．また，還元の条件を厳密な導出関係としないことで物理学の実践との対応を与えることが可能になる．

同様に，近似的な一致に訴えるタイプの還元はパラシオスも展開している．ロサラーやパラシオスのように近似的な一致に訴えたモデル間の還元を，近似的還元と呼んだ．事例を捉えるという観点から見ると，近似を含むようなモデルの示す性質・挙動の一致を還元の条件とする立場は，実際に還元の事例を還元と認めるために与えられる記述的な定義を目指していると整理できる．そのため，どの程度の近似的な一致が還元とみなせるのかというのは事例ごと，つまり文脈的に定まるものになる．また，このように事例ごとに定まるのだとすると，様々な事例が同じ「還元」とみなすことができるということも，そもそもかなり議論の余地があるということにもなるだろう．

このようにモデル間の近似的な関係として還元を捉えることで，前述の存在論的還元がどのように実現するのか見通しが良くなる．例えば，水という液体を例にとると，連続体・流体としての水を記述するモデルと，水をその構成要素である分子などを通じて記述するモデルを比較して，近似的に一致するような性質が現れるかどうかを検討すれば良い．もし，このようにして還元が成り立つのであれば，存在論的還元を含意する可能性がある．ただし，これは記述的な定義であることは注意が必要である．

また，臨界現象の事例で指摘したように，より良い説明を与えている場合もやはり還元である．この考え方でも，近似的還元と同様に，モデルが提示する性質を比較した時に，より現象を正確に反映できていれば還元といえるだろう．このような還元を説明的還元と呼ぼう．このように整理すると，理論間還元のように，モデル間還元は以下のように分類できる．

- 近似的還元
- 説明的還元

モデルに着目するアプローチは最近の潮流であり，更なる分析が必要である．

創発

　創発についてはどうであろうか．おおざっぱにいうと，高い階層の領域と低い階層の領域を比較して，何らかの意味で新奇な性質が存在することが重要な条件であった．創発の定義として哲学の伝統（イギリス創発主義）に則るならば，還元と両立しないものとして定義がなされるだろう．その場合には，還元に依拠した定義をすることになる．一方で，還元と創発は両立するという立場に立つと，還元とは独立に創発を定義することもできる．前述のように還元にもバリエーションがあることから，創発と還元が一般に両立するとはいえず，あくまで，そのような創発と還元の組があるということに留まる．実際に科学の事例に応用できるようなものとなると，創発の定義はモデル間関係として本書が与えたものが妥当であり，例えば命題間の論理学的な導出関係のようによほど強い意味で還元を取らない限りは還元と創発は両立する．

　粗視化と存在論的創発の関係について検討した際に論じたように，認識論が存在論に先行するというのが本書の議論の教訓であるので，どのような認識論的創発があるのかということを振り返ろう．

- 命題間の導出的還元の失敗としての創発
- 極限に基づく還元の失敗としての創発
- 部分全体関係としての創発
- 概念的創発

最初の二つは哲学の伝統的な創発の捉え方であり，どちらも創発を還元とは両立しない概念として定義している．それぞれネーゲルとバターマンの立場に対応する．部分全体関係としての創発は，ウィムザットに代表されるような非物理科学では標準的な見解だろう．しかし，例えば量子力学と古典力学の事例で波束のようなものと質点を部分全体関係として捉えることは，やや疑問が残る．さらにいえば，量子力学と古典力学の関係と類比的な波動光学と幾何光学の事例を理解する上でもやはり，部分全体関係に訴えることは妥当性がない．つま

り，部分全体関係にある創発の事例は存在するだろうが，この関係を創発の条件とするのは難しい．部分全体関係を用いないのだとすると，高い階層と低い階層を何らかの方法で決定する必要があるが，それぞれを粗い，ないし，大域的な記述によって与えられるもの（理論・モデルなど）と，より洗練された，ないし，より詳細な記述によって与えられるものに分けることができるだろう（Butterfield 2011a; De Haro 2019）．この区分が部分全体関係に対応する事例もある．

これに対して概念的創発は，還元が成り立たないことを条件として要請せず，特定の概念に訴えることで創発を定義しようというものである．特に，新奇性を通じて，創発を定義するということは共通するが，どのような新奇性かということでバリエーションがある．

- 説明的な新奇性
- 因果的な新奇性
- 定義不可能性としての新奇性
- 性質の導出不可能性としての新奇性

例えばノックスのように説明的な新奇性はもちろん必要であろうが，これだけでは曖昧なので，さらに制限する必要がある．その代表的な例としてキムのような伝統的な因果効力に訴える立場がある．ただ，因果という概念自体を明確にする必要があり，また，予測不可能性を条件として課していることからも物理学においては説得的ではない．一方で，バターフィールドによる定義不可能性を通じた創発の特徴づけには問題がある．このことから，本書ではモデル間の関係として，特に性質の導出不可能性として新奇性を特徴づけた．

ここでの導出の意味は文脈に依存するが，その「文脈」とは問題になっているモデルがどのような理論的背景で与えられたモデルなのかということである．つまり，モデル間還元と同様に，どのような導出が許容されるのかということはモデルを与えるような背景理論による．また，別の重要な特徴は，創発であるか否かの重要な条件が，新奇な性質の存在であるということにある．低い階層のモデルからは導出できない新しい性質が存在するときに創発と呼べる．何

らかの新しい実体が現れているかどうかということは，新しい性質が現れるかに依存している．単に記述の仕方を変えただけなのか，それとも真に新しい実体が現れたのかということを区別しているのは，創発的な性質の存在にあるといいかえられる．

参考文献

Albert, D. (1992). *Quantum Mechanics and Experience*. Harvard University Press.

Albert, D. (1996). Elementary quantum metaphysics. In J. Cushing, A. Fine, and S. Goldstein (Eds.), *Bohmian Mechanics and Quantum Theory: An Appraisal*, pp. 277–284. Kluwer.

Albert, D. (2000). *Time and Chance*. Harvard University Press.

Albert, D. (2013). Wave function realism. In A. Ney and D. Albert (Eds.), *The Wave Function*, pp. 53–57. Oxford University Press.

Albert, D. (2015). *After Physics*. Harvard University Press.

Alexander, S. (1920). *Space, Time, and Deity (2 volumes)*. Macmillan.

Allori, V. (2013). Primitive ontology and the structure of fundamental physical theories. In A. Ney and D. Albert (Eds.), *The Wave Function*, pp. 58–75. Oxford University Press.

Allori, V. (2015a). How to make sense of quantum mechanics (and more): Fundamental physical theories and primitive ontology. Preprint.

Allori, V. (2015b). Primitive ontology in a nutshell. *International Journal of Quantum Foundations 1*, 107–122.

Allori, V., S. Goldstein, R. Tumulka, and N. Zanghì (2008). On the common structure of Bohmian mechanics and the Ghirardi-Rimini-Wever theory. *The British Journal for the Philosophy of Science 59*, 353–389.

Allori, V., S. Goldstein, R. Tumulka, and N. Zanghì (2011). Many worlds and Schrödinger's first quantum theory. *The British Journal for the Philosophy of Science 62*, 1–27.

Allori, V. and N. Zanghì (2009). On the classical limit of quantum mechanics. *Foundations of Physics 39*, 20–32.

Anderson, P. (1972). More is different. *Science 177*, 393–396.

Anderson, P. (2001). More is different - one more time. In N. P. Ong and R. Bhatt (Eds.), *More is Different: Fifty Years of Condensed Matter Physics*, pp. 1–8. Princeton University Press.

Bacciagaluppi, G. (2013). Measurement and classical regime in quantum mechanics. In R. Batterman (Ed.), *The Oxford Handbook of Philosophy of Physics*, pp. 416–459. Oxford University Press.

Bangu, S. (2009). Understanding thermodynamic singularities : Phase transition, data, and phenomena. *Philosophy of Science 76*, 488–505.

Bangu, S. (2011). The role of bridge laws in intertheoretic relations. *Philosophy of Science 78*, 1108–1119.

Bangu, S. (2015). Neither weak, nor strong? emergence and functional reduction. In B. Falkenburg and M. Morrison (Eds.), *Why More Is Different*, pp. 153–166. Springer.

Barrett, J. (2019). *The Conceptual Foundations of Quantum Mechanics*. Oxford University Press.

Batterman, R. (2000). Multiple realizability and universality. *The British Journal for the Philosophy of Science 51*, 115–145.

Batterman, R. (2002). *The Devil in the Details*. Oxford University Press.

Batterman, R. (2009). Emergence in physics. Routledge encyclopedia of philosophy online.

Batterman, R. (2010a). On the explanatory role of mathematics in empirical science. *The British Journal for the Philosophy of Science 61*, 1–25.

Batterman, R. (2010b). Reduction and renormalization. In G. Ernst and A. Hüttemann (Eds.), *Time, Chance and Reduction*, pp. 159–179. Cambridge University Press.

Batterman, R. (2011). Emergence, singularities, and symmetry breaking. *Foundations of Physics 41*, 1031–1050.

Batterman, R. (2013). The tyranny of scales. In R. Batterman (Ed.), *The Oxford Handbook of Philosophy of Physics*, pp. 255–286. Oxford University Press.

Batterman, R. (2015). Autonomy and scales. In B. Falkenburg and M. Morrison (Eds.), *Why More Is Different*, pp. 115–135. Springer.

Batterman, R. (2018). Autonomy of theories: An explanatory problem. *Noûs 52*(4), 858–873.

Batterman, R. (2021). *A Middle Way*. Oxford University Press.

Batterman, R. and C. Rice (2014). Minimal model explanations. *Philosophy of Science 81*, 349–376.

Bedau, M. (2003). Downward causation and autonomy in weak emergence. *Principia Revista Internacional de Epistemologica 6*, 5–50.

Bedau, M. and P. Humphreys (Eds.) (2008). *Emergence Contemporary Readings in Philosophy and Science*. The MIT Press.

Bell, J. (1987). *Speakable and Unspeakable in Quantum Mechanics*. Cambridge University Press.

Belot, G. (2005). Whose devil? Which details? *Philosophy of Science 72*, 128–153.

Belot, G. (2012). Quantum states for primitive ontologist. *European Journal for Philosophy of Science 2*, 67–83.

Bishop, R., M. Silberstein, and M. Pexton (2022). *Emergence in Context*. Oxford University Press.

Bitbol, M. (2020). A phenomenological ontology for physics: Merleau-Ponty and QBism. In H. A. Wiltsche and P. Berghofer (Eds.), *Phenomenological Approaches to Physics*, pp. 227–242. Springer.

Bohm, D. (1952). A suggested interpretation of the quantum theory in terms of 'hidden' variables, I and II. *Physical Review 85*, 166–193.

Bohm, D. and B. Hiley (1993). *The Undivided Universe: An Ontological Interpretation of Quantum Theory*. Routledge.

Bokulich, A. (2008). *Reexaming the quantum-classical relation*. Cambridge University Press.

Brigandt, I. and A. Love (2023). Reductionism in Biology. In E. N. Zalta and U. Nodelman (Eds.), *The Stanford Encyclopedia of Philosophy* (Summer 2023 ed.). Metaphysics Research Lab, Stanford University.

Broad, C. D. (1925). *The Mind and Its Place in Nature*. Routledge.

Brown, H. and J. Uffink (2001). The origins of time-asymmetry in thermodynamics: The minus first law. *Studies in History and Philosophy of Modern Physics 32*, 525–538.

Brown, H. and D. Wallace (2005). Solving the measurement problem: De Broglie–Bohm loses out to Everett. *Foundations of Physics 35*, 517–540.

Bub, J. (1999). *Interpreting the Quantum World* (paperback ed.). Cambridge University Press.

Bueno, O. and S. French (2018). *Applying Mathematics*. Oxford University Press.

Bursten, J. (2021). The function of boundary conditions in the physical sciences. *Philosophy of Science 88*, 234–257.

Butterfield, J. (2011a). Emergence, reduction and supervenience : A varied landscape. *Foundations of Physics 41*, 920–959.

Butterfield, J. (2011b). Less is different : Emergence and reduction reconciled. *Foundations of Physics 41*, 1065–1135.

Butterfield, J. and N. Bouatta (2015). Renormalization for philosophers. In T. Bigaj and C. Wüthrich (Eds.), *Metaphysics in Contemporary Physics*, pp. 437–485. Brill/Rodopi.

Callender, C. (2001). Taking thermodynamics too seriously. *Studies in History and Philosophy of Modern Physics 32*, 539–553.

Callender, C. (2015). One world, one beable. *Synthese 192*, 3153–3177.

Chalmers, D. (2006). Strong and weak emergence. In P. Clayton and P. Davies (Eds.), *The Re- Emergence of Emergence*, pp. 244–254. Oxford University Press.

Clayton, P. (2006). Conceptual foundations of emergence theory. In P. Clayton and P. Davies (Eds.), *The Re- Emeregence of Emergence*, pp. 1–31. Oxford University Press.

Crowther, K. (2015). Decoupling emergence and reduction in physics. *European Journal for Philosophy of Science 5*, 419–445.

De Haro, S. (2019). Towards a theory of emergence for the physical sciences. *European Journal for Philosophy of Science 9*, 1–52.

Dennett, D. (1991). Real patterns. *The Journal of Philosophy 88*, 27–51.

Dennett, D. (2013). Kinds of things —— towards a bestiary of the manifest image. In D. Ross, J. Ladyman, and H. Kincaid (Eds.), *Scientific Metaphysics*, pp. 96–107. Oxford University Press.

Dieks, D. and A. Lubberdink (2011). How classical particles emerge from the quantum world. *Foundations of Physics 41*, 1051–1064.

Dizadji-Bahmani, F., R. Frigg, and S. Hartmann (2010). Who's afraid of Nagelian reduction? *Erkenntnis 73*, 393–412.

Dorin, A., J. McCabe, G. Monro, and M. Whitelaw (2012). A framework for understanding generative art. *Digital Creativity 23*, 239–259.

Egg, M. (2017). The physical salience of non-fundamental local beables. *Studies in History and Philosophy of Modern Physics 57*, 104–110.

Ellis, G. (2020). Emergence in solid state physics and biology. *Foundations of Physics 50*, 1098–1139.

Ellis, G. and B. Drossel (2019). How downwards causation occurs in digital computers. *Foundations of Physics 49*, 1253–1277.

Ellis, G. and M. Gabriel (2021). Physical, logical, and mental top-down effects. In J. Voosholz and M. Gabriel (Eds.), *Top-Down Causation and Emergence*, pp. 3–38. Springer.

Epstein, B. (2015). *The Ant Trap*. Oxford University Press.

Eronen, M. I. and D. S. Brooks (2023). Levels of Organization in Biology. In E. N. Zalta and U. Nodelman (Eds.), *The Stanford Encyclopedia of Philosophy* (Winter 2023 ed.). Metaphysics Research Lab, Stanford University.

Esfeld, M., M. Hubert, D. Lazarovici, and D. Dürr (2014). The ontology of Bohmian mechanics. *The British Journal for the Philosophy of Science 65*, 773–796.

Esfeld, M., D. Lazarovici, V. Lam, and M. Hubert (2017). The physics and metaphysics of primitive stuff. *The British Journal for the Philosophy of Science 68*, 133–161.

Essam, J. and M. Fisher (1963). Padé approximant studies of the lattice gas and Ising ferromagnet below the critical point. *The Journal of Chemical Physics 38*, 802–812.

Everett, H. (1957). "Relative State" formulation of quantum mechanics. *Reviews of Modern Physics 29*, 454–462.

Falkenburg, B. (2015). How do quasi-particle exist? In B. Falkenburg and M. Morrison (Eds.), *Why More Is Different*, pp. 227–250. Springer.

Falkenburg, B. and M. Morrison (Eds.) (2015). *Why Is More Different?* Springer.

Feintzeig, B. (2020). The classical limit as an approximation. *Philosophy of Science 87*, 612–639.

Feintzeig, B. (2022). *The Classical-Quantum Corresopondence*. Cambridge University Press.

Feynman, R. and F. Vernon (1963). The theory of a general quantum system interacting with a linear dissipative system. *Annals of Physics 24*, 118–173.

Fletcher, S. C. (2019). On the reduction of general relativity to Newtonian graviation. *Studies in History and Philosophy of Modern Physics 68*, 1–15.

Fodor, J. (1974). Special sciences (or: The disunity of science as a working hypothesis). *Synthese 28*(2), 97–105.

Fodor, J. (1997). Special sciences: Still autonomous after all these years. *Noûs 11*, 149–163.

Fortin, S. and L. Vanni (2014). Quantum decoherence: A logical perspective. *Foundations of Physics 44*, 1258–1268.

Franklin, A. (2018). On the renormalization group explanation of universality. *Philosophy of Science 2*, 225–248.

Franklin, A. (2020). Whence the effectiveness of effective field theories. *The British Journal for the Philosophy of Science 71*, 1235–1259.

Franklin, A. and E. Knox (2018). Emergence without limits: the case of phonons. *Studies in History and Philosophy of Modern Physics 64*, 68–78.

Fraser, D. (2009). Quantum field theory: Underdetermination, inconsistency, and idealization. *Philosophy of Science 76*, 536–567.

Fraser, D. (2011). How to take particle physics seriously: A further defence of axiomatic quantum field theory. *Studies in History and Philosophy of Modern Physics 42*, 126–135.

Fraser, J. D. and P. Vickers (2022). Knowledge of the quantum domain: An overlap strategy. *The British Journal for the Philosophy of Science*, https://doi.org/10.1086/721635

French, S. (2023). *A Phenomenological Approach to Quantum Mechanics*. Oxford University Press.

Frigg, R. (2010). Probability in Boltzmannian statistical mechanics. In G. Ernst and A. Hüttemann (Eds.), *Time, Chance and Reduction*, pp. 92–118. Cambridge University Press.

Frigg, R. and C. Hoefer (2007). Probability in GRW theory. *Studies in History and Philosophy of Modern Physics 38*, 371–389.

Frigg, R. and J. Nguyen (2016). The fiction view of models reloaded. *The Monist 99*, 225–242.

Frigg, R. and C. Werndl (2024). *Foundations of Statistical Mechanics*. Cambridge University Press.

Frisch, M. (2010). Does a low-entropy constraint prevent us from influencing the past? In G. Ernst and A. Hüttemann (Eds.), *Time, Chance and Reduction*, pp. 13–33. Cambridge University Press.

Gelfert, A. (2016). *How to Do Science with Models*. Springer.

Ghirardi, G., A. Rimini, and T. Weber (1986). Unified dynamics for microscopic and macroscopic systems. *Physical Review D 34*, 470–471.

Gillett, C. (2016). *Reduction and Emergence in Science and Philosophy*. Cambridge University Press.

Goldenfeld, N. (1992). *Lectures of Phase Transitions and the Renormalization Group*. CRC Press.

Goldstein, S. (1998). Quantum theory without observers – part one. *Physics Today 51*, 42–46.

Goldstein, S. (2024). Bohmian Mechanics. In E. N. Zalta and U. Nodelman (Eds.), *The Stanford Encyclopedia of Philosophy* (Summer 2024 ed.). Metaphysics Research Lab, Stanford University.

Green, S. and R. Batterman (2017). Biology meets physics: Reductionism and multiscale modeling of morphogenesis. *Studies in History and Philosophy of Biological and Biomedical Sciences 61*, 20–34.

Guggenheim, E. A. (1945). The principle of corresponding states. *The Journal of Chemical Physics 13*, 253–261.

Hagar, A. (2012). Decoherence; the view from the history and philosophy of science. *Philosophical Transactions of the Royal Society A 370*, 4594–4609.

Halvorson, H. (2019). *The Logic in Philosophy of Science*. Cambridge University Press.

Hartle, J. (2010). Quasiclassical realms. In S. Saunders, J. Barrett, A. Kent, and D. Wallace (Eds.), *Many Worlds?*, pp. 73–98. Oxford University Press.

Hartle, J. (2011). The quasiclassical realms of this quantum universe. *Foundations of Physics*, 982–1006.

Hawthorne, J. (2010). A metaphysician looks at the Everett interpretation. In S. Saunders, J. Barrett, A. Kent, and D. Wallace (Eds.), *Many Worlds?*, pp. 144–153. Oxford University Press.

Healey, R. (1989). *The Philosophy of Quantum Mechanics*. Cambridge University Press.

Healey, R. (1991). Holism and nonseparability. *The Journal of Philosophy 88*, 393–421.

Huggett, N., K. Matsubara, and C. Wüthrich (Eds.) (2020). *Beyond Spacetime*. Cambridge University Press.

Huggett, N. and C. Wüthrich (2013). Emergent spacetime and empirical (in) coherence. *Studies in History and Philosophy of Modern Physics 44*, 276–285.

Humphreys, P. (1997). How properties emerge. *Philosophy of Science 64*, 1–17.

Humphreys, P. (2015). More is different...sometimes: Ising models, emergence, and undecidability. In B. Falkenburg and M. Morrison (Eds.), *Why More Is Different*, pp. 137–152. Springer.

Humphreys, P. (2019). *Emergence* (paperback ed.). Oxford University Press.

Hüttemann, A. (2005). Explanation, emergence, and quantum entanglement. *Philosophy of Science 72*(1), 114–127.

Jensen, H. J. (2023). *Complexity Science*. Cambridge University Press.

Jhun, J. (2021). Economics, equilibrium methods, and multi-scale modeling. *Erkenntnis 86*, 457–472.

Joos, E. (2006). The emergence of classicality from quantum theory. In P. Clayton and P. Davies (Eds.), *The Re- Emergence of Emergence*, pp. 53–78. Oxford University Press.

Joos, E. and H.-D. Zeh (1985). The emergence of classical properties through interaction with the environment. *Zeitschrift für Physic B Condensed Matter 59*, 223–243.

Kadanoff, L. (1966). Scaling laws for Ising models near T_c^*. *Physics 2*, 263–272.

Kadanoff, L. (1990). Scaling and universality in statistical physics. *Physica A: Statisitical Mechanics and its Application 163*, 1–14.

Kadanoff, L. (2013). Theories of matter. In R. Batterman (Ed.), *The Oxford Handbook of Philosophy of Physics*, pp. 141–188. Oxford University Press.

Kauffman, S. (1993). *The Origins of Order*. Oxford University Press.

Kim, J. (1999). Making sense of emergence. *Philosophical Studies 95*, 3–36.

Kitcher, P. (1984). 1953 and all what. A tale of two sciences. *The Philosophical Review 93*, 335–373.

Knox, E. (2016). Abstraction and its limit: Finding space for novel explanation. *Noûs 50*, 41–60.

Knuuttila, T. and A. Loettgers (2017). Modeling as indirect representation? the Lotka–Volterra model revisited. *The British Journal for the Philosophy of Science 68*, 1007–1036.

Kronz, F. M. and J. T. Tiehen (2002). Emergence and quantum mechanics. *Philosophy of Science 69*, 324–347.

Ladyman, J. (2010). Reply to Hawthorne: Physics before metaphysics. In S. Saunders, J. Barrett, A. Kent, and D. Wallace (Eds.), *Many Worlds?*, pp. 154–160. Oxford University Press.

Ladyman, J. and L. Lorenzetti (2023). Effective ontic structural realism. *The British Journal for the Philosophy of Science*, https://doi.org/10.1086/729061

Ladyman, J. and D. Ross (2007). *Everything Must Go*. Oxford University Press.

Ladyman, J. and D. Ross (2013). The world in the data. In D. Ross, J. Ladyman, and H. Kincaid (Eds.), *Scientific Metaphysics*, pp. 108–150. Oxford University Press.

Ladyman, J. and K. Wiesner (2020). *What is a Complex System?* Yale University Press.

Landsman, N. (2007). Between classical and quantum. In J. Butterfield and J. Earman (Eds.), *Philosophy of Physics (Handbook of the Philosophy of Science) Part A*, pp. 417–553. Elsevier.

Landsman, N. (2013). Spontaneous symmetry breaking in quantum system: Emergence or reduction? *Studies in History and Philosophy of Modern Physics 44*, 379–394.

Lange, M. (2015). On "minimal model explanations": A reply to Batterman and Rice. *Philosophy of Science 82*, 292–305.

Lavis, D. A. (2011). An objectivist account of probabilities in statistical mechanics. In C. Beisbart and S. Hartmann (Eds.), *Probabilities in Physics*, pp. 51–81. Oxford University Press.

Lewes, G. (1875). *Problems of Life and Mind*, Volume II. Trübner and Co.

Lewis, P. J. (2004). Life in configuration space. *The British Journal for the Philosophy of Science 55*, 713–729.

Lewis, P. J. (2016). *Quantum Ontology*. Oxford University Press.

Luscombe, J. (2021). *Statistical Mechanics*. CRC Press.

Malaterre, C. (2010). *Les Origines de la Vie*. Herman Èditeurs des sciences et des arts. 佐藤直樹 (訳). 『生命起源論の科学哲学』. みすず書房. 2013 年.

Massimi, M. (2022). *Perspectival Realism*. Oxford University Press.

Maudlin, T. (2007a). Completeness, supervenience and ontology. *Journal of Physics A: Mathematical and Theoretical 40*, 3151–3171.

Maudlin, T. (2007b). *The Metaphysics within Physics*. Oxford University Press.

Maudlin, T. (2010). Can the worlds be only wavefunction. In S. Saunders, J. Barrett, A. Kent, and D. Wallace (Eds.), *Many Worlds?*, pp. 121–143. Oxford University Press.

Maudlin, T. (2019). *Philosophy of Physics: Quantum Theory*. Princeton University Press.

McAllister, J. (2011). What do patterns in empirical data tell us about the structure of the world? *Synthese 182*, 73–87.

McLaughlin, B. P. (2019). British emergentism. In S. Gibbs, R. Hendry, and T. Lancaster (Eds.), *The Routledge Handbook of Emergence*, pp. 23–35. Routledge.

Menon, T. and C. Callender (2013). Turn and face the strange. . . ch-ch-changes: Philosophical questions raised by phase transitions. In R. Batterman (Ed.), *The Oxford Handbook of Philosophy of Physics*, pp. 189–223. Oxford University Press.

Mill, J. S. (1843). *System of Logic*. J. W. Parker.

Mitchell, S. D. (2012). *Unsimple Truth* (paperback ed.). The University of Chicago Press.

Monton, B. (2002). Wavefunction ontology. *Synthese 130*, 265–277.

Monton, B. (2006). Quantum mechanics and $3N$-dimensional space. *Philosophy of Science 73*, 778–789.

Monton, B. (2013). Against $3N$-dimensional space. In A. Ney and D. Albert (Eds.), *The Wave Function*, pp. 154–167. Oxford University Press.

Morita, K. (2023). A fine-grained distinction of coarse graining. *European Journal for Philosophy of Science 13*.

Morrison, M. (2012). Emergent physics and micro-ontology. *Philosophy of Science 79*, 141–166.

Morrison, M. (2015a). *Reconstructing Reality*. Oxford University Press.

Morrison, M. (2015b). Why is more different? In B. Falkenburg and M. Morrison (Eds.), *Why More Is Different*, pp. 91–114. Springer.

Morrison, M. (2021). Turbulence, emergence and multi-scale modelling. *Synthese 198*, S5963–S5985.

Myrvold, W. (2020). Explaining Thermodynamics: What remains to be Done? In V. Allori (Ed.), *Statistical Mechanics and Scientific Explanation*, pp. 113–143. World Scientific.

Nagel, E. (1961). *The Structure of Science.* Harcourt, Brace and World, Inc.

Ney, A. (2013). Ontological reduction and the wave function ontology. In A. Ney and D. Albert (Eds.), *The Wave Function*, pp. 168–183. Oxford University Press.

Ney, A. (2015). Fundamental physical ontologies and the constraint of empirical coherence; a defense of wave function realism. *Synthese 192*, 3105–3124.

Ney, A. and K. Phillips (2013). Does an adequate physical theory demand a primitive ontology? *Philosophy of Science 80*, 454–474.

Norsen, T. (2010). The theory of (exclusively) local beables. *Foundations of Physics 40*, 1858–1884.

Norton, J. (2012). Approximation and idealization: Why the difference matters. *Philosophy of Science 79*, 207–232.

Palacios, P. (2019). Phase transitions: A change for intertheoretic reduction? *Philosophy of Science 86*, 612–640.

Palacios, P. (2022). *Emergence and Reduction in Physics.* Cambridge University Press.

Pincock, C. (2012). *Mathematical and Scientific Representation.* Oxford University Press.

Povich, M. (2018). Minimal models and the generalized ontic conception of scientific explanation. *The British Journal for the Philosophy of Science 69*, 117–137.

Putnam, H. (1967). Psychological predicates. In W. Capitan and D. Merrill (Eds.), *Art, Mind, and Religion*, pp. 37–48. University of Pittsburgh Press.

Putnam, H. (1975). Philosophy and our mental life. In *Mind, Language, and Reality.* Cambridge University Press.

Räz, T. (2018). Euler's Königsberg: the explanatory power of mathematics. *European Journal for Philosophy of Science 8*, 331–346.

Redhead, M. (1987). *Incompleteness Nonlocality and Realism.* Oxford University Press. 石垣壽郎（訳).『不完全性・非局所性・実在主義』. みすず書房. 1997 年.

Reutlinger, A. (2017). Are causal facts really explanatorily emergent? Ladyman and Ross on higher-level causal fact and renormalization group explanation. *Synthese 194*, 2291–2305.

Rickles, D. (2016). *The Philosophy of Physics.* Polity Press.

Ridderbos, K. (2002). The coarse-graining approach to statistical mechanics: How blissful is our ignorance? *Studies in History and Philosophy of Modern Physics 33*(1), 65–77.

Robertson, K. (2020). Asymmetry, abstraction, and autonomy: Justifying coarse-graining in statistical mechanics. *The British Journal for the Philosophy of Science 71*(2), 547–579.

Robertson, K. (2021). Autonomy generalized?; or why doesn't physics matter more. preprint.

Robertson, K. (2022). In search of the holy grail: How to reduce the second law of thermodynamics. *The British Journal for the Philosophy of Science 73*, 987–1020.

Rodriguez, Q. (2021). Idealizations and analogies: Explaining critical phenomena. *Studies in History and Philosophy of Science Part A 89*, 235–247.

Romano, D. (2020). Multi-field and Bohm's theory. *Synthese 198*, 10587–10609.

Rosaler, J. (2015). Local reduction in physics. *Studies in History and Philosophy of Modern Physics 50*, 54–69.

Rosaler, J. (2016). Interpretation neutrality in the classical domain of quantum theory. *Studies in History and Philosophy of Modern Physics 53*, 54–72.

Rosaler, J. (2019). Reduction as an *a posteriori* relation. *The British Journal for the Philosophy of Science 70*, 269–299.

Ruetsche, L. (2011). *Interpreting Quantum Theories*. Oxford University Press.

Rushbrooke, J. (1963). On the thermodynamics of the critical region for Ising problem. *The Journal of Chemical Physics 39*, 842–843.

Saatsi, J. and A. Reutlinger (2018). Taking reductionism to the limit: How to rebut the antireductionist argument from infinite limits. *Philosophy of Science 85*, 455–482.

Sartenaer, O. (2015). Synchronic vs. diachronic emergence: a reappraisal. *European Journal for Philosophy of Science 5*, 31–54.

Schaffner, K. (1967). Approaches to reduction. *Philosophy of Science 34*, 137–147.

Schaffner, K. (1993). *Discovery and Explanation in Biology and Medicine*. The University of Chicago Press.

Schaffner, K. (2012). Ernst Nagel and reduction. *Journal of Philosophy 109*, 534–565.

Schlosshauer, M. (2005). Decoherence, the measurement problem, and interpretations of quantum mechanics. *Reviews of Modern Physics 76*, 1268–1305.

Schlosshauer, M. (2008). *Decoherence and the Quantum-to-classical Transition* (3rd ed.). Springer.

Schlosshauer, M. (2014). The quantum to classical transition and decoherence. arXiv:1404.2635v1.

Sevens, C. and S. Carroll (2018). Self-locating uncertainty and the origin of probability in everettian quantum mechanics. *The British Journal for the Philosophy of Science 69*, 25–74.

Sober, E. (1999). The multiple realizability argument against reductionism. *Philosophy of Science 66*(4), 542–564.

Stanley, E. (1971). *Introduction to Phase Transitions and Critical Phenomena*. Oxford: Oxford University Press.

Steeger, J. and B. Feintzeig (2021). Is the classical limit "singular"? *Studies in History and Philosophy of Modern Physics 88*, 263–279.

Stevens, H. (2003). Fundamental physics and its justifications, 1945–1993. *Historical Studies in the Physical and Biological Sciences 34*(1), 151–197.

Suñé, A. and M. Martínez (2021). Real patterns and indispensability. *Synthese 198*(5), 4315–4330.

Suzuki, T. (2022). The evolutionary origins of consciousness. *Annals of the Japan Association for Philosophy of Science 31*, 55–73.

Tanona, S. (2013). Decoherence and the Copenhagen cut. *Synthese 190*, 3625–3649.

Tappenden, P. (2011). Evidence and uncertainty in Everett's multiverse. *The British Journal for the Philosophy of Science 62*, 99–123.

te Vrugt, M. (2021). The five problems of irreversibility. *Studies in History and Philosophy of Science Part A 87*, 136–146.

Thomas, E. A. E. (2022). Samuel Alexander. In E. N. Zalta and U. Nodelman (Eds.), *The Stanford Encyclopedia of Philosophy* (Fall 2022 ed.). Metaphysics Research Lab, Stanford University.

Timpson, C. G. (2013). *Quantum Information Theory and the Foundations of Quantum Mechanics*. Oxford University Press.

Uffink, J. (2011). Subjective probability and statistical physics. In C. Beisbart and S. Hartmann (Eds.), *Probabilities in Physics*, pp. 25–49. Oxford University Press.

van Fraassen, B. C. (1980). *The Scientific Image*. Oxford University Press. 丹治信春（訳）. 『科学的世界像』. 紀伊國屋書店. 1986 年.

Wallace, D. (2003). Everett and structure. *Studies in History and Philosophy of Modern Physics 34*, 86–105.

Wallace, D. (2009). QFT, antimatter, and symmetry. *Studies in History and Philosophy of Modern Physics 40*, 209–222.

Wallace, D. (2010). Decoherence and ontology. In S. Saunders, J. Barrett, A. Kent, and D. Wallace (Eds.), *Many Worlds?*, pp. 53–72. Oxford University Press.

Wallace, D. (2011a). The logic of the past hypothesis. http://philsci-archive.pitt.edu/8894/

Wallace, D. (2011b). Taking particle physics seriously: A critique of the algebraic approach to quantum field theory. *Studies in History and Philosophy of Modern Physics 42*, 116–125.

Wallace, D. (2012a). Decoherence and its role in the modern measurement problem. *Philosophical Transactions of the Royal Society A 370*, 4576–4593.

Wallace, D. (2012b). *The Emergent Multiverse*. Oxford University Press.

Wallace, D. (2013). A prolegomenon to the ontology for Everett interpretation. In A. Ney and D. Albert (Eds.), *Wave Function Realism*, pp. 203–222. Oxford University Press.

Wallace, D. (2019). What is orthodox quantum mechanics? In A. Cordero (Ed.), *Philosophers Look at Quantum Mechanics*, pp. 285–312. Springer.

Wallace, D. (2022). Philosophy of quantum mechanics. Preprint.

Weinberg, S. (1973). Where we are now. *Science 180*(4083), 276–278.

Weisberg, M. (2013). *Simulation and Similarity*. Oxford University Press. 松王政浩（訳）. 『科学とモデル』. 名古屋大学出版会. 2017 年.

Weisskopf, V. F. (1965). In defence of high-energy physics. In L. C. Yuan (Ed.), *Nature of Matter: Purposes of High Energy Physics*, pp. 54–57. Brookhaven National Laboratory.

Widom, B. (1965). Equation of state in the neighborhood of the critical point. *The Journal of Chemical Physics 43*, 3898–3905.

Williams, P. (2019). Scientific realism made effective. *The British Journal for the Philosophy of Science 70*, 209–237.

Wilson, M. (2021). *Physics Avoidance* (paperback ed.). Oxford University Press.

Wimsatt, W. C. (1997). Aggregativity: Reductive heuristics for finding emergence. *Philosophy of Science 64*, S372–S384.

Wimsatt, W. C. (2000). Emergence as non-aggregativity and the biases of reductionisms. *Foundations of Science 5*, 269–297.

Witten, E. (2018). Symmetry and emergence. *Nature Physics 14*(2), 116–119.

Woodward, J. (2018). Explanatory autonomy: the role of proportionality, stability, and conditional irrelevance. *Synthese 198*, 237–265.

Wu, J. (2021). Explaining universality: infinite limit systems in the renormalization group method. *Synthese 199*, 14897–14930.

Zahle, J. and T. Kaidesoja (2020). Emergence in the social sciences. In S. Gibbs, R. Hendry, and T. Lancaster (Eds.), *The Routledge Handbook of Emergence*, pp. 400–407. Routledge.

Zangwill, A. (2021). *A Mind over Matter: Philip Anderson and the Physics of the Very Many*. Oxford University Press.

Zeh, H.-D. (1970). On the interpretation of measurement in quantum theory on the interpretation of measurement in quantum theory on the interpretation of measurement in quantum theory. *Foundations of Physics 1*, 69–76.

Zeh, H.-D. (2007a). *The Physical Basis of The Direction of Time*. Springer.

Zeh, H.-D. (2007b). Roots and fruits of decoherence. In B. Duplantier, J.-M. Raimond, and V. Rivasseau (Eds.), *Quantum Decoherence*, pp. 151–175. Birkhäuser.

Zurek, W. H. (1981). Pointer basis of quantum apparatus: Into what mixture does the wave packet collapse? *Physical Review D 24*, 1516.

Zurek, W. H. (1982). Environment-induced superselection rules. *Physical Review D 26*, 1862.

Zurek, W. H. (1991). Decoherence and the transition from quantum to classical. *Physics Today 44*, 36–44.

Zurek, W. H. (2003). Decoherence and the transition from quantum to classical — reviese. *Los Alamos Science 27*, 1–25.

Zurek, W. H. (2007). Decoherence and the transition from quantum to classical — revisited decoherence and the transition from quantum to classical — revised. In B. Duplantier, J.-M. Raimond, and V. Rivasseau (Eds.), *Quantum Decoherence*, pp. 1–31. Birkhäuser.

Zwanzig, R. (1960). Ensemble method in the theory of irreversibility. *The Journal of Chemical Physics 33*(5), 1338–1341.

アリストテレス (1959). 『形而上学』, 出隆 (訳), 岩波書店.

猪木慶治・川合光 (1994). 『量子力学 I』, 講談社.

伊勢田哲治 (2018). 『科学哲学の源流をたどる』, ミネルヴァ書房.

稲葉肇 (2021). 『統計力学の形成』, 名古屋大学出版会.

近藤慶一 (2023a). 『量子力学講義 I』, 共立出版.

近藤慶一 (2023b). 『量子力学講義 II』, 共立出版.

清水明 (2004). 『量子論の基礎』, 東京大学出版会.

清水明 (2007). 『熱力学の基礎』, 東京大学出版会.

首藤啓 (2011). 『古典と量子の間』, 岩波書店.

高橋和孝・西森秀稔 (2017). 『相転移・臨界現象とくりこみ群』, 丸善出版.

田崎晴明 (2008a). 『統計力学 I』, 培風館.

田崎晴明 (2008b). 『統計力学 II』, 培風館.

田中泉吏・鈴木大地・太田紘史 (2024). 『意識と目的の科学哲学』, 慶應義塾大学出版会.

戸田山和久 (2015). 『科学的実在論を擁護する』, 名古屋大学出版会.

西森秀稔 (2005). 『相転移・臨界現象の統計物理学』, 培風館.

兵頭俊夫 (2001). 『考える力学』, 学術図書出版社.

森田紘平 (2019). Primitive ontology アプローチの GRW 理論と Bohm 力学の問題点. *Nagoya Journal of Philosophy 14*, 9–18.

森田紘平 (2022a). くりこみ群におけるミニマルモデルに基づく局所的創発. 『科学哲学』*55*, 23–44.

森田紘平 (2022b). 多世界解釈における古典性と準古典性の存在論的地位. *Nagoya Journal of Philosophy 16*, 1–13.

吉田敬 (2021). 『社会科学の哲学入門』, 勁草書房.

ランダウ, エリ・デ／イェ・エム・リフシッツ (1974). 『力学』, 広重徹・水戸巌 (訳), 東京図書.

あとがき

「あとがき」には何を書くべきなのかが全くわからないが，自分自身が書くとは想定していなかったことまで本書で書いているということについては，説明しておきたいと思う．科学哲学の研究書として考えるのであれば，せいぜい5-1節までの内容で十分だろうと考えていた．しかしその後，執筆を進める中で，そもそもこの世界がどのようなものであるのかということが，本来向き合うつもりだった研究課題であったことを想起して，存在論について踏み込んだ主張を展開している．それは，博士論文の主査であり，指導教官である伊勢田哲治先生に「他人の家を修理するだけでなく，自分の家を建てる段階にある」といってもらったことが大きい．個人的には禁欲的な研究が好みであるが，書籍として出版する意義は，細かい議論を踏まえることで明らかになるこの世界の有り様について議論が展開できるということにあるのだろう．その意味で，本書の結論部分で論じたこの世界の存在論については，それ単独では新奇性はないかもしれないが，創発を定義し事例を分析した結果として得られた結論であるということが，重要であると思う．

　個人的な感想であるが，「創発」について研究しているという話を異分野の人とするときに，その反応は概ね二種類に分けられる．一つが「今更，創発について考えているの？」というものと，もう一つが「そもそも，創発について研究するって何？」というものである．創発という概念が注目を浴び，複雑系というキーワードとともに様々な分野で議論が展開されたのがおよそ1990年代〜2000年代初頭であることから，「今更」というのは，そういう経緯を念頭においているのだろう．一方，「そもそも……」というのは，創発現象である超伝導などの具体的な事象を研究するわけでもないのに，哲学者が何をすることがあるのかという意図だと考えられる．どちらも至極当然の質問であるが，一応，こ

264

れらの質問に対する答えとして，哲学上の文脈は提示できたのではないだろうか．ただ，本書が決定版で，これ以後，創発について議論する余地がないということではもちろんない．例えば，そもそも本書と同様に創発の文脈性に着目し，幅広い事例を検討しているものとしてはビショップらによる書籍（Bishop et al. 2022）が挙げられる．

　私が創発という概念を意識したのは，大学院進学後であると記憶している．もともと学部時代には科学哲学者が周りにいない環境の中，どうにか院試に合格し，京都大学文学研究科の科学哲学科学史研究室に所属することになった．修士課程の頃は，量子力学の多世界解釈について研究するつもりでいた．多世界解釈について文献を調べていく中で，ウォレスの The Emergent Multiverse（Wallace 2012b）の存在を知り，その中で「創発」という概念が多世界解釈において重要な役割を果たすということを知った．ただ，この時点では十分な物理学の知識を有しているとはいえず，この概念に正面から向き合うことはできなかった．結局，修士論文は多世界解釈についての思想史をテーマとして，創発については言及せずじまいだった．なぁなぁのまま博士課程に進学したものの，自分がどのような研究を行うのかということはあまり見えていなかったように思う．ただ，その中で一緒に勉強会（という名の指導）をしてくれていた高三和晃さんに統計物理学の面白さなどを教えてもらうようになって，熱力学や統計力学を勉強し始めた．すると，創発についての科学哲学ではむしろ熱統計力学の議論の方が重要であるということを理解し，そこから創発が研究において重要なテーマになっていったような気がする．ただ，この時点ではやはりまだ，博士論文を書くことについてもあまり実感がなかったように思う．

　その後色々あって，研究をやめるつもりでいたが，研究室の先輩である大西勇喜謙さんと伊勢田先生が 2016 年ごろに主催した京都大学での科学的実在論についてのワークショップで知り合ったリーズ大学のユハ・サーツィ先生の下に 2017 年に半年ほど滞在する機会を得た．そこで，サーツィ先生からの指導，および，議論の機会を得て，そもそも科学哲学において研究・執筆するとはどういうことかという基本的なことについても学ぶことができた．結果として，帰国

時点では何とか博士論文を書いてみてもいいかもしれないと思えるようになった．その後，ある程度は計画通りに博士論文を執筆することができた．そもそも文系で，あまり優秀ではない身からすれば十分，順調にいった方なのだろうと思う．

　本書は，このような経緯で私が 2020 年に京都大学文学研究科から博士号（文学）を取得した際に提出した博士論文「Model Relative Emergence in Phyiscs」と，それに付随する論文（森田 2019; 2022a; 2022b, Morita 2023）を基にしたものである．そのため，まずは，その博士論文の審査にあたっていただいた，主査である伊勢田先生，副査である伊藤和行先生，大塚淳先生に深く感謝したい．2021 年には伊藤先生が遠行され，本書を直接，お見せできなかったことは残念である．元々，量子力学の哲学をやっていた自分が，ある時から熱統計力学の哲学へと関心を移していった際に，「現代の物理学の哲学は扱う物理学の範囲が狭い」と伊藤先生に指摘していただいた．このことは，自分の研究者人生に大きく影響を与えたように思う．大塚先生は，日本を代表する科学哲学者であると同時に，私にとってのある種の行動指針となっている．大塚先生からコメントいただけたことは大変光栄であった．また，何より伊勢田先生は，まともに勉強せずに大学院を受験しにきた私を受け入れていただき，様々な機会を与えていただくとともに，現在に至るまで私が請えば必ず適切なアドバイスをしてくださっている．本書の形でまとめるにあたり，解説や内容の面で博士論文にはなかった大幅な加筆を行っているが，その加筆の多くについては，審査を担当していただいた先生方からのコメントを受けて議論を発展させたものである．その点でも，先生方には感謝している．博論の審査会で，先生方から指摘していただいた様々な論点・課題については，本書である程度は議論することができたと思う．また，本書の執筆には日本学術振興会の特別研究員（PD）として受け入れてくださった当時名古屋大学に所属されていた戸田山和久先生の議論からも大きく影響を受けている．さらに，現在所属している神戸大学の玉置久先生，菊池誠先生のおかげで本書が完成したと言っても過言ではなく，諸先生方には深謝したい．

　話を大学院入学時点まで戻すと，量子力学の哲学をやりたいという割に何の

勉強もしていなかったというのが客観的な私の記述だろう．当時（多分，今も），物理学の哲学をやりたいという学生は多くはなく，その上，私自身は文学部出身だったこともあって，色々な方に目をかけていただいたおかげでなんとかやって来れた．ここでその全員について名前を挙げることはできないが，大西さん，稲葉肇さん，丸山善宏さんのお名前をまずは挙げたい．大西さんは，先にあげたワークショップでもお世話になった上に，研究の相談に乗っていただいている．稲葉さんも研究について相談をさせていただくことはもちろん，学術書を書くということについても相談させていただいた．お二方には大学院進学直後に行った量子力学の勉強会にも参加していただいた．丸山さんは，直接本人に伝える機会はまずないだろうからここで書いておくと，私にとって理想となる研究者の一人であるし，私が今も研究しているのは色々な意味で丸山さんのおかげである．このお三方には特に感謝したいと思う．

　私自身がどこで数学や物理学を勉強したのかを尋ねられることは多い．決してレベルは高くはないが，平均的な哲学者と比べれば物理学や数学の知識を有しているとは言っていいだろう．これはただただ，大学院時代に数学や物理学の勉強会に付き合ってくれた数学や物理学を専門とする理学部の方々や，勉強会に付き合ってくれた先輩・後輩のおかげである．彼・彼女らの存在無くして，今の自分はないと思う．特に大学院時代の勉強会以来の付き合いであり，本書にコメントをしてくれた物理学者である高三さんには深く感謝したい．彼との出会いがなければ，本書は存在しない．また，哲学者としては北村直彰さんと吉田善哉さんのお名前を挙げたい．お二人も大学院時代から交流がある尊敬する研究者であり，貴重なコメントをいただいた．いうまでもないが，本書におけるあらゆるミスは筆者の責任によるものである．

　本書を名古屋大学出版会から出版することができたのは，研究室の先輩である有賀暢迪さんによる後押しと，戸田山先生のご紹介によるものである．そこでご紹介いただいた，名古屋大学出版会の神舘健司さんには，そもそも執筆経験のない私の原稿に辛抱強く付き合っていただいた．お三方に（戸田山先生には改めて）感謝したい．

　本書の刊行にあたっては，日本学術振興会による令和6年度科学研究費助成

事業の研究成果公開促進費（学術図書）（24HP5019）の助成を受けた．記して感謝したい．

　最後に，家族への感謝を述べたいと思う．まず，大学院に行きたいという自分を否定せず，援助してくれた両親に感謝したい．本当に，家庭環境には恵まれていたと思う．また，そもそも研究を続け，本書を書くモチベーションを与えてくれたのは妻と娘の存在である．妻のおかげで研究者を続けることができているし，今も生きていると思う．また娘のおかげで，規則正しい生活を送れているし，彼女が私に努力する理由を与え続けてくれている．妻と娘への心からの感謝と愛を込めて本書を締めくくりたいと思う．

2024 年 9 月

森田　紘平

索　引

G

GRW 理論　112–115
　　GRWf 理論　118, 119
　　GRWm 理論　118, 119

あ 行

アリストテレス　12
アンダーソン, フィリップ (Philip Anderson)　2, 4–11, 16
イギリス創発主義　11, 21, 31, 33, 43, 45, 245
　　アレクサンダー, サミュエル (Samuel Alexander)　14, 16
　　ブロード, C. D. (C. D. Broad)　14, 16
　　ルイス, ジョージ (George Lewes)　12, 13
一般化モデル　71–74
遺伝子　25
ウィムザット, ウィリアム (William Wimsatt)　41, 42
エーレンフェストの定理　65, 76, 90, 91, 93–96
エンジン　59
エンタングルした状態　32, 87, 88

か 行

階層　14, 15, 33, 38
確率的解釈　109, 110
隠れた変数解釈　111, 112
過去仮説　184
下方因果　34, 35, 203, 207, 217–220, 222, 223
還元　23, 86
　　一般化されたネーゲル・シャフナー—　28
　　極限—　162, 163, 165
　　極限にもとづく—　52
　　局所的—　63, 65, 86, 97
　　近似的—　165, 205
　　シャフナーによる—　25, 27
　　強い存在論的—　7
　　ネーゲル的—　15, 22, 23, 56, 59, 206
　　方法論的—　6
　　モデル間—　62, 66, 85
　　弱い存在論的—　7
　　論理学的—　15
還元主義　4, 16, 40, 171, 209

G（右欄）

頑健性　57, 69, 72, 77, 217
観測問題　109
機能主義　37
境界条件　220–222
局所的可存在 (local beables)　117, 118, 125
近似　13
杭とボード　208, 209
空間の次元と経験的整合性の問題　104, 113, 117, 122, 125, 148
くりこみ群　18, 21, 40, 67–70, 73, 74, 138, 156, 159, 161, 163–167, 169–173, 175, 180, 181, 190, 193, 194, 196, 198, 200, 203, 211, 212
現象学　112
剛体　190–194, 198, 200
古典性　133, 203–205
古典力学　16, 27, 63, 72, 73, 76, 84–87, 90, 92–94, 96–98, 102–104, 106, 108, 111, 117, 119–122, 124, 127–130, 132, 133, 136, 137, 165, 181, 190, 191, 193, 194, 197, 203, 204, 207, 219

さ 行

時空間　11
射影可能性　141
社会科学　49, 50
準古典性　77, 84, 85, 97, 105, 130, 141, 144, 145, 147–150, 205
情報的完全性　118
自律性　44, 208, 210, 213, 215, 216
　　一般化された—　215
自律性の問題 (AUT)　210–212
新奇性　51, 57, 69, 74
スケーリング則　175, 178–180, 204
接続可能性　24, 25, 27
説明的価値　59, 60
説明的自律性　35, 41
全体論　44, 89
相対論　27
相転移　5, 11, 53, 155, 158
創発　1, 11, 12, 171
　　キム流の—　33
　　極限にもとづく—　52

心の— 14
語用論的— 45, 47
存在論的— 170
強い— 34
ネーゲル的— 32
モデル間— 74, 157
弱い— 35
創発の定義への要請 66, 75
粗視化 18, 68, 157, 165, 166, 168–170, 172–
176, 178–182, 185–194, 196–198, 200,
201, 204, 212
実質的な— 198
単なる— 198, 199

た 行

多重実現 36, 38, 203, 207, 208, 210, 217
多世界解釈 84, 105, 110, 131–135, 140, 144,
145, 147–150
中間的モデル 203–207, 219
超伝導超大型加速器（SSC） 8
強いアナロジー 26–28
定義の拡張 56
デコヒーレンス 97–99, 102
デネット基準 135
統一科学 36, 40
統計力学 53, 155, 201, 204
導出可能性 24, 27, 75
特殊相対論 53

な 行

虹 54
ニュートン力学 27, 29, 30, 53
熱力学 23, 24, 29, 30, 157, 158, 160–162,
165, 170, 174, 176, 178–183, 187, 200,
204

は 行

橋渡し法則 23, 25, 56, 62, 206
バターフィールド, ジェレミー（Jeremy Butter-
field） 51, 56–61, 65, 69, 76, 88, 104,
166, 173, 174
バターフィールド基準 162
バターマン, ロバート（Robert Batterman） 40,
51–55, 59–61, 76, 155, 161, 163, 167,
170, 210–212
パターン 139, 145
波動関数実在論 112, 113, 117, 127, 148
万物の理論 9
ハンフリーズ, ポール（Paul Humphreys） 34,
43–45, 141, 145–147
非局所性 87
表現的解釈 108, 110
フォノン 59, 61

不可逆性 157, 181, 182, 184, 187–189, 194,
196–198, 200, 201
ZZW 図式 187, 188, 215
—の 5 つの問題 182
ギブス的アプローチ 157, 184, 185, 187,
190, 198
不可欠性論法（Indispensable argument） 172
付随 56
部分全体関係 32, 41, 42
集積性 41
普遍性 36, 38, 54, 68, 156, 159, 161, 166,
170, 196, 198, 200
プリミティブ・オントロジー 113, 119–122,
125–129, 151, 152
ボイル＝シャルルの法則 24, 28–30
崩壊解釈 110, 112
ボーム力学 111–113, 116, 120, 122
先導方程式 116
ボルツマンの原理 23

ま 行

水と創発 13, 33
ミニマル・モデル 67, 69, 70
ミル, ジョン・スチュアート（John Stuart Mill）
12

や 行

有効実在論 226–228
予測不可能性 32

ら 行

ライフゲーム 77
ラッシュブルック等式 176, 179, 180, 203, 204
リアル・パターン 77, 78, 80, 135, 140–145
理想化
ガリレイ的— 188, 189, 197, 198, 206
—と近似化 194, 205
ミニマリスト的— 197, 198, 206
量子ベイズ主義 110, 111
量子力学 16, 76, 83–87, 89–93, 95, 97, 98,
102–107, 109–111, 113, 116–122, 125–
139, 145, 148–151, 155, 181, 191, 192,
203–208, 210, 219, 225, 226, 228
臨界現象 155, 156, 159, 161–163, 165–167,
169–173, 175, 178, 180, 184, 201, 211
例化 132, 136, 139
ロトカ＝ヴォルテラ・モデル（LV モデル） 71
論理実証主義 21

わ 行

ワイスバーグ, マイケル（Michael Weisberg） 71
ワインバーグ, スティーブン（Steven Weinberg）
8

《著者紹介》

もり た こう へい
森 田 紘 平

1987年生まれ
2012年　神戸大学文学部卒業
2018年　京都大学大学院文学研究科博士後期課程研究指導認定退学
2020年　博士（文学）取得（京都大学）
日本学術振興会特別研究員（PD）（名古屋大学），神戸大学大学教育推進機構特命助教を経て
現　在　神戸大学大学院システム情報学研究科特命助教

創発と物理
—ミクロとマクロをつなぐ哲学—

2024 年 12 月 30 日　初版第 1 刷発行
2025 年 1 月 30 日　初版第 2 刷発行

定価はカバーに
表示しています

著　者　森 田 紘 平

発行者　西 澤 泰 彦

発行所　一般財団法人　名古屋大学出版会

〒 464-0814　名古屋市千種区不老町 1 名古屋大学構内
電話 (052)781-5027/FAX(052)781-0697

ⓒKohei Morita, 2024
印刷・製本 三美印刷㈱
乱丁・落丁はお取替えいたします。

Printed in Japan
ISBN978-4-8158-1175-4

JCOPY ＜出版者著作権管理機構 委託出版物＞
本書の全部または一部を無断で複製（コピーを含む）することは、著作権法上
での例外を除き、禁じられています。本書からの複製を希望される場合は、そ
のつど事前に出版者著作権管理機構 (Tel:03-5244-5088, FAX:03-5244-5089,
e-mail:info@jcopy.or.jp) の許諾を受けて下さい。

伊勢田哲治著
疑似科学と科学の哲学
A5・288 頁
本体 2800 円

戸田山和久著
科学的実在論を擁護する
A5・356 頁
本体 3600 円

大塚　淳著
統計学を哲学する
A5・248 頁
本体 3200 円

E・ソーバー著　松王政浩訳
科学と証拠
—統計の哲学 入門—
A5・256 頁
本体 4600 円

M・ワイスバーグ著　松王政浩訳
科学とモデル
—シミュレーションの哲学 入門—
A5・324 頁
本体 4500 円

稲葉　肇著
統計力学の形成
A5・378 頁
本体 6300 円

有賀暢迪著
力学の誕生
—オイラーと「力」概念の革新—
A5・356 頁
本体 6300 円

谷村省吾著
量子力学 10 講
A5・200 頁
本体 2700 円

佐藤憲昭著
物性論ノート
A5・208 頁
本体 2700 円

大沢文夫著
大沢流 手づくり統計力学
A5・164 頁
本体 2400 円

杉山　直監修
物理学ミニマ
A5・276 頁
本体 2700 円